FAHRZEUGE DER REICHSWEHR

Radfahrzeuge 1920-1935

Walter J. Spielberger

Motor buch Verlag spezial

Umschlaggestaltung: Frank Zähringer (Bildnachweis: Bundesarchiv Bild 146-2005-0139 und Adam Kliczek, CC-BY-SA-3.0)

Bildnachweis:
Daimler-Benz 157, Dürkopp 2, Esser 45, Feist 6, Holzheuer 1, Icken 25, Kasten 16, Krauss-Maffai 38, Landsverk 2, MTU 2, Oswald 1, Rheinmetall 33, Spielberger 456, Wüst 1

ISBN: 978-3-613-03976-6

Spezialausgabe: 1. Auflage 2017

Sie finden uns im Internet unter www.motorbuch-verlag.de

Satz + Reproduktionen: Gold Rose Publishing Ltd., 70190 Stuttgart
Druck und Bindung: Gorenjski Tisk Storitve d.o.o., 4000 Kranj
Printed in Slovenia

INHALT

VORWORT

Der Erste Weltkrieg brachte den Durchbruch des Kraftfahrzeuges als militärisches Transport- und Zuggerät. Die Heeresmotorisierung war eingeleitet. Ein neues Kampfmittel, welches drastisch die Kriegsführung der Zukunft beeinflussen sollte, erschien erstmals auf dem Gefechtsfeld: der Kampfpanzer. Infolge von Rohstoffknappheit und angespannter Versorgungslage konnten in Deutschland im Ersten Weltkrieg technische Fortschritte nur zögernd realisiert werden. Außerdem hatte die deutsche militärische Führung das Kraftfahrzeug zwar als Transportmittel, nicht aber seine volle Eignung auf dem Gefechtsfeld erkannt.

Die Kriegsfolgen – hohe Reparationslasten und Verbote des Versailler Vertrages – verhinderten den planmäßigen Aufbau von modernen motorisierten Streitkräften in Deutschland. Dennoch schufen wenige Männer in den ersten Nachkriegsjahren die gedanklichen Voraussetzungen für die Ausstattung des deutschen Heeres mit Kraft- und Panzerfahrzeugen.

Die historische Erfassung dieser Entwicklung wurde durch lückenhafte Dokumentation, aber auch durch Desinteresse an dieser entsprechenden Zeitspanne beträchtlich erschwert. Trotzdem brachte gerade diese Zeit beachtliche technische Grundlagenentwicklungen und die Verwirklichung mancher richtungweisender Gedanken.

Die in der Sowjetunion durchgeführte Erprobung neuer deutscher Panzertypen ist bisher nur fragmentarisch erfaßt worden. Dieses Buch bietet zum ersten Mal einen Überblick über die damals eingeleitete technische Entwicklung der deutschen Panzerwaffe. Ferner werden viele Entwicklungen für das Kraftfahrzeugwesen erstmalig in Wort und Bild geschildert und bedeutende Schritte auf dem Weg zur heutigen Heeresmotorisierung dargelegt. Dabei sind auch die Grenzen des technisch Machbaren erkennbar.

Bei dieser Gelegenheit möchte ich denen danken, die zur Gestaltung dieses Bandes beigetragen haben und ohne deren Hilfe die dargestellte Dokumentation nur lückenhaft geworden wäre:

- Oberst a. D. Dipl.-Ing. Willi Esser,
- Oberst a. D. Klaus Gollnick,
- Oberst a. D. Dipl.-Ing. Theodor Icken.

Die nun schon über 20 Jahre dauernde, gute Zusammenarbeit mit Colonel (retired) Robert J. Icks (US-Army) und Hofrat Dr. Friedrich Wiener erbrachte auch für dieses Buch das Gerippe an Unterlagen und Erfahrungen. Hilary Doyles Beitrag unterstützt wie üblich in gekonnter Weise die Dokumentation.

Dieses Buch schließt eine bestehende Lücke in der Erfassung deutscher Heereskraftfahrzeuge und bildet eine Ergänzung zu den bereits erschienenen Abhandlungen auf diesem Gebiet.

Die Vernichtung vieler Archive und Dokumentationen durch die Einwirkungen des Zweiten Weltkrieges hatte allerdings zur Folge, daß trotz Mühe des Verfassers manche Daten und Unterlagen nicht mehr erreichbar waren. Der Leser wird dafür um Verständnis gebeten.

Beiträge von Lesern, ernstgemeinte Kritik und Verbesserungsvorschläge werden vom Verfasser gerne entgegengenommen.

Walter J. Spielberger

Radfahrzeuge mit aufgesetzten Panzerattrappen aus Blech bei einem Manöver im September 1932. (Foto: Bundesarchiv, Bild 102-13870 / CC-BY-SA 3.0)

Tankwagenattrappe der Reichswehr, Juni 1931. (Foto: Bundesarchiv, Bild 102-11935 / CC-BY-SA 3.0)

1. Die Deutsche Reichswehr 1918-1935

1.1 Von der Kaiserlichen Armee zur vorläufigen Reichswehr (1918-1920)

Am 11. November 1918 trat der Waffenstillstand an der Westfront gegenüber den Entente-Mächten in Kraft. Der Erste Weltkrieg war beendet. An allen Fronten schwiegen die Waffen. Der Kaiser hatte sich nach Holland ins Exil begeben. In Deutschland herrschte Revolution.

Revolution und Niederlage hatten für die bürgerliche Gesellschaftsschicht und die maßgeblichen Kräfte des Deutschen Reiches den Untergang ihrer Werte und das Ende der bis dahin gültigen Gesellschaftsordnung gebracht. Eine neue Ordnung bahnte sich an, war aber in Form und Gestalt noch nicht erkennbar. Die Zermürbung der Widerstandskraft der Bevölkerung durch die Kriegseinwirkungen war jedoch so groß, daß der Mehrzahl der Deutschen die Erleichterung über die Beendigung des Blutvergießens zunächst allen anderen Erkenntnissen vorging.

Die Macht und die Regierungsverantwortung im Reich gingen auf den »Rat der Volksbeauftragten« über, der von den beiden stärksten Parteien im Reichstag, der Sozialdemokratischen Partei und den Unabhängigen Sozialdemokraten (USPD), gebildet wurde. Vorsitzender des Rates der Volksbeauftragten war der SPD-Abgeordnete Friedrich Ebert. Ihm übergab der bis dahin amtierende Reichskanzler Prinz Max von Baden am 9. November 1918 das Amt und die Geschäfte des Reichskanzlers.

Der Waffenstillstand machte zur Bedingung, daß Deutschland alle besetzten Gebiete sofort, Elsaß-Lothringen innerhalb von 15 Tagen, zu räumen hatte. Ferner wurden die 1917 geschlossenen Friedensverträge von Brest-Litowsk und Bukarest (mit Rußland und Rumänien) für ungültig erklärt. Weitere Bedingungen, die ebenfalls lediglich als Voraussetzungen zur Feuereinstellung – keineswegs zum Friedensschluß – galten, waren:

- Räumung des westdeutschen Gebietes von allen deutschen Truppen bis zu einer Linie 30 km ostwärts des Rheines,
- sofortige Ablieferung von:
  5 000 Geschützen
  25 000 Maschinengewehren
  5 000 Lokomotiven
  150 000 Eisenbahnwaggons
- Übergabe der gesamten Hochseeflotte der Kriegsmarine
- Übergabe aller U-Boote
- Weiterbestehen der Hungerblockade gegen Deutschland.

Damit war das Deutsche Reich bereits wehrlos gemacht, ehe überhaupt Verhandlungen über einen Friedensschluß begonnen hatten. Die Räumung der genannten Gebiete und das Zurückführen der Truppe gelang trotz der äußerst kurz bemessenen Zeit; – eine Meisterleistung der Organisationskunst und der Disziplin. Bis zum 26.11.1918 hatte der letzte deutsche Soldat die Westgrenze des Reiches überschritten.

In Deutschland breitete sich inzwischen die Revolution weiter aus. Aus Protestversammlungen gegen die Verknappung der Güter und Lebensmittel entstanden Plünderungen, Auflehnung gegen die Behörden und Schießereien. Bewaffnete radikale Gruppen besetzten in vielen Städten Ämter und Fernmeldezentralen. Revolutionsräte übernahmen die Macht. Dies geschah in Kiel, Bremen, Oldenburg, Hamburg, Braunschweig,

Magdeburg, Dresden, Leipzig, Halle, Eisenach und anderen Orten. Besonders stark waren die revolutionären Kräfte in München und Berlin. Radikale sozialistische Gruppen versuchten nach dem Vorbild der ein Jahr vorher in Rußland vollzogenen Oktoberrevolution, nun auch in Deutschland den Kommunismus Leninscher Prägung einzuführen. Dem Rat der Volksbeauftragten drohte die Kontrolle über die Lage völlig aus der Hand zu gleiten.

Während dieser chaotischen Entwicklung erklärte die Oberste Heeresleitung (OHL), daß die neue Reichsregierung mit ihrer Loyalität und Hilfe bei der Wiederherstellung von Ruhe und Ordnung rechnen könne. Friedrich Ebert nahm dieses Angebot an. Dieses aus der Not geborene Bündnis zwischen Offizieren der ehemaligen Kaiserlichen Armee und Regierungsvertretern der Republik sollte sich – entgegen vielen pessimistischen Auffassungen damaliger Zeit – als haltbare Klammer ursprünglich auseinanderstrebender Kräfte erweisen. Dieses Bündnis hat bis zum Beginn der dreißiger Jahre verschiedene Zerreiß- und Bewährungsproben zugunsten der jungen Republik bestanden.

Die Hoffnung der Regierung, heimkehrende Truppen würden allein durch ihr Auftreten die Aufstände in der Heimat rasch beenden, erfüllte sich jedoch nicht. Die Truppe löste sich nach Eintreffen in den Kasernen rasch auf. Verbleibende aktive Offiziere und Soldaten bildeten aus den Resten der Stämme der Garnisonen einzelne Verbände, zu denen Freiwillige stießen. Ferner sammelten sich auf Initiative tatkräftiger Führer aller Dienstgrade Freikorps, deren Einsatz sich gegen kommunistische Aufstände und Auflösung der Ordnung im Inneren, aber auch gegen Übergriffe von Außen an den Ostgrenzen des Reiches, richtete.

In Kiel bekam Gustav Noske, der dortige Gouverneur des Kriegshafens, den Auftrag, die Ordnung gegen meuternde bewaffnete Matrosenverbände wiederherzustellen. Noske löste diese Aufgabe mit Energie und Tatkraft und schlug den Aufstand mit rücksichtsloser Härte nieder. Ihm war dabei das Freikorps Maercker eine zuverlässige Unterstützung.

Als Gegenaktion zur Aufstellung der meist bürgerlich-konservativ oder rechts-völkisch-sozialistisch eingestellten Freikorps begannen sich aus sozialistischen und linksradikalen Gruppen nun auch »Revolutionäre Soldatenverbände« und »Demokratische Sicherheitswehren« zu bilden. Sie wurden in der Mehrzahl von den Arbeiter- und Soldatenräten unterstützt. Die Arbeiter- und Soldatenräte verfaßten nach einer Tagung ihres »Reichskongresses« in Berlin die sogenannten »Hamburger Punkte«. In ihnen wurde die Abschaffung des stehenden Heeres, Entlassung aller nicht republikanisch-sozialistisch gesinnten Offiziere und die Bildung von Volkswehren gefordert.

Heimkehrende deutsche Truppe

Die Kommandogewalt über Heer und Marine sollte durch einen Vollzugsrat ausgeübt werden. Die Reichsregierung gab jedoch einem scharfen Protest der Obersten Heeresleitung nach. Die Hamburger Punkte wurden nicht wirksam. Die USPD zog, nach Differenzen im Rat der Volksbeauftragten, am 27.12.1918 ihre Delegierten aus diesem Rat zurück. Der Rat wurde nun nur noch aus sozialdemokratischen Delegierten, darunter auch Gustav Noske, gebildet. Noske wurde mit der Leitung der militärischen Angelegenheiten beauftragt. In Bestätigung dieser Verantwortung wurde er später, bei Inkrafttreten der Reichsverfassung, am 11.8.1919 erster Reichswehrminister der Republik.

Gustav Noske gelang es, mit den neugebildeten Truppenteilen und mit Hilfe der Freikorps nacheinander die Aufstände im Reich niederzuschlagen. Die Kämpfe wurden auf beiden Seiten mit äußerster Härte und Erbitterung geführt. Besonders die Wiederherstellung der legalen Zustände in Berlin im März und in München im Mai 1919 forderten zahlreiche Todesopfer. Darunter befanden sich auch häufig unbeteiligte Bürger.

Nach den Erfolgen der Regierungstruppen begann sich zunächst die Lage im Inneren des Reiches zu konsolidieren.

Am 6.3.1919 beschloß die Reichsregierung das »Gesetz zur Bildung einer vorläufigen Reichswehr«. Die Aufgabe dieser Truppe war es, bis zur Schaffung einer neuen, reichsgesetzlich zu ordnenden Wehrmacht

- die Reichsgrenzen zu schützen,
- den Anordnungen der Reichsregierung Geltung zu verschaffen,
- die Ruhe und Ordnung im Inneren aufrechtzuerhalten.

Alle Verbände der Republikanischen Volks- und Sicherheitswehren, Revolutionäre Soldatenverbände und andere Freiwilligenverbände, deren Eingliederung in die Reichswehr nicht beabsichtigt war, wurden durch einen Erlaß aufgelöst. Ihre Bedeutung war nie größer als die von Milizen. Die meisten kamen dem Erlaß durch Selbstauflösung zuvor.

Die Nationalversammlung, die vom 6.2.1919 bis zum 6.6.1920 in Weimar tagte, wurde von der Reichswehr geschützt. Die Nationalversammlung wählte am 11. Februar 1919 Friedrich Ebert zum Reichspräsidenten. Am 11. August 1919 beschloß sie die Reichsverfassung.

Am 20. Juli 1919 wurde der Friedensvertrag von Versailles unterzeichnet. Dieser Vertrag legte dem besiegten Deutschen Reich Bedingungen auf, wie sie in der Neuzeit noch nicht dagewesen waren. Im folgenden soll nur auf die wichtigsten der 440 Artikel eingegangen werden, die für den Inhalt dieses Buches von Belang sind. Die Summe der Kriegsentschädigungen wurde später mit der phantastisch anmutenden Zahl von 132 Milliarden Mark (das wären heute etwa 600 Milliarden) angegeben. Elsaß-Lothringen, die Landkreise Eupen, Malmédy und St. Vith, die Provinzen Posen, Westpreußen, das Memelland und das Hultschiner Ländchen wurden abgetrennt, ebenso nach Volksabstimmungen Nordschleswig und Ost-Oberschlesien. In Posen, Westpreußen und Oberschlesien wurden die neuen Grenzen nach Willkür gezogen, so daß auch dort beträchtliche Teile mit deutschsprechender Bevölkerung abgetrennt wurden. Der Vertrag bestimmte ferner, daß das Rheinland fünfzehn Jahre lang von den Siegermächten besetzt werden sollte. Auch danach mußte es entmilitarisiert bleiben. Befestigungen im Rheinland und in Grenznähe wurden

Während der sog. »März-Tage« des Jahres 1919 wurden auf Grund des ausgerufenen Belagerungszustandes in Berlin von seiten der Freikorps-Verbände auch Panzer eingesetzt. Das Bild zeigt einen erbeuteten britischen Mark-V-Kampfpanzer beim Überwinden einer Straßensperre

verboten und mußten dort, wo sie in diesen Zonen existierten, geschleift werden. Die Kopfstärke eines deutschen Heeres wurde auf 100 000 Mann, einschließlich der Offiziere, begrenzt. Dazu kamen 15 000 Mann der Marine. Die allgemeine Wehrpflicht wurde untersagt. Unteroffiziere und Mannschaften hatten 12 Jahre, Offiziere 25 Jahre zu dienen. Ausstattung und Bevorratung sowie die Herstellung von Waffen, Munition und Ausrüstung waren genau festgelegt und auf bescheidene Mengen begrenzt.
Im Vergleich zu modernen Armeen durfte das Reichsheer nicht verfügen über:
- Fernmeldetruppen für die höhere Führung,
- alle Heerestruppen, die höheren als Divisionsstäben zuzuordnen waren,
- Fliegertruppe, Panzertruppe, Flak-Artillerie, Panzerabwehrtruppe, schwere Artillerie, Artillerie-Aufklärungstruppe, Pionier-Spezialvebände, Eisenbahntruppe, Vermessungstruppe u. a. m.

Eine Wehrersatzorganisation war ebenso untersagt wie Maßnahmen zur Erfassung, Musterung oder zum Einziehen von Ungedienten. Die Reichswehr konnte somit keine Reserven haben.
Eine Rüstungsindustrie wurde bis auf wenige Werke für den nötigsten Bedarf der Ausstattung der Truppe untersagt. Umfang des Ersatzes für Waffen- und Geräteverschleiß sowie Munitionsverbrauch, Art und Höhe der Bevorratung waren in allen Einzelheiten festgelegt und auf geringe Mengen beschränkt. Alle darüberliegenden Bestände an Kriegsmaterial mußten vernichtet, die Produktionseinrichtungen und -maschinen unbrauchbar gemacht werden. Die Einfuhr von Waffen, Munition und Kriegsgerät wie auch ihre Herstellung für andere Länder wurden verboten.
Nach Inkrafttreten der Reichsverfassung wurde das Wehrgesetz vom 23. März 1921 geschaffen, das die gesetzliche Grundlage über Art, Umfang und Aufgaben der Reichswehr enthielt*. Die Freikorps, vorher aus der Not der Stunde in der Phase der Auflösungsgefahr des Reiches geschaffen, standen außerhalb des Rahmens des Heeres. Sie hatten maßgeblich mitgeholfen, die Aufstände im Reich niederzuschlagen. Aber auch in die Kämpfe gegen polnische und russische Angriffe außerhalb der Ostgrenzen und zur Verteidigung der neu geschaffenen baltischen Staaten griffen viele Freikorps – letzteres z. T. mit Billigung der Westmächte – erfolgreich ein.
Als die Auflösung der Freikorps verfügt wurde, konnten nur Teile in die Reichswehr übernommen werden. Teile kämpften noch einige Zeit ohne Billigung der Reichsregierung im Baltikum weiter und traten in den Dienst der dortigen Staaten. Der Rest löste sich auf. Viele ehemalige Freikorpskämpfer schlossen sich nationalen Parteien und völkischen Gruppierungen an. In der entstehenden Hitler-Bewegung waren sie lange Zeit das tragende Element der Sturmabteilungen (S.A.).

1.2 Die Reichswehr als Schutzmacht im Inneren (1920-1923)

In den Jahren 1920-1923 hatte die Reichswehr noch mehrere Male Gelegenheit, die Republik vor der Auflösung der gerade errungenen Stabilität oder der versuchten Machtübernahme radikaler Kräfte aus dem sozialistischen oder dem nationalistischen Lager zu bewahren. Sie hat diese Krisen erfolgreich gemeistert und ging aus diesen Bewährungen gestärkt hervor.
Im März 1920 versuchte in Berlin der Landschaftsdirektor Wolfgang Kapp zusammen mit dem (kurz zuvor seines Postens enthobenen) ehemaligen Oberbefehlshaber des Gruppenkommandos I, Generalleutnant Walther Freiherr von Lüttwitz, die Macht an sich zu reißen. Die auf Lüttwitz's Befehl hörende Marinebrigade Ehrhardt rückte am 13. März 1920 in Berlin ein und besetzte die Regierungsgebäude. Die Reichsregierung, die in letzter Stunde nach Dresden und von dort nach Stuttgart auswich, ging auf keine Forderung der Putschisten ein. Die Mehrzahl der Offiziere der

* Organisation und Gliederung der Reichswehr und des Heeres siehe Anlagen 9.2, 9.3 und 9.4.

Von den wenigen übriggebliebenen deutschen A7 V- Kampfpanzern des Ersten Weltkrieges kamen einige bei den inneren Unruhen zur Verwendung. Hier ein Fahrzeug der Panzer-Kraftwagen-Abteilung 54, welche auf seiten regierungstreuer Truppen eingesetzt wurde

Interessant die Tatsache, daß an diesem Fahrzeug die ursprünglichen MG-Stände umgestaltet wurden und dadurch einen bedeutend erweiterten Schußbereich erhielten

Ein Daimler-Kraftwagengeschütz beim Einsatz in einer deutschen Stadt

Reichswehr stand auf Seiten der Regierung. Der Putsch scheiterte nach 5 Tagen, weil die Berliner Bevölkerung und die Beamtenschaft der Reichsministerien passiven Widerstand leisteten. Der Generalstreik der Gewerkschaften hatte dabei unterstützende Wirkung. Zu Kämpfen mit der Reichswehr oder Polizei kam es nicht. Der Kapp-Putsch hatte zur Folge, daß der Reichswehrminister, Gustav Noske, und der Chef der Heeresleitung, Generalleutnant Walther Reinhardt, ihren Abschied nehmen mußten. Neuer Reichswehrminister wurde der bisherige Oberbürgermeister von Nürnberg, Dr. Otto Geßler. Neuer Chef der Heeresleitung wurde der Chef des Truppenamtes, General Hans von Seeckt.

Nicht lange nach dem Kapp-Putsch, von März bis Mai 1920, kam es zu bewaffneten Aufständen durch eine »Rote Armee« im Ruhrgebiet und in Thüringen und durch »Proletarische Hundertschaften« im Vogtland. Die Reichswehr griff in allen drei Fällen ein, zerschlug die revolutionären Kräfte in harten, erbitterten Bürgerkriegskämpfen und blieb überall Herr der Lage.

Infolge der Bestimmungen des Versailler Vertrages fand am 20. März 1921 in Oberschlesien eine Volksabstimmung statt, bei der sich 60% der Bevölkerung für ein Verbleiben des Landes beim Deutschen Reich aussprachen. Trotz der zum Schutz der Abstimmung anwesenden alliierten Truppen brach als Antwort auf das von polnischer Seite unerwünschte Wahlergebnis ein bewaffneter polnischer Aufstand aus. Die örtliche deutsche Selbstschutzorganisation in diesem Gebiet wurde durch schnell aufgerufene Freiwilligenverbände verstärkt. Die Reichswehr stellte Offiziere als Berater und Ausbilder zur Verfügung und unterstützte die Freiwilligenverbände mit Waffen und Munition. In schweren, oft brutal geführten Kämpfen gelang es, die polnischen Truppen über die Grenze zurückzuschlagen.

Im Januar 1920 benutzte Frankreich den Vorwand, deutsche Reparationszahlungen seien nicht vollständig ausgeführt worden, und marschierte mit Truppen – auch unterstützt durch einige belgische Einheiten – in das Ruhrgebiet ein. Das Ziel Frankreichs war aber offensichtlich nicht allein die wirtschaftliche Ausbeutung, sondern vielmehr die Annektion des Ruhr-Reviers und seiner hochwertigen Industrie. Mit offener französischer Förderung versuchten dann auch separatistische Gruppen, an die Macht zu gelangen.

Wider Erwarten setzte sich die Bevölkerung des besetzten Gebietes mit großer Mehrheit gegen die Maßnahmen und Befehle der französischen Besatzungsmacht zur Wehr. Die Reichsregierung unterstützte dieses Bemühen und rief offiziell den passiven Widerstand aus. Die Bevölkerung legte die Arbeit nieder. Eisenbahnen und alle öffentlichen Verkehrsmittel fuhren nicht mehr. Auch der Gütertransport kam völlig zum Erliegen. Die Franzosen waren dagegen machtlos. Durch Nervosität ausgelöste Schießereien vor Fabriktoren hatten die ersten Toten unter den streikenden Arbeitern zur Folge. Nun flammte auch an verschiedenen Stellen aktiver Widerstand auf. Entschlossene Gruppen verübten Sabotageakte gegen französisches Militär und separatistische Zentralen. Die Reichswehr unterstützte die Sabotagetrupps, stellte Kampfmittel, Offiziere und Unterführer zur Verfügung. Die Gefahr wuchs, daß französische Streitkräfte weitere Teile des Reiches zu besetzen versuchten. Die Reichsregierung entschloß sich, solchen Versuchen mit Waffengewalt entgegenzutreten. In aller Stille begann der Aufmarsch von Reichswehrverbänden an den Grenzen des Ruhrgebietes. Heimlich wurden auch gediente Freiwillige zur Verstärkung dieser Verteidigungs-Vorbereitungen einberufen. Diese Art der ad hoc-Mobilmachung ohne ausreichende Kampfmittel war allerdings ein sehr gewagter Schritt. Ein möglicher Kampf wäre sicherlich aus Mangel an Waffen, Munition und ausreichenden Reserven bald zum Scheitern verurteilt gewesen. Die Reichsregierung war aber entschlossen, auch im Falle eines solchen ungleichen Kampfes Festigkeit zu zeigen.

Die Folge der Arbeitsniederlegung der Bevölkerung war, daß die Menschen im Ruhrgebiet unterstützt werden mußten. Hilfsmaßnahmen durch die Regierung liefen an. Dadurch ergaben sich aber neue, große

Schwierigkeiten. Bereits durch die unverhältnismäßig hohen, erpreßten Reparationszahlungen erschöpft, schmolz die Finanzkraft des Reiches nun noch weiter dahin. Die Regierung unter Reichskanzler Cuno zog daraus die Konsequenzen und trat zurück. In dieser Stunde der Not wurde unter dem neuen Reichskanzler Gustav Stresemann eine Koalitionsregierung aller Parteien, mit Ausnahme der Kommunisten, gebildet. Aber auch dadurch konnten keine Wunder vollbracht werden. Die Mark stürzte ins Uferlose, die Währung brach zusammen. Daraufhin sah sich die Reichsregierung gezwungen, am 26. September 1923 aus wirtschaftlichen Gründen den Ruhrkampf einzustellen.

Die Franzosen hatten während des Ruhrkampfes hunderte von deutschen Patrioten ins Gefängnis geworfen. Die Bevölkerung hatte 140 Tote und ein Mehrfaches an Verletzten zu beklagen. Nach Ende des passiven Widerstandes nutzten die französischen Machthaber die Lage voll aus. Ungehindert rollten nun viele Materialzüge nach Frankreich. Die Ruhrindustrie arbeitete für den Sieger. Erst im August 1925 rückten die Besatzungstruppen wieder ab. Zur Bildung von separatistischen Behörden kam es jedoch nicht.

Die Einstellung des Ruhrkampfes entfesselte die politischen Leidenschaften im ganzen Reich. Unruhen – diesmal von linken und rechten Kräften – flammten wieder auf. Offensichtlich glaubten radikale politische Gruppen, daß die Regierung durch Währungsverfall und Einstellung des Ruhrkampfes am Ende sei und wollten das Feld auf keinen Fall einer gegnerischen Richtung überlassen. Die Reichsregierung sah sich gezwungen, am Tage der Beendigung des passiven Widerstandes (26.9.1923) den militärischen Ausnahmezustand auszurufen. Damit ging die vollziehende Gewalt auf die Reichswehr über. Noch im Oktober 1923 mußte die Reichswehr an vier Stellen eingreifen. In Küstrin versuchte der Führer eines Freiwilligenverbandes, Major a. D. Buchrucker, einen Umsturzversuch. Mit seiner Truppe fuhr er nach Berlin und versuchte dort, das Regierungsviertel zu besetzen. Nach Eingreifen der Reichswehr wurden seine Stoßtrupps bald entwaffnet und gefangengenommen. Buchrucker konnte entkommen. Am 1. Oktober versuchte Buchrucker, sich der Festung Küstrin zu bemächtigen, während einige seiner Einheiten die Zitadelle von Spandau besetzten. Wieder griff die Reichswehr an beiden Stellen mit eilig zusammengezogenen Truppen ein und war bald – ohne großes Blutvergießen – Herr der Lage. Buchrucker und 13 seiner Offiziere wurden verhaftet und später zu Festungshaft verurteilt.

In Hamburg mußte die Reichswehr gegen bewaffnete kommunistische Miliztruppen eingreifen. Die Kämpfe waren sehr hart und dauerten mehrere Tage. In Schiffbek und in Barmbek entwickelten sich Feuergefechte. Die Truppen der Reichswehr mußten regelrechte Feldstellungen der Kommunisten stürmen. Am 24. Oktober war die Ordnung wiederhergestellt.

In Sachsen hatten »Proletarische Hundertschaften«, nicht ohne Wissen der dortigen Landesregierung, geheime Waffen- und Munitionslager angelegt. Als der Befehlshaber im Wehrkreis IV, Generalleutnant Müller, den Ministerpräsidenten Ziegner ersuchte, mit Polizei dagegen einzugreifen, lehnte Ziegner ab. General Müller unterstellte sich daraufhin kurzerhand die Polizei und ging gegen die Proletarischen Hundertschaften vor. Er ließ dazu Teile von vier Infanterie-Divisionen und der 2. Kavallerie-Division aufmarschieren. Es flammten nur an einigen Stellen Kämpfe auf, die schnell durch die Reichswehr erfolgreich beendet wurden. Am 29. Oktober ließ der Wehrkreisbefehlshaber die Mitglieder der sächsischen Regierung, in der sich auch kommunistische Minister befanden, kurzerhand aus ihren Ämtern entfernen. Die Reichsregierung ernannte einen Reichskommissar von Sachsen. Die Reichswehr behielt vorerst die vollziehende Gewalt in Sachsen.

In Thüringen drohte vom 16. Oktober an ebenfalls der Ausbruch einer bürgerkriegsähnlichen Situation. Als der Wehrkreisbefehlshaber des Wehrkreises V die sozialdemokratisch-kommunistische Koalitionsregierung in Thüringen aufforderte, die bewaffneten illegalen Proletarischen Hundertschaften aufzulösen, wurde diese Aufforderung nur ungenügend erfüllt. Beim Einsatz der 3. Kavallerie-Division unter Generalleut-

nant Hasse genügte allein das straffe und disziplinierte Auftreten der Truppe. Der Widerstand brach ohne Kampf zusammen.
In München rief am 8. November 1923 eine von nationalen und sogenannten völkischen Wehrverbänden unterstützte Gruppe von Politikern und Offizieren eine Nationale Regierung und den Sturz der Reichsregierung aus. Ihr gehörten General a. D. Ludendorff, der Infanterieführer der 7. Division, General Ritter von Epp, und Adolf Hitler mit seiner jungen nationalsozialistischen Partei an. Generalstaatskommissar von Kahr, der Wehrkreisbefehlshaber VII, Generalleutnant von Lossow und Polizeioberst Ritter von Seißer, die vorher einer Machtübernahme nach einem möglichen Rücktritt der Reichsregierung zugestimmt hatten, verweigerten ihre Beteiligung, als Hitler am 8. November 1923 eigenmächtig handelte und den Umsturzversuch auslöste. Der am 9. November begonnene Marsch der Anhänger Hitlers durch München wurde durch eine Einheit der Landespolizei aufgehalten. Als dabei Schüsse fielen, brach der Putschversuch zusammen. Dem gescheiterten Marsch hatten sich auch, neben einer Anzahl von Reichswehr-Offizieren, die Fähnriche der Infanterieschule München angeschlossen. Dies geschah allerdings bei den meisten in Unkenntnis der inzwischen veränderten Lage.
Der gescheiterte Hitler-Putsch vom 9. November 1923 war der letzte gewaltsame Versuch im Inneren, die junge Republik zu stürzen. Mit Beginn des Jahres 1924 beruhigte und festigte sich die innenpolitische Lage des Reiches. Die Reichswehr hatte sich als starker und zuverlässiger Schutzfaktor des Reiches erwiesen.

1.3 Festigung der Truppe zum Kern eines zukünftigen Heeresaufbaues (1924-1926)

General von Seeckt hatte bereits seit 1920 – mit Übernahme seines Amtes als Chef der Heeresleitung – die Führung des Reichsheeres mit Ruhe und Festigkeit ausgeübt. Die Stärke seiner Persönlichkeit und das Vertrauen des Reichspräsidenten gab ihm eine starke Stellung im Staate, obwohl ihm nach seinem Status gemäß Wehrgesetz lediglich die Beratung des Reichswehrministers zustand. Der Reichswehrminister übertrug ihm aber die Aufgabe, in seiner ständigen Vertretung die militärische Kommandogewalt auszuüben. Der Oberbefehlshaber der Reichswehr war der Reichspräsident. Dem Reichswehrminister oblag die Befehlsgewalt im Frieden.
Obwohl ihm von verschiedenen Seiten (besonders in den Jahren 1922 und 1923) angetragen wurde, die Macht in Form einer Militärregierung zu übernehmen, widerstand Seeckt unbeirrt solchen Vorschlägen. Er blieb auch fest, als der Reichswehr mit dem Ausrufen des Ausnahmezustandes vom 26. September 1923 bis zum 28. Februar 1924 die vollziehende Gewalt im Reich übertragen wurde.
Durch die Festigung der Lage im Reich konnte Seeckt nun, vom Beginn des Jahres 1924 an, daran gehen, die Reichswehr nach ihrer Bestimmung neu zu gestalten. Die Aufgabe, in einem Bürgerkrieg einzugreifen, war beendet. Jetzt galt es, eine bewaffnete Streitmacht zu schaffen, die das Reich nach außen zu schützen hatte. An seiner damals aufgestellten Forderung, die Reichswehr dürfe nicht mehr zu polizeilichen Aufgaben eingesetzt werden, hat er von da an unbeirrt festgehalten. Die Führung wurde zentralisiert, und zwar in einer Art, die es in der Geschichte des deutschen Heerwesens noch nicht gegeben hatte. Zum ersten Male wurde die Reichseinheitlichkeit der Streitkräfte geschaffen. Die Reichswehrführung bestimmte über alle Teile der bewaffneten Macht. Die einzelnen Länder behielten lediglich eine landsmannschaftliche Bindung an die in ihren Bereichen stationierten Verbände. Nur in Bayern gab es einige Ausnahmeregelungen. Die früher bestehende Vielfalt der Führungsspitze* wurde beseitigt. Die Heeresleitung wurde die zentrale Befehlsstelle im Heer.

* In der Kaiserlichen Armee existierten mit teilweise sich überschneidenden Befugnissen: Der Kriegsminister, der Chef des Militärkabinetts, der Chef des Generalstabes, die Inspekteure der verschiedenen Waffengattungen. Hinzu kamen noch die Kompetenzen der Länder-Kriegsministerien und der Fürstenhäuser.

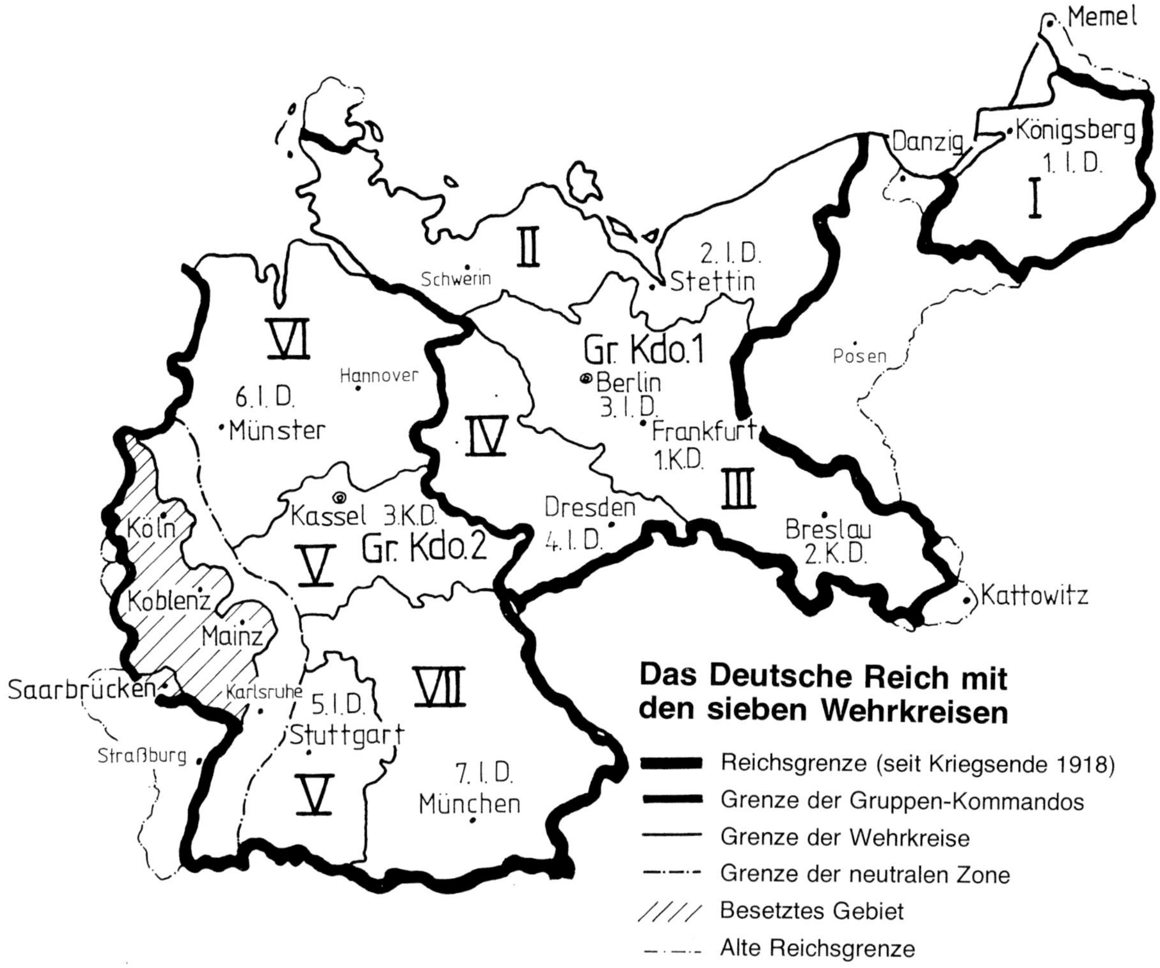

Das Deutsche Reich mit den sieben Wehrkreisen

Anordnungen des Reichspräsidenten – die es unter Friedrich Ebert selten genug gab – gingen über den Reichswehrminister an die Heeresleitung. Der Chef der Heeresleitung hatte die zentrale Weisungsbefugnis für alle militärischen Belange seines dienstlichen Bereiches. Das gleiche galt für den Chef der Marineleitung in dessen Dienstbereich, wobei sich zwischen beiden »Chefs« nie Kompetenzschwierigkeiten ergaben. (Eine Luftwaffe, die später durch Sonderrechte die Führungseinheitlichkeit zerstören sollte, gab es nicht.)

Damit war die Befehls- und Kommandogewalt praktisch beim Chef der Heeresleitung, als dem Vertreter des Reichswehrministers, zusammengefaßt. Das Führungsinstrument für das Reichsheer, das hierbei die Funktion einer wirksamen Exekutiv- und Kontrollstelle hatte, wurde das Truppenamt. In ihm war die gesamte Generalstabs-Führungstätigkeit vereinigt. So wurde das Truppenamt tatsächlich etwas Neues, das an Wirksamkeit den früheren Generalstab übertraf. Bis 1918 war der Generalstab in erster Linie ein dem Feldherrn beigeordneter Stab für strategische und operative Planung und Logistik gewesen. Nun wurde das Truppenamt das Exekutivorgan, durch das der Chef der Heeresleitung seinen Willen auf das ganze Heer übertrug. Dadurch wurde auch die weitverzweigte Vielfalt einer höheren Ministerialbürokratie abgeschafft, die damals wie heute bei allen Streitkräften der Welt die Führung schwerfällig und umständlich macht.

Die Bestimmungen des Versailler Vertrages, die einen Generalstab verboten, wurden durch diese neue Organisation zunächst nicht verletzt, denn ministerielle Ämter und ein Truppengeneralstab waren zugelassen. Erst als sich das Truppenamt – etwa ab 1926 – mit Aufmarsch-, Mobilmachungs-, Aufrüstungs- und Wehrersatzplanungen befaßte, setzte man sich allmählich in Gegensatz zum Versailler Vertrag.

Abkürzungen: Gr. Kdo = Gruppenkommando
I.D. = Infanterie-Division
K.D. = Kavallerie-Division

Neben der Reorganisation und Zentralisierung der Heeresleitung wurde die personelle Struktur des Heeres neu geordnet. Als erste Maßnahme wurden alle für die neuen Aufgaben nicht geeigneten Offiziere entfernt. Umstürzlerische Elemente oder Landsknechtsnaturen hatten keinen Platz mehr in der Truppe. Infolge der Verkleinerung der vorläufigen Reichswehr zum 100 000-Mann-Heer war die Heeresleitung ferner in der Lage, ihr Personal aus einem viermal größeren Bestand gedienter Soldaten sorgfältig auszuwählen. Dadurch war es möglich, eine Auslese mit hohen Ansprüchen vorzunehmen. Nur die Besten wurden übernommen. Beim Offizierkorps hielt sich dabei die Zahl erfahrener Truppenoffiziere und geschulter Generalstabsoffiziere in einem am Bedarf gemessenen, sorgfältig ausgewogenen Verhältnis. Durch strenge Bedingungen bei der Einstellung von Neuzugängen war man bestrebt, das hohe Auslese-Niveau zu halten und möglichst zu steigern. War in der Kaiserlichen Armee die mittlere Reife Voraussetzung zur Laufbahn für Berufsoffiziere, so forderte nun die Reichswehr für Offiziersbewerber das Abitur. Jeder Offizier mußte außerdem die uneingeschränkte Eignung zum nächsthöheren Dienstgrad besitzen. Offiziere, deren Beurteilung einer solchen Qualifikation nicht genügte, wurden ohne Ausnahme entlassen.

Von jedem Offizier wurde geistige Betätigung gefordert. Von den Offizieren, die – etwa in der Dienststellung eines Kompaniechefs – zur Teilnahme an den »Führergehilfen-Lehrgängen«* heranstanden, wurde das Ablegen der »Wehrkreisprüfung«** nach 2-3 jähriger Vorbereitung verlangt. Während dies im früheren Heer nur auf Teilnehmer beschränkt war, die sich freiwillig der Vorbereitung unterzogen, so forderte die Heeresleitung nun die Teilnahme des gesamten heranstehenden Jahrgangs, – gleichgültig, ob der einzelne zu den wenigen, später zur Führergehilfen-Ausbildung zugelassenen Offizieren gehörte oder nicht.

Ähnlich hohe Anforderungen wurden an die Unteroffiziere und Mannschaften gestellt. Ständige Überprüfungen sorgten dafür, daß das dadurch erreichte hohe Leistungsniveau gehalten werden konnte. Hinzu kam eine sehr sorgfältige, praxisnahe Ausbildung, die Entwicklung einer modernen taktischen Kampfweise der verbundenen Waffen und die Schulung operativen Führungsdenkens bei allen Offizieren.

Auch in der Technik sollte die Reichswehr nach dem Willen Seeckts einen modernen, hohen Standard erreichen. Doch auf diesem Gebiet bildeten die Verbote des Versailler Vertrages, die wiederholt durch Krisen geschwächte Wirtschaft und der Währungsverfall zunächst schwer überwindbare Hindernisse. In den nachfolgenden Kapiteln soll dargestellt werden, wie mit kleinen Anfängen und allmählicher Steigerung diese Hindernisse überwunden werden konnten.

Die Absicht Seeckts war, mit diesem Programm der Straffung und Festigung des Reichsheeres zu erreichen, daß es zwei Bestimmungen gerecht werden konnte:

– Erstens ein Auslese-Heer zu bilden, das aus erstklassigen Berufssoldaten bestand,
– Zweitens damit den Rahmen und die Kader zu bilden, aus denen in späterer Zeit größere Streitkräfte entstehen konnten. Darin sollten die Offiziere des Reichsheeres befähigt sein, die höheren Stellen vom Hauptmann an aufwärts zu besetzen, während die Unteroffiziere in die unteren Offiziersränge und die Besten der Mannschaften in das Unteroffizier-Korps aufrücken sollten.

In der Organisation und Gliederung der Reichswehr wurden vor 1932 zunächst keine Änderungen vorgenommen. Auch fand in dieser Zeit keine Vergrößerung der Heeresstärke statt. Zunehmende Gefahr durch die steigende Rüstung und Heeresmodernisierung der Nachbarstaaten sowie die Erfahrungen aus dem Völkerrechtsbruch Frankreichs durch den Ruhreinmarsch zwangen aber zu Überlegungen über eine schnelle Heeresvermehrung im Kriegsfalle. Vorbereitungen, die unter strenger Vertraulichkeit zunächst nur theoretisch Gestalt annahmen, begannen bereits im Jahre 1924. Diese Planungen betrafen das sogenannte A-Heer***.

Die ersten Überlegungen für den Kriegsfall konnten sich unter den gegebenen materiellen und personellen

* Führergehilfen-Ausbildung = in der Reichswehr die Bezeichnung der Generalstabsausbildung.
** Wehrkreisprüfung = Befähigungsnachweis für die Generalstabslaufbahn.
*** A-Heer = Aufstellungs-Heer. Tarnbezeichnung für Vorbereitung zur Heeres-Vermehrung im Kriegsfälle.

Einschränkungen nur darauf beschränken, die bestehenden sieben Infanterie- und drei Kavalleriedivisionen möglichst feldverwendungsfähig zu machen. Vorbereitet wurde ferner die Aufstellung eines schwachen, örtlich gebundenen »Grenzschutz Ost« entlang der Ostgrenzen des Reiches. Dies war nicht mehr als eine milizähnliche Truppe mit geringem Kampfwert, die zunächst nur in den Planungsunterlagen des Truppenamtes existierte. Sie sollte aus Freiwilligen der jüngeren kriegsgedienten Jahrgänge aus dem Grenzgebiet bestehen. Einige »Kommandanturen« und »Heeresdienststellen« sollten die kurzfristig vorgesehene Ausbildung leiten. Für die Bewaffnung standen lediglich Handwaffen zur Verfügung. Für Fernmeldeverbindungen stand nur das zivile Telefon- und Telegrafie-Netz zur Verfügung. Zwischen den Jahren 1926 und 1932 haben dann einzelne Übungen, nie über Kompanie-Stärke, stattgefunden. Sie hatten lediglich den Wert einer Wehrsport-Ausbildung der Grenzjugend.

Die Pläne für das A-Heer sahen vor, daß im Kriegsfalle aus den sieben Divisionen einundzwanzig gebildet werden sollten. Diese Neugliederung konnte unter den oben geschilderten Einschränkungen zunächst nur in der organisatorischen Vorbereitung für die Aufteilung der Truppenteile in Stämme für eine künftige Verdreifachung bestehen. Die personelle Ergänzung sollte durch einen allgemeinen Freiwilligenaufruf in allen Teilen des Reiches eingeleitet werden, sobald durch die Reichsregierung bei Kriegsgefahr die Erklärung des »Reichsnotstandes« veröffentlicht worden war. Hierzu existierten jedoch keine gesetzlichen Grundlagen. Pferde, Fahrzeuge, Personen- und Lastkraftwagen hätten in einem solchen Falle – ebenfalls auf freiwilliger Basis, ohne gesetzliche Grundlagen – eingezogen werden müssen. Auch dafür hätte erst eine Organisation zusammengerufen werden müssen. Durch äußerste Sparsamkeit im Verbrauch und vermehrte Herstellung war es erst bis 1930 gelungen, etwa zwei Drittel der benötigten ersten Ausstattung an Waffen, Gerät und Munition für die 21 Divisionen bereitzustellen. Ein echter Nachschubvorrat, über diese erste Ausstattung hinaus, existierte nicht.

Auf dem Gebiet der Fernmeldetechnik konnte Mitte der zwanziger Jahre unter Umgehung des Versailler Vertrages ein Schritt zum Heeresaufbau getan werden: In Zusammenarbeit mit der Reichspost wurde ein vorzügliches Fernmeldenetz für die obere Führung geschaffen, die dadurch mit allen unterstellten Stellen eng zusammengeschaltet wurde. Einige Reiterschwadronen wurden zu – zunächst bespannten, später motorisierten – Einheiten der Fernmeldetruppe umgewandelt. Mit Rahmenübungen, an denen nur die Stäbe und die Fernmeldetruppe beteiligt waren, wurden diese Verbindungen und die Führungstechnik geübt, ohne daß die Truppe beteiligt zu werden brauchte.

Mit ersten Anfängen wurde auch 1924 begonnen, modernere Waffen zu entwickeln. Einzelne Batterien der Artillerie wurden zu Flak-Batterien* umgewandelt, einige Fahrschwadronen wurden Beobachtungsbatterien. In den Kraftfahrabteilungen und Stäben wurden – zunächst in bescheidenem Umfange – moderne Kraftfahrzeuge eingeführt. Nach dem Beispiel anderer Armeen wurde die Motorisierung des Heeres geplant und vorbereitet. Der Hauptteil dieses Buches beschreibt, welchen Weg das Heer zu diesem Ziele zu gehen hatte.

* Flak = Flugabwehr-Kanone

1.4 Vorbereitung zukünftiger Rüstungswirtschaft (1924-1931)

Zum besseren Verständnis des in diesem Kapitel angesprochenen Themas wird auf zwei Begebenheiten zurückgegriffen, deren Anfänge in die Jahre 1918 und 1919 zurückreichen. Sie sind für das Thema jedoch von Wichtigkeit, so daß auch der frühere Zeitabschnitt eingeschlossen werden muß. Die beiden Begebenheiten sind:

- Die Tätigkeit der Interalliierten Militär-Kontrollkommission (IMKK)
- Die Zusammenarbeit der Reichswehr mit der Roten Armee

Zur Überwachung der Deutschland mit dem Vertrag von Versailles auferlegten Abrüstungsverpflichtung und Beschränkung der Streitkräfte in Art und Zahl wurde eine Interalliierte Militär-Kontroll-Kommission eingerichtet, die ihren Sitz in Berlin hatte. Diese Kommission trat ihren Dienst am 15.9.1919 an. Sie erhielt sehr weitgehende Vollmachten, die ihr gestatteten, jederzeit jede deutsche militärische Einrichtung zu besuchen und sich alles anzusehen, was sie forderte. Darüber hinaus war die IMKK berechtigt, ungehindert ganz Deutschland zu bereisen und überall Inspektionen vorzunehmen, wo auch immer und so oft sie es für erwünscht hielt. Bevollmächtigte deutsche Vertreter mußten die IMKK ständig begleiten, um die Mitteilungen in Empfang zu nehmen, die die Kommission der Reichsregierung zu übergeben wünschte und um ferner alle Auskünfte zu erteilen und alle Unterlagen zu beschaffen, die gerade verlangt wurden.

In den ersten Jahren ihrer Tätigkeit überwachte die IMKK hauptsächlich die vom Versailler Vertrag bestimmte Zerstörung der Waffen- und Materialbestände und der Fertigungsstätten für Wehrmaterial*. Nur 33 Industriewerke, die Wehrmaterial fertigen durften, waren von der Zerstörung der Rüstungswerke ausgenommen. Nur wenige geheime Waffenlager wurden von deutscher – meist illegaler – Seite angelegt. Sie wurden alle früher oder später von der Kommission entdeckt.

Die IMKK hielt sich auch für befugt, Aufbau, Organisation und Struktur der Reichswehr zu überwachen. So beanstandete sie z. B. in Berichten an die Reichsregierung und an die alliierten Regierungen die zu starke Stellung des Chefs der Heeresleitung. Die Heeresleitung protestierte heftig dagegen, mußte aber schließlich den Forderungen des Reichsaußenministers Stresemann nachgeben, der sich gerade zu diesem Zeitpunkt davon Erfolge in der Abrüstungspolitik erhoffte.

Die Interalliierte Militär-Kontroll-Kommission war ein starkes Hindernis für Modernisierungs- und Reform-Bestrebungen in der Reichswehr. Die straffe Gliederung, die zentrale Führungsorganisation und die Formung einer vorzüglichen Auslese-Streitmacht hat sie aber ebensowenig zu verhindern vermocht, wie die sorgfältige Zukunftsplanung der Rahmenbildung dieser Truppe für den später so rasch erfolgenden Wiederaufbau der Wehrmacht.

Die Kommission blieb bis zum 31. Januar 1927 in Deutschland bestehen. Ihre Befugnisse wurden sodann dem Völkerbund übertragen, der sie jedoch nicht ausübte.

Die am Anfang diesen Kapitels genannte Zusammenarbeit der Reichswehr mit der Roten Armee geht bereits auf das Jahr 1919 zurück, als erste Fühlungnahmen zwischen General von Seeckt und Vertretern der Sowjetunion stattfanden. Der Reichskanzler Wirth hatte dem zugestimmt und die Verantwortung übernommen. Die Sowjetunion, die nicht zu den Unterzeichner-Mächten des Vertrages von Versailles gehörte, befand sich im Hinblick auf seine Streitkräfte in einer ähnlichen Situation wie das Deutsche Reich. Auch dort mußte man aus den Trümmern einer besiegten Armee eine neue schlagkräftige Streitmacht aufbauen. Nur unterlag die Rote Armee keinen Einschränkungen und Verboten. Dafür fehlten ihr die erfahrenen Fachleute, die in Fragen der Organisation, Führung und Ausbildung Rat geben konnten. Darüber wiederum verfügte die Reichswehr. So waren starke beiderseitige Interessen vorhanden, wodurch sonstige Ge-

* Unter anderem wurden zerstört: 6 Millionen Handfeuerwaffen, 105 000 MG, 28 470 Minenwerfer, 54 887 Geschütze, 38,75 Millionen Geschosse, 490 Millionen Patronen für Handfeuerwaffen; 14 014 Flugzeuge, 27 757 Flugzeugmotoren, 31 Panzerzüge, 59 Panzerkampfwagen.

gensätze hintangestellt und überbrückt werden konnten. 1921 wurde im Truppenamt die Abteilung R (Rußland) geschaffen. Ein kleiner Stab deutscher Offiziere traf in Moskau ein. Es blieb jedoch zunächst bei diesen Kontakten. Vereinzelt wurden von beiden Seiten Offiziere zu Beratungs- und Informationszwekken entsandt. Der Reichspräsident wurde noch nicht informiert.

Während der Weltkonferenz von Genua*, im April 1922, schloß Reichsaußenminister Walther Rathenau mit dem sowjetischen Volkskommissar des Auswärtigen, Tschitscherin, überraschend in Rapallo einen Vertrag, als Rathenau die deutsche Delegation in Genua brüskiert fühlte. In dem Vertrag von Rapallo wurden die diplomatischen Beziehungen zwischen dem Deutschen Reich und der Sowjetunion wiederhergestellt und alle sowjetischen Ansprüche auf Kriegsentschädigungen an das Reich gestrichen. Ferner wurde der Ausbau der wirtschaftlichen Beziehungen zwischen beiden Ländern und deutsche industrielle Hilfe an die Sowjetunion vereinbart.

Die Westmächte waren empört, daß das besiegte Deutschland es wagte, eigene Politik zu machen. Gleichzeitig wuchsen bei der französischen und der britischen Diplomatie Sorge und Mißtrauen, Deutschland könne in dem Vertrag geheime militärische Absprachen mit der Sowjetunion getroffen haben. Das war aber nicht der Fall. Selbst Rathenau wußte nichts von der zwei Jahre vorher erfolgten Verbindungaufnahme zwischen Reichswehr und Roter Armee.

Eine militärische Zusammenarbeit zwischen beiden Armeen fand erst etwa ab 1926 statt. Sie erstreckte sich auf die Entsendung deutscher Ausbilder für die Rote Armee; die sowjetische Seite gab dafür ihre Zustimmung für technische Waffenerprobungen an im Reich nicht zugelassenen Waffen** sowie für die Ausbildung kleinerer Gruppen von deutschen Offizieren an diesen Waffen in der Sowjetunion. Diese Zusammenarbeit hatte mit dem Vertrag von Rapallo in direktem Zusammenhang nichts zu tun. (vgl. Kapitel 7, Panzerausbildung und Panzererprobung in der Sowjetunion) Den Erprobungen gingen die entsprechenden Entwicklungen in Deutschland in deutschen Werken voraus. Eine Produktion deutscher Waffen fand in der Sowjetunion nicht statt.

Die Anfänge deutscher Rüstungswirtschaft waren in den Jahren vor 1926 sehr bescheiden. Das Bestreben, wirtschaftlich und technisch mit der im Ausland stattfindenden Modernisierung Schritt halten zu können, führte zunächst zu gelegentlichen, in Art und Umfang unbedeutenden Übertretungen der Versailler Verbote. Die o. g. Menge der gefertigten Bedarfsgüter für einen Mobilmachungsfall war sicherlich nicht von Bedeutung.

Weil die industrielle Fertigung von Munition im Reich nicht möglich war, importierte man in geringen Mengen bestimmte Munitionsarten aus der Sowjetunion, Schweden und Österreich. Das geschah in der zweiten Hälfte der zwanziger Jahre. Für eine Grundausstattung im Kriege waren die dabei erhaltenen Mengen in keinem Falle ausreichend.

Im Heereswaffenamt wurden vom Jahre 1926 an jedoch umfangreiche Planungen und Vorarbeiten im Hinblick auf eine zukünftige Rüstungswirtschaft angestellt. Damit begannen sodann deutliche Übertretungen der Versailler Bestimmungen. Das Ziel war, parallel zu den Aufstellungsvorbereitungen eines A-Heeres (vgl. Kapitel 1.3), im Kriegsfalle die Verteidigungsfähigkeit sicherzustellen. Dies konnte aber nicht ohne Vorbereitungen im Frieden geschehen.

Der Chef des Heereswaffenamtes, General der Artillerie Max Ludwig (1926-1929), gründete im Heereswaffenamt den »Nachschubstab«, der die statistischen Unterlagen zunächst zusammenzustellen hatte. Unter seinem Nachfolger, General der Artillerie von Vollard-Bockelberg (1929-1933) wurde dieser in »Wirtschaftsstab« umbenannt. Seine Arbeit stieß auf sehr große Schwierigkeiten. Eine von ihnen war die Abhängigkeit der deutschen Wirtschaft von ausländischen Rohstoffen. Die Erfahrungen der britischen Seeblockade im Ersten Weltkrieg waren allen Beteiligten noch sehr wohl bekannt. Nach den Verlusten des Deutschen Reiches durch die Gebietsabtretungen war diese Abhängigkeit noch stärker geworden.

* Die Konferenz von Genua befaßte sich mit Wirtschaftsfragen im Zusammenhang mit den Kriegsentschädigungsforderungen an Deutschland. Die dorthin geladenen deutschen Vertreter wurden jedoch eine Woche lang nicht einmal informiert und auch nicht zugelassen!

** Luftwaffe, Panzer und chemische Kampfstoffe.

Besonders empfindlich für eine zukünftige Wehrwirtschaft war der Mangel an
- Kraftstoffen, Ölen und Schmiermitteln
- Kautschuk
- Eisenerz, Zinkerz, Steinkohlenlager (z. T. 1918 verloren)
- Chrom, Nickel, Kupfer und Zinn.

Bemühungen, auf diesen Gebieten unabhängig zu werden, waren deshalb eine Hauptsorge der militärischen Wirtschaftsplaner. Der Aufbau eigener synthetischer Kraftstoff- und synthetischer Kautschuk-Herstellungen im Reich stammt aus diesen ersten Überlegungen und dem ständigen Drängen der Reichswehr nach Beseitigung der Rohstoff-Abhängigkeit.

Selbst diese ersten Planungs-Vorarbeiten waren nur möglich, wenn es gelang, Industrie-Unternehmen zur Mitarbeit zu gewinnen. Dies war im Hinblick auf die notwendige Geheimhaltung ein großes Risiko. Um diese Zusammenarbeit herzustellen und um die Möglichkeit zu haben, spätere Rüstungsbetriebe bereits in diesem Planungsstadium zu erfassen, ihre Kapazität und Erweiterungsmöglichkeiten feststellen zu können, wurde vom Heereswaffenamt die »Statistische Gesellschaft« gegründet. Darauf aufbauend entstand später, als Untergliederung des Heereswaffenamtes, die Gruppe Wehrwirtschaftsoffiziere.

Angesichts dieser schwierigen Vorarbeiten ist es verständlich, daß erste Planungen erst 1929 abgeschlossen werden konnten. Erst von dieser Zeit an konnte man, auf den geschaffenen Unterlagen aufbauend, bestimmte Industriebetriebe für eine spätere Rüstungsproduktion einplanen. Die Unternehmer, die man notgedrungen in die zunächst noch theoretischen Planungen einschalten mußte, waren anfänglich meist ablehnend. Das ist verständlich, weil die meisten die Auswirkungen des Krieges auf ihre Unternehmen noch in guter Erinnerung hatten. Die Not der Weltwirtschaftskrise (1929) veranlaßte dann aber manchen Unternehmer, doch einer Zusammenarbeit mit dem Waffenamt zuzustimmen.

Viele dieser Arbeiten fanden durch Offiziere in Zivil außerhalb der Reichswehr statt. Militärische Forderungen mußten erarbeitet und ein großer Apparat von Forschungs- und Erprobungseinrichtungen geplant oder geschaffen werden. Labors, Schießplätze und Flugplätze mit ihren technischen Einrichtungen mußten ebenfalls geplant und bis in Einzelheiten festgelegt werden.

Neben diesen Planungsarbeiten liefen auch die praktischen Vorbereitungen für den Mobilmachungsfall. Der Bedarf für die Grundausstattung und den Nachschub des A- Heeres wurde festgelegt und die dazugehörigen Fabrikationsprogramme erarbeitet. Hierzu wurden zwei Fünfjahrespläne aufgestellt. Der erste, von 1928 bis 1933, konnte – allein schon aus Budget-Gründen – nur erst den Bedarf für 16 Divisionen sicherstellen. Der zweite Fünfjahresplan – von 1933 bis 1938 – umfaßte dann den Bedarf des gesamten A-Heeres von 21 Divisionen.

1.5 Ende der Weimarer Republik – Der Heeresaufbau (1932-1935)

Am 28.2.1925 starb überraschend Reichspräsident Friedrich Ebert. Am 12. Mai 1925 wurde Generalfeldmarschall von Hindenburg mit großer Mehrheit zum zweiten Reichspräsidenten der Weimarer Republik gewählt. Hindenburg nahm sein Recht als Oberbefehlshaber der Reichswehr wesentlich aktiver wahr als sein Vorgänger, der in allen militärischen und militärpolitischen Angelegenheiten die Aktivitäten meist dem Chef der Heeresleitung überließ. Der Reichswehrminister hatte dabei seine Rolle mehr im Reichskabinett und im Deutschen Reichstag. Er schirmte die Reichswehr gegen manche tagespolitische Unbill von außen ab. Er arbeitete stets eng mit dem Chef der Heeresleitung zusammen. Nach außen hatte, bis zur Ernennung Hindenburgs zum Reichspräsidenten, stets der Chef der Heeresleitung die Reichswehr repräsentiert.

Hindenburg schaltete den Reichswehrminister auch mehr zu Fragen der bewaffneten Macht ein, als das bis dahin der Fall gewesen war. Er selbst übernahm einen großen Teil der Repräsentationspflichten im Zusammenhang mit der Reichswehr, die bis dahin der Generaloberst von Seeckt wahrgenommen hatte. Die starke Stellung, die Seeckt durch das Vertrauensverhältnis und die Rückendeckung durch Friedrich Ebert innegehabt hatte, wich allmählich einem sachlich-militärischen Vorgesetztenverhältnis zwischen dem Inhaber des Oberbefehls und dem Chef der Heeresleitung. Zu der Schmälerung der Machtstellung Seeckts kamen die vorerwähnten alliierten Proteste gegen eine zu starke Stellung der Reichswehrführung im Staate hinzu. Hinzu traten ferner – vorher nicht dagewesene – Verwahrungen des Reichswehrministers. Dieser fühlte sich neuerdings in Angelegenheiten übergangen, die er zu Eberts Zeiten durchaus toleriert hätte. Außerdem begannen Angriffe gegen die Reichswehr aus parlamentarischen Kreisen, die sich immer häufiger gegen die Person Seeckts richteten. Ein im Grunde unwichtiger Anlaß steigerte dann die entstandene Spannung zum Entscheidungsprozeß: Der Chef der Heeresleitung hatte aus eigener Machtvollkommenheit den ältesten Sohn des Kronprinzen an Manövern teilnehmen lassen, ohne den Reichswehrminister zu informieren. Geßler rügte, daß Seeckt damit die gebotene Loyalität verletzt habe. Eine Pressekampagne spielte diesen an sich harmlosen Fall zu einer Krise hoch. Als Seeckt daraufhin seinen Abschied einreichte, entschied sich Hindenburg – gegen den Rat seiner Mitarbeiter – für den Reichswehrminister und stimmte dem Abschiedsgesuch zu.

Mit dem Rücktritt Seeckts fand die zweite Entwicklungsphase der Reichswehr ihren Abschluß. Was nun folgte, waren Jahre des wenig spektakulären Ausbaues des bis dahin Geschaffenen. Die Nachfolger im Amt des Chefs der Heeresleitung besaßen nicht den ausgeprägten Ehrgeiz und das Gewicht der starken Persönlichkeit Seeckts. Sie gaben sich mit der Erhaltung des Erreichten zufrieden. Viele unter Seeckt noch eingeleiteten Vorgänge der Organisation und Ausbildung wirkten sich erst in den nun folgenden Jahren aus, und Seeckts Schule sollte sich noch lange, bis hinein in die Taten der Generalobersten Beck und Halder, auswirken.

So sah nach Seeckts Willen die Organisation und operative Planung für die spätere Zeit des Heeresaufbaues die volle Motorisierung und Ausstattung mit neuzeitlicher Technik und Bewaffnung der sieben Divisionen des Reichsheeres vor. Sie sollten als bewegliche, moderne »Stoßkraft« in Abwehr und Gegenangriff das Rückgrat der Streitkräfte bilden, während die im Kriegsfälle aufzustellenden – nicht motorisierten – A-Verbände als »Linientruppe« mehr statische Abschirm- und Verschleierungsaufgaben erhalten sollten. Diese Planung war noch bis 1934 Leitlinie der Operationsabteilung im Truppenamt, bis der stürmische Heeresaufbau unter Hitlers Einfluß weit über diese Ziele hinausführen sollte.

Die neuen Chefs der Heeresleitung waren Generaloberst Wilhelm Heye (8.10.1926-30.10.1930) und Generaloberst Curt von Hammerstein-Equord (1.11.1930-31.1.1934). In seit 1924 nun schon gewohnter Weise nahm die Reichswehr an dem immer turbulenter werdenden innenpolitischen Geschehen im Reiche nicht teil. Im Januar 1928 trat Reichswehrminister Geßler zurück. Sein Nachfolger war der pensionierte Generalleutnant Wilhelm Groener, der unter Hindenburg als letzter Generalquartiermeister in der Obersten Heeresleitung Dienst getan hatte. Als Parteiloser war Groener bereits 1920-1923 in vier Reichskabinetten Eisenbahnminister gewesen. Bis zu seiner Ernennung zum Reichswehrminister schriftstellerisch mit Fragen der Zeitgeschichte befaßt, hatte er viele Verbindungen zu demokratischen Kreisen. Die bis 1926 sehr streng gehandhabten, in der Reichswehr nur in geringem Umfange möglichen Einstellungen, Beförderungen und Entlassungen nahmen – besonders unter Generaloberst von Hammerstein – neue Formen an. Man warf ihm vor, daß die Besetzung wichtiger Stellen nicht mehr in erster Linie nach Eignung, Leistung und Dienstalter, sondern nach vorheriger Absprache zwischen Hammerstein, General von Schleicher und Oberst Oscar von Hindenburg entschieden wurde. Dieser Vorwurf führte zu Mißtrauen im Heere und entfremdete die »Bürogenerale« in der Spitze der Reichswehrführung den Stabs- und Truppenoffizieren außerhalb des Ministeriums.

Generalmajor Kurt von Schleicher, ein ehrgeiziger und begabter Offizier, wurde von Reichswehrminister Groener am 1.3.1929 als Leiter des neu geschaffenen Ministeramtes eingesetzt. Dieses Amt sollte dem Minister dazu dienen, als Führungsstelle der Heeres- und der Marineleitung die Weisungen des Ministers zu übermitteln und in Art und Zeitraum zu überwachen. Schleicher aber nützte dieses Amt intensiv dazu aus, seinen eigenen Einfluß zu vergrößern und sich bald eine Machtstellung zu verschaffen, die niemand im militärischen Führungsbereich übergehen konnte. In dieser Stellung oblag ihm auch die Vertretung des Ministers bei dessen Abwesenheit im Kabinett und im Reichstag. Seine Stellung entsprach damit der eines Unterstaatssekretärs.

Oberst Oscar von Hindenburg, der Sohn des Reichspräsidenten, nahm die Stelle des persönlichen Adjutanten des Reichspräsidenten wahr. Er hatte großen Einfluß auf seinen Vater. Seiner Regie war die Zusammensetzung der »Hofkamarilla« zuzuschreiben, die in den entscheidenden Tagen der Weimarer Republik zwischen Brünings Rücktritt und der Ernennung Hitlers zum Reichskanzler die Berater Hindenburgs stellte. Niemand konnte ohne sein Wissen zum Reichspräsidenten gelangen. Als Offizier ohne besondere politische Kenntnisse und Erfahrungen war er hauptsächlich das Sprachrohr für General von Schleicher bei seinem Vater geworden*.

Ende Mai 1932, nach Rücktritt des Kabinetts unter Reichskanzler Brüning, war es nur noch eine Frage der Zeit, bis die bereits zweitstärkste Partei im Reichstag – die Nationalsozialisten unter Hitler – den Auftrag zur Regierungsbildung erhielt. Am 31. Juli 1932 gewann diese Partei 230 Sitze und war damit die stärkste Partei im Reichstag geworden**. Eine Zwischenlösung war die Regierung unter Reichskanzler Franz von Papen, der aber, nur mit Unterstützung der Deutschnationalen, ohne Parlament nicht lange regieren konnte. Reichswehrminister im Kabinett von Papen wurde General von Schleicher.

Als die beiden radikalen Flügelparteien, Kommunisten und Nationalsozialisten, im November 1932 einen Streik der Berliner Arbeiterschaft entfesseln konnten, stürzte die Regierung von Papen, und General von Schleicher wurde am 3. Dezember 1932 Reichskanzler. Auch er mußte ohne das Parlament, nur mit der Reichswehr im Hintergrund, gestützt auf Verordnungen des Reichspräsidenten, regieren. Das war zwar bei großzügiger Auslegung der Verfassung in Notzeiten möglich, konnte aber nicht auf längere Zeit durchgeführt werden.

So entschloß sich Reichspräsident von Hindenburg widerstrebend, den Ratschlägen seiner Umgebung nachgebend, am 30.1.1933, Hitler mit dem Auftrag zur Bildung eines Koalitionskabinetts (Deutschnationale und Nationalsozialisten) zum Reichskanzler zu ernennen.

In diesem Kabinett Hitler wurde Generaloberst Werner von Blomberg Reichswehrminister.

Hammerstein blieb zunächst Chef der Heeresleitung, bis er um seinen Abschied bat, den er am 31.1.1934 von Hitler erhielt. Sein Nachfolger wurde Generaloberst Werner Freiherr von Fritsch.

Der Gang der Geschichte ist hinreichend bekannt. Hitler übernahm in wenigen Monaten die absolute Macht im Staate, nachdem er die kommunistische Partei verboten und vom Reichstag ein – befristetes – Ermächtigungsgesetz erhalten hatte. Mit dem Tode Hindenburgs im August 1934, übernahm er auch das Amt des Reichspräsidenten, wozu ihm der Reichstag hinterher, ohne die Stimmen der verbotenen und einiger Parteien, die sich inzwischen aufgelöst hatten, die Bestätigung in einem Gesetz erteilte. Für die Reichswehr begann bereits wenige Tage nach der Ernennung Hitlers zum Reichskanzler der zunächst noch geheim gehaltene Heeresaufbau. Als erstes liefen die vorbereiteten Maßnahmen zur Aufstellung des A-Heeres in Stärke von 21 Divisionen an. Die Pläne der neuen Reichsregierung gingen aber weit über diesen Plan

* Schleicher, Oscar von Hindenburg und Hammerstein entstammten alle dem 3. Garderegiment zu Fuß!

** In der gleichen Wahl hatte die SPD 133 Sitze, die KPD 89, das Zentrum 73, die Deutschnationalen 37 und die bayerische Volks-Partei 22 Mandate.

hinaus. Gleichzeitig wurden die Vorbereitungen zur Schaffung einer Luftwaffe getroffen. Bereits 1935 waren durch Abgabe von Stämmen aus den bestehenden Truppenteilen entstanden:

3 Gruppenkommandos · 11 Korps-Stäbe
24 Infanteriedivisionen · 3 Panzerdivisionen
1 Gebirgsdivision · 2 Kavalleriedivisionen.

4 motorisierte Divisionen und 4 leichte Divisionen (letztere gedacht als eine Art motorisierte Kavallerie) waren im Entstehen.

Besonderes Augenmerk legte die neue Führung auf den Aufbau einer Panzerwaffe. Das ging nicht ohne Überwindung von Widerständen aus den Reihen konservativer Offiziere vor sich.

Manche Offiziere waren noch im Denken des Ersten Weltkrieges befangen, als die Panzerkampfwagen noch das Hilfsmittel waren, der Infanterie, als fahrbare, gepanzerte MG-Nester oder Geschützstellungen, den Einbruch in das feindliche Stellungssystem und den späteren Durchbruch bis zu den feindlichen Artilleriestellungen zu ermöglichen. Die Panzer waren nach Vorstellung dieser Offiziere eine Hilfswaffe der Infanterie und an ihr Schritt-Tempo gebunden.

So war auch 1933 die Auffassung bei den modernen Generalstäben der Armeen Frankreichs, Italiens, Großbritanniens und der USA, die Panzerwaffe in Regiments- oder Divisionsstärke zu gliedern, aber Bataillons- oder Kompanienweise auf die Infanterie verteilt, als eine Art gepanzerte Begleitartillerie einzusetzen. Auch in der Reichswehr war diese Meinung anzutreffen. Aber bereits in der zweiten Hälfte der zwanziger Jahre hatten im Truppenamt einige Offiziere bei der Inspektion der Verkehrstruppen, darunter der Inspizient, General Oswald Lutz, und sein Chef des Stabes, Oberstleutnant i.G. Heinz Guderian*, erkannt, daß diese neueWaffengattung viel weiterreichende Möglichkeiten hatte. Allein die Entwicklung der Motoren, die den Panzerkampfwagen eine höhere als die Infanterie-Schrittgeschwindigkeit und eine große Reichweite verlieh, mußte zwangsläufig zu neuem taktischem und operativem Führungsdenken mit dieser neuen, bahnbrechenden Waffe führen. Die Panzer sollten den Feind durchbrechen und dann selbständig und kampfkräftig operieren und z. B. weiträumige Umfassungsbewegungen durchführen. Dafür mußten sie in größtmöglicher Stärke mit anderen Waffengattungen, die ebenso beweglich waren, zusammengefaßt werden können. Sie mußten für Angriff, Verfolgung, aber auch in der Abwehr zu Gegenangriffen oder nachhaltigen Verzögerungsgefechten geeignet, und dafür bewaffnet und ausgestattet sein**.

Neben dem sehr klugen und sachlichen General Lutz war die treibende Kraft bei der Durchsetzung dieser Gedanken sein Chef des Stabes, der spätere General Heinz Guderian. Seiner Zähigkeit, Überzeugungskraft und, wenn es sein mußte, auch Sturheit, seiner starken Persönlichkeit, gepaart mit Durchsetzungsvermögen, ist es zu verdanken, daß dieses Führungsdenken der neuen Waffe schließlich mehr Platz griff und später auch zur Lehrmeinung in der Deutschen Wehrmacht wurde.

Im Herbst 1934 wurde das Reichsheer durch die Übernahme der kasernierten Landespolizeien der Länder und durch Einstellung von Freiwilligen verdreifacht. Anfang März 1935 wurde die Luftwaffe ein selbständiger Wehrmachtteil. Am 16. März 1935 wurde die Allgemeine Wehrpflicht wieder eingeführt. Als Ziel des Heeresaufbaues wurde offiziell die Gliederung in 12 Armeekorps und 36 Divisionen verkündet. Am 1.6.1935 wurden die Chefs der Marine- und der Heeresleitung zu Oberbefehlshabern ihrer Wehrmachtteile ernannt. Das Truppenamt erhielt die Bezeichnung: Generalstab des Heeres. Damit war das Ziel erreicht, das sich die Reichswehrführung in den bitteren Jahren nach dem Ende des Ersten Weltkrieges gesetzt hatte: Der Wiederaufbau einer Wehrmacht, die stark genug war, die deutschen Grenzen gegen die hochgerüsteten Nachbarn zu schützen. Im Jahre 1935 war damit der Rahmen für eine erfolgreiche Friedenspolitik des Reiches geschaffen worden.

Von den Angehörigen der neuen Wehrmacht ahnten die meisten nicht, welchen Weg sie später zu gehen hatten.

* Dazu gehörten folgende Offiziere, die später alle als Generale einen bekannten Namen in der Panzerwaffe hatten: Die Majore Breith, Chales de Beaulieu, Harpe, von Hünersdorff, Kempf, Nehring u. a. m.

** Ähnliche Gedanken hatten auch der britische General Fuller, der französische Oberst Charles de Gaulle und der britische Hauptmann Liddell Hart. Sie setzten sich aber bei ihren Generalstäben nicht durch.

2. Personenkraftwagen

2.1 Handelsübliche Personenkraftwagen

Wie schon bei der Kaiserlichen Armee vor dem Ersten Weltkrieg litt die Motorisierung der Reichswehr unter einschneidenden finanziellen Beschränkungen. Die ersten Neubeschaffungen an Personenkraftwagen erstreckten sich fast ausschließlich auf handelsübliche Fahrgestelle, die bis 1928 vorwiegend mit handelsüblichen Aufbauten geliefert wurden.

Die nach dem Ersten Weltkrieg vorhandene übergroße Industrie-Kapazität und die Tatsache, daß nun vor allem Lastkraftwagen nicht mehr in zu großen Stückzahlen benötigt wurden, bewirkten ein weiteres Zunehmen der Zahl der zur Personenkraftwagen-Produktion zur Verfügung stehenden Hersteller. So existierten im Jahre 1924 allein in Deutschland 65 Firmen, die nicht weniger als 90 verschiedene PKW-Typen herstellten. Aufgrund der wirtschaftlichen Ereignisse waren es 1928 dann nur noch 23 Hersteller mit rund 45 Modellen.

Es blieb den Kommandeuren der einzelnen Wehrkreise überlassen, nach Bedarf und vorhandenen Mitteln, Kraftfahrzeuge zu beschaffen. Es mußten also zunächst serienmäßige Fahrzeuge aus der deutschen Industrie ausgewählt werden, die jedoch den hohen Anforderungen an die Betriebssicherheit und den zu fordernden Verwendungsmöglichkeiten bei der Truppe zu entsprechen hatten. Die Industrie konnte sich aufgrund der wirtschaftlichen Lage nicht entschließen, militärische Sonderentwicklungen zu schaffen, die auch vom Heer noch gar nicht gefordert worden waren. Die Frage des niedrigen Preises für Anschaffung und Unterhalt veranlaßte die Heeresleitung, den Kleinwagen zu bevorzugen.

Die ersten von der Reichswehr beschafften Personenkraftwagen waren unveränderte Serienfahrzeuge, die ursprünglich handelsüblich gestrichen wurden, später jedoch Buntfarben-An- strich erhielten. Das Bild zeigt einen Hanomag Typ 4/20 PS

Um den unmittelbar nach Beendigung des Ersten Weltkrieges bestehenden Stand des technischen Fortschrittes festzuhalten, sei hier ein typisches Personenwagenfahrgestell aus dieser Zeit gezeigt. Es handelt sich um den Typ S 17/50 PS der Dux-Automobil-Werke AG in Wahren bei Leipzig, die 1927 von den Presto-Werken übernommen wurden

2.2 Geländegängige Personenkraftwagen (4 x 4, 6 x 4 und 6 x 6)

Unmittelbar nach Beendigung des Ersten Weltkrieges ergaben sich in allen Streitkräften Bemühungen zur Verbesserung der Geländegängigkeit militärischer Fahrzeuge. Neben Halbkettenfahrzeugen* zeigten sich Sechsradwagen, die entweder mit zwei angetriebenen Hinterachsen oder mit Allrad-Antrieb versehen waren. Auch für die Reichswehr wurden derartige geländegängige Personenkraftwagen mit 6 Sitzen entwickelt. Im Werk Stuttgart-Untertürkheim baute die Daimler-Benz AG insgesamt sieben Fahrzeuge (1926 = 5, 1927 = 1, 1928 = 1) des Typs G 1 (6x4), dessen Fahrgestell einen über den Hinterrädern leicht gekröpften, gepreßten Stahlrahmen aufwies. Im Rahmenheck war eine motorisch angetriebene Seilwinde eingebaut. Die Vorderachse war durch normale Halbfedern abgestützt, die Hinterachsen mit je einer Halbfeder pendelnd am Rahmen aufgehängt und angelenkt. Die Aufnahme des Schubs der mittleren Achse erfolgte durch Streben mit Schubkugel, bei der hinteren Achse durch Kardanrohr auf das vordere Ausgleichsgetriebe. Die Stahlblechscheibenräder waren mit Luftgummireifen der Größe 775 x 145 versehen, die Hinterräder waren doppelt bereift. Das Fahrgestell hatte eine Nutzlast von 1t Neben einer Steigfähigkeit bis zu 35% wurde eine Höchstgeschwindigkeit von 60 km/h erreicht. Die Fahrzeuge wiesen Radstände von 2365 + 950 und 2353 + 985 mm auf. Der Daimler-Benz-Vergaser-M 03-Motor hatte sechs Zylinder, einen Hubraum von 3 l und eine Leistung von 50 PS bei 3000 U/min.

Vom ähnlich ausgelegten Geländefahrzeug der Horch-Werke AG in Zwickau vom Typ »Gelände« waren 1926 fünf Fahrzeuge vorhanden. Sie konnten bei einem Gesamtgewicht von 4680 kg eine Nutzlast von 2 t befördern. Der Horch-Achtzylinder-Reihen-Vergasermotor mit 4 l Hubraum leistete 80 PS. Die Höchstgeschwindigkeit betrug 70 km/h.

Ein weiterer geländegängiger Personenkraftwagen mit 6 Sitzen, jedoch mit Allradantrieb, wurde 1926 von der Voran-Gesellschaft entwickelt, welche unter der technischen Leitung von Richard Bussien stand. Der Antrieb des Geländewagens »M LIC Voran« erfolgte durch einen Sechszylinder-Selve-Ottomotor »S 6/12« mit 50 PS Leistung. Die Hinterachsen waren wie üblich doppelt bereift; im Bedarfsfall war es möglich, die Reserveräder zusätzlich an die Vorderachse zu montieren, um so die Achslast zu reduzieren. Bei einem Eigengewicht von 2600 kg betrug die Zuladung etwa 1,5 t.

Der Bau von 3-Achs-Geländepersonenwagen wurde von mehreren Herstellern nach Vorschlägen des Heereswaffenamts im Jahre 1926 aufgenommen. Die Bilder zeigen das Fahrgestell des Daimler-Benz-Fahrzeuges G 1, von dem bis 1928 sieben Stück gebaut wurden. Im Rahmenheck ist die eingebaute Seilwinde zu erkennen

---

* Im Ausland auch zur Mannschaftsbeförderung vorgesehen.

Einzelheiten des
G 1-Fahrgestelles
im Blick zum Motor
und Rahmenende

Das Fahrzeug G 1 der Daimler- Benz AG, mit Aufbau versehen, im Gelände

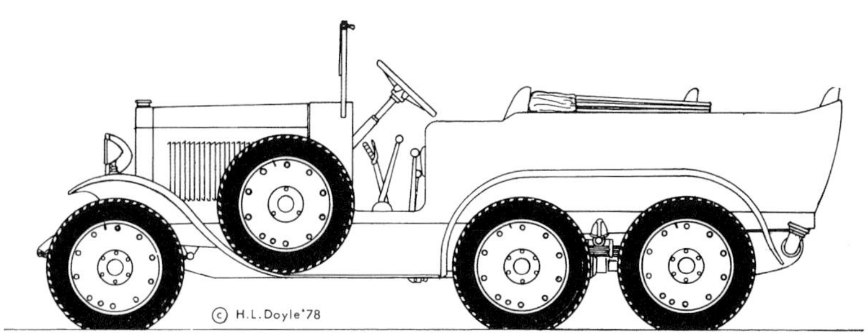

Daimler-Benz G 1

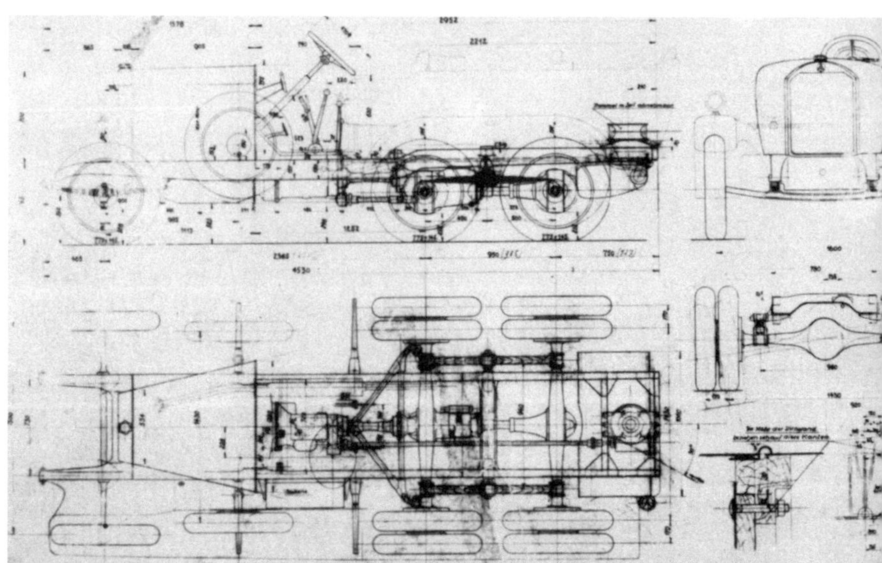

Wie beim Daimler-Benz G 1 waren beim Horch »Gelände«-Wagen auch nur die Hinterräder angetrieben. Diese konnten je nach Gelände mit einer Gummigleiskette versehen werden

Eine etwas veränderte Karosserieform beim Spezial-Gelände-Sechsradwagen der Firma Horch

Unten links: Horch-Sechsradahrzeug bei der Erprobung im Gelände

Spezial-Geländewagen der Selve-Automobilwerke AG in Hameln/ Weser, bei dem alle Räder angetrieben wurden

Das Fahrzeug würde von der Firma Selve Automobilwerke AG in Hameln an der Weser gebaut, welche 1929 den Automobilbau aufgeben mußte.

Keines dieser Fahrzeuge hat sich im Truppengebrauch bewährt. Eine Mitteilung des Heereswaffenamtes vom 16.6.1929 besagte: ». . . Aus Gründen der Übersichtlichkeit ist bei den Gelände-Personenkraftwagen nur noch der Typ im allgemeinen, ohne Angabe der Fabrikations-Firma, aufgeführt. Die Namen der Lieferfirmen sind nicht erwähnt, da sich neben den Firmen Daimler, Horch und Selve immer weitere Firmen mit diesem Problem beschäftigten . . .«

Tatsache ist, daß alle weiteren Versuche, geländegängige Personenkraftwagen zu entwickeln, auf die leichten Sechsrad-Lastkraftwagen-Fahrgestelle zurückgriffen, die 1927 erstmals ausgeschrieben wurden. Daimler-Benz rüstete einige ihrer »G 3«-Lastwagenfahrgestelle mit Personenwagen-Aufbauten aus. Die Friedrich Krupp AG brachte letztlich die Entwicklung dieser Fahrzeuge zu einem annehmbaren Abschluß. Der von ihr

Nach Einführung der leichten Sechsrad-Last- kraftwagen-Fahr- gestelle wurden einige dieser Fahrgestelle mit Personenwagenaufbauten versehen. Das Bild zeigt einen Daimler-Benz Typ G 3

entwickelte »Krupp-Baersch«-Wagen befand sich nach dem Stand vom 1.1.1930 noch in Entwicklung. Ein Besprechungsbericht des Entwicklungsausschusses vom 14.2.1930 hielt die Entwicklung eines Gelände-Personenkraftwagens, besonders für Batterie-Meß-Trupps, für erforderlich und verlangte einschneidende Typenbeschränkung.

Daimler-Benz G 4

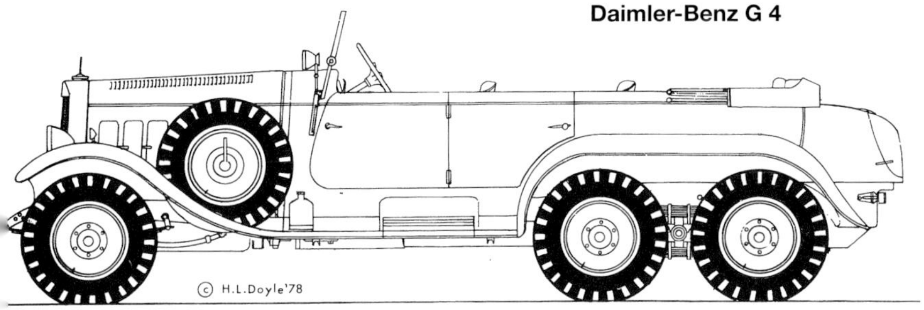

Man sprach von nur einem Fahrgestell für den geländegängigen Personenkraftwagen und den leichten Lastkraftwagen, welcher im „Krupp-Baersch"-Wagen vielleicht sogar schon gefunden war. Das ab 1933 zur Verfügung stehende Fahrgestell der Firma Krupp vom Typ L2 H 43, auch als Krupp-Boxer bekannt, wurde in größeren Stückzahlen beim deutschen Heer eingeführt. Eine Anzahl dieser Fahrgestelle wurde mit Personenwagen-Aufbauten versehen.

Die Daimler-Benz AG entwickelte 1932/33 einen Nachfolgetyp für das Fahrzeug G 1 unter der Typenbezeichnung G 4. Davon wurden bis 1934 57 Stück gebaut. Der darin verwendete Daimler-Benz-8-Zylinder-Reihen-Ottomotor, Typ M 24, leistete bei 5 l Hubraum 100 PS. Beide Hinterachsen waren angetrieben. Bei einem Gesamtgewicht

Die mit Personenwagenaufbauten versehenen Daimler-Benz-Lastkraftwagen Typ G 3 waren nur schwer vom Typ G 4 der Daimler-Benz AG zu unterscheiden, von dem bis 1934 57 Stück gebaut wurden. Die Aufnahmen zeigen das Fahrzeug mit offenem und geschlossenem Verdeck

Daimler-Benz-G 4-Fahrzeuge mit zivilem Kennzeichen bei der Abnahme der ersten Panzer-Parade nach Abschluß einer Übung auf dem Truppenübungsplatz Munster-Lager im Jahr 1935

von 3,5t konnten acht Personen befördert werden. Die Höchstgeschwindigkeit betrug 65 km/h. Nur wenige dieser Fahrzeuge kamen zur Truppe, die Mehrzahl wurde von Führungsstellen der Nationalsozialistischen Partei verwendet. Hitler benutzte dieses Fahrzeug bei verschiedenen Anlässen.

Da die Sechsradfahrzeuge, bedingt durch den technischen Aufwand, nicht den Vorstellungen der Truppe entsprachen, entwickelten die Horch-Werke, in Verbindung mit der Firma Argus, 1933 ein allradgetriebenes Vierrad-Personenfahrzeug, dessen Hinterachse doppelt bereift war. Das Fahrzeug war mit einem Horch-8-Zylinder-Reihen-Ottomotor mit 5 Liter Hubraum und 100 PS Leistung ausgerüstet und hatte Platz für fünf Mann. Es lief als schwerer geländegängiger Personenkraftwagen und kam in wenigen Exemplaren zum Einsatz.

Der schwere geländegängige Personenkraftwagen (Kfz 21) Horch-Argus aus dem Jahre 1933. Das nur in wenigen Stückzahlen gebaute Fahrzeug hatte Allradantrieb

Im Beschaffungsprogramm vom 25.3.1929 Nr. 1105/29 gKdos, welches vom Wehramt dem Heereswaffenamt mitgeteilt wurde, ergaben sich nach Angaben der In 6 (K) folgende Kosten für Beschaffungen von Kraftfahrzeugen als Ansätze im Haushaltsplan:

1930: RM 2 727 730,–
1931: RM 3 488 811,–
1932: RM 4 212 732,–

2.3 Handelsübliche Personenkraftwagen, militärisch verbessert, mit Sonderaufbauten

Die Bemühungen, den Aufbau und damit die Motorisierung der Reichswehr beschleunigt durchzuführen, waren für die Auswahl und die Beschaffung der heereseigenen Personenkraftwagen von ausschlaggebender Bedeutung. Es mußte notgedrungen auf die vorhandenen handelsüblichen Personenkraftwagen-Fahrgestelle zurückgegriffen werden. Dabei mußten unter den zahlreichen Fahrzeugtypen in Deutschland diejenigen ausgesucht werden, die am besten für den Heeresbetrieb geeignet waren. Frontantriebsfahrzeuge wurden vornherein aus diesen Betrachtungen ausgeklammert, da von ihnen im Gelände und auf Steigungen keine zufriedenstellenden Leistungen zu erwarten waren. Für die Beschaffung kamen demnach nur Fahrgestelle mit Hinterradantrieb in Betracht. Vordringlich wurden Starrachsfahrzeuge vorgesehen, da deren Konstruktion praktisch abgeschlossen war. Nach 1930 erfolgte in gleicher Weise eine Erprobung gewisser Schwingsachs-Fahrgestelle.

Die ausgewählten Fahrgestelle, ursprünglich als Gelände-Personenkraftwagen nur die Typen Favorit der Adler-Werke, Frankfurt, und Stuttgart 260 der Daimler-Benz AG, wurden eingehenden Prüfungen unterzogen. Um den Anforderungen des Geländebetriebes zu genügen, wurden verschiedene grundsätzliche Anpassungen vorgenommen. Die Bodenfreiheit wurde durch die Verwendung größerer Räder, stärker gesprengter Federn und durch Verlegen anderer Aggregate (Auspuff, Batteriekasten, Bremsgestänge, Bremszylinder usw.) erhöht. Die Federung selbst wurde verstärkt und die Übersetzung der Hinterachse vergrößert. Die Ausgleichsgetriebe wurden zur Erhöhung der Geländebrauchbarkeit teilweise durch Sperrdifferentiale ersetzt. Als Höchstgeschwindigkeit wurden 80 km/h festgesetzt. Die leichten zwei- bzw. viersitzigen Aufbauten, für deren Entwicklung die Firma Trutz in Coburg verantwortlich zeichnete, waren zur schnellen Einsatzbereitschaft an den Seiten und nach oben offen; lediglich Zeltplanvorhänge und -dach schützten vor der Witterung. Die Form der verwendeten Sitze, die bei den offenen Wagen der Besatzung auch seitlich einen Halt vermittelte, prägte den Ausdruck »Kübelsitzwagen«*. Während man bei den ersten Ausführungen die Reserveräder hinten am Fahrzeug, meist doppelt, unterbrachte, verlegte man sie wegen der damit verbundenen Aufsetzgefahr später seitlich in die vorderen Kotflügel. Für die Motoren waren Drehzahlregler, sog. »Fix-Regler«, vorgesehen, welche ab 1933 wieder entfielen. Die deutsche Aufbau-Industrie und

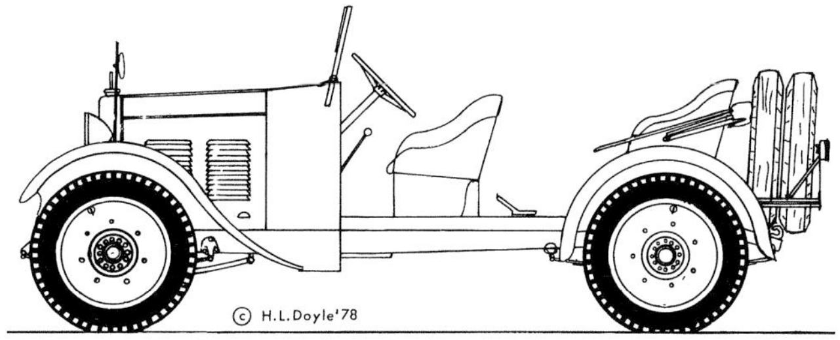

Adler Favorit (frühe Ausführung

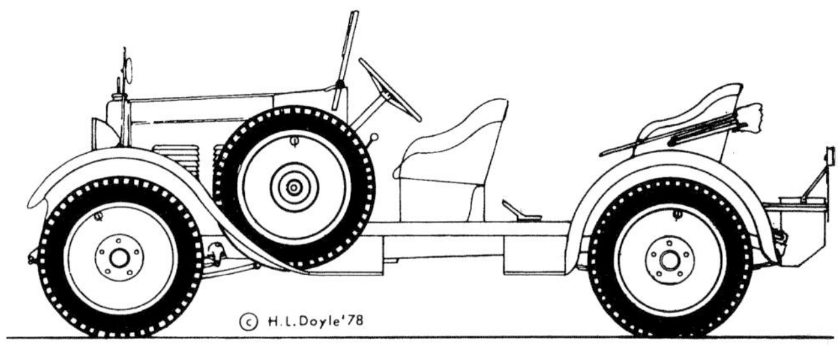

Adler Favorit (späte Ausführung

Die Firma Trutz in Coburg zeichnete für die Entwicklung der Karosserie der sogenannten »Kübelsitzwagen« verantwortlich, welche diese Bezeichnung von der außergewöhnlichen Form ihrer Sitze ableiteten

* In der Truppe kurz »Kübelwagen« genannt

Die Versuche mit Kübelsitzwagen begannen 1927 mit den Typen Favorit der Adler-Werke, Frankfurt (rechts), und Stuttgart 200 der Daimler-Benz AG. Die ursprüngliche Form zeigt noch eine Unterbringung der Reservereifen am Heck des Fahrzeuges, welche später zur Erhöhung der Geländegängigkeit in die vorderen Kotflügel verlegt wurden

das Karosserie-Handwerk wurden weitgehend in die Fertigung eingeschaltet, dessen hauptsächliche Vertreter die Firmen Ackermann, Wuppertal-Vohwinkel / Ambi Budd, Berlin-Johannisthal / Auer, Stuttgart-Bad Cannstatt / Autenrieth, Darmstadt / Blumhardt, Wuppertal-Elberfeld / Bauer, Köln-Ehrenfeld / Baur, Stuttgart-Bad Cannstatt / Erdmann & Rossi, Berlin-Halensee / Frankfurter Karosseriefabrik, Frankfurt-Main / Gaubschat, Berlin-Neukölln / Handwerksgenossenschaft Sachsen, Dresden / Rathgeber, München / Saarbrücker Karosseriefabrik, Saarbrücken / Wumag, Görlitz / Zschau, Leipzig / Magirus, Werk Mainz, sowie Trutz, Coburg, waren. Daneben lieferten Daimler-Benz und Auto-Union mit den Werken Wanderer und Horch komplette Kübelwagen.

Die Erprobung der ausgewählten Fahrgestelle sowie die Durchführung der notwendigen Abänderungen konnten dank der engen Zusammenarbeit der beteiligten Dienststellen mit der Industrie in kürzester Zeit durchgeführt werden. Dadurch wurden Fahrzeuge geschaffen, die hinsichtlich ihrer Geländegängigkeit und Zuverlässigkeit kaum von einem zweiradgetriebenen Fahrzeug zu übertreffen waren. Am 1.1.1930 waren die Versuche mit geländegängigen Personenkraftwagen auf handelsüblichen Fahrgestellen, vier Rädern und leichten Sonderaufbauten abgeschlossen.

Die Erprobung eines Kleinkraftwagens, ebenfalls mit Kübelsitzaufbau der Firma BMW (DIXI), stand unmittelbar vor dem Abschluß.

1929 wurden 24 Stück dieser Fahrzeuge zum Preis von RM 8000,– beschafft. Am 14.8.1930 wurden Versuche angeordnet, auf den Kleinkraftwagen sowie den größeren Kübelsitzwagen ein Maschinengewehr bzw. Zwillingsmaschinengewehr im Drehsockel mit 360° Traverse zu montieren. Tatsächlich wurde ein Zwillingssockel auf dem Daimler-Benz-Stuttgart-260-Fahrgestell angeordnet.

Das 1927/28 aufgestellte Kraftfahrrüstungsprogramm besagte, daß eine endgültige Stellungnahme erst nach erfolgter Festlegung der Mo-

Auch Kleinkraftwagen wurden untersucht und der BMW-Typ 3/15 PS mit offenem Aufbau versehen

torisierungsmaßnahmen aller Waffengattungen erfolgen konnte. Es wurde jedoch angeregt, ab 1928 den

BMW 3/15 PS

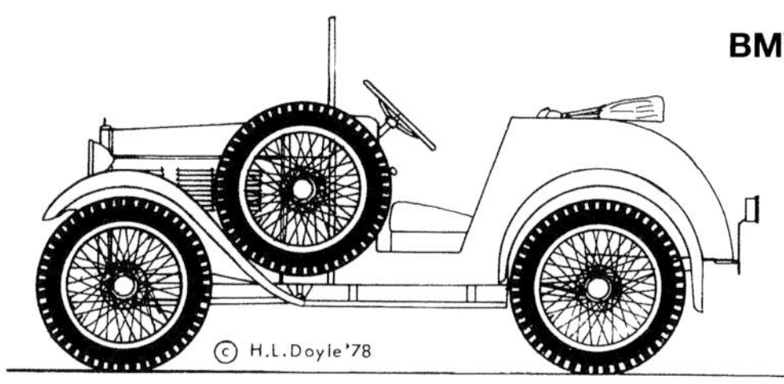

Jahresbedarf an Personen- und Lastkraftwagen möglichst als geländegängige Fahrzeuge und in der Dringlichkeitsfolge
– neue motorisierte Einheiten,
– Kraftfahrtruppe
zu decken. Bei der Kraftfahrtruppe sollte zunächst bis 1932 versucht werden, aus den üblichen Mitteln für Betrieb, Instandhaltung und Ersatz geländegängige Fahrzeuge herauszuwirtschaften. Kraftwagen für das Reichswehrministerium waren aus anderen Mitteln zu beschaffen.

Eine Besprechung über das Zweite Motorisierungsprogramm, welche am 21.11.1930 im Heereswaffenamt stattfand, forderte eine nochmalige Überprüfung des Programmes mit dem Ziel, ohne wesentliche Nachteile Einsparungen vornehmen zu können. Zu den Motorisierungskosten kamen noch erhebliche Sonderausgaben für die Anlage eines Truppenübungsplatzes, so daß die Durchführung des Programmes in Frage gestellt war. Nach wie vor wurde die Motorisierung künftiger Flak-Einheiten als vordringlich angesehen. Die leichten geländegängigen Personenkraftwagen wurden jedoch gestrichen und durch Motorräder ersetzt, an Stelle der schweren sollten mittlere Personenkraftwagen gekauft werden. Für die Beobachtungs-Batterien der Artillerie sollten neben mittleren geländegängigen Personenkraftwagen Lichtmeß-, Schallmeß-, Wetter- und Erkundungskraftwagen beschafft werden. Die für Pionier-Einheiten vorgesehenen Schlepper wurden reduziert. Bei der

Eines der ersten Versuchsfahrzeuge für einen Truppenluftschutzwagen auf dem Fahrgestell des Daimler-Benz-Typs »Stuttgart 260«

Der BMW-Typ 319, von dem von 1934 bis 1936 1456 Kabrioletts und 2859 Limousinen gebaut wurden; bei der Reichswehr lief er als leichter geländegängiger Personenkraftwagen (Kfz. 1) (oben) und als kleiner Fernsprechkraftwagen (Kfz. 2) wurden; bei der Reichswehr lief er als leichter geländegängiger Personenkraftwagen (Kfz. 1) (oben) und als kleiner Fernsprechkraftwagen (Kfz. 2)

Der BMW-Typ 315 mit 1,5-l-6-Zylinder-Ottomotor wurde auch als 4-sitziger Kübelwagen geliefert. (Bild 1 und 2 von oben)

Hanomag Typen 3/16 und 4/20 als Kfz. 1 (Bild 3) und Kfz. 2. Das untere Bild zeigt eine Nachrichteneinheit, auf deren beschleunigte Motorisierung die Reichswehr größten Wert legte

Nachrichtentruppe war zu prüfen, ob ein Teil der geforderten geländegängigen Kraftfahrzeuge nicht durch handelsübliche ersetzt werden konnte.

Die Prüfung handelsüblichen Kraftwagengerätes auf seine militärische Brauchbarkeit mit verschiedenen anderen Fabrikaten wurde weiterhin als erforderlich betrachtet und durchgeführt. In den Haushaltsperioden 1930/31 und 1931/32 wurden jeweils RM 18 000,– eingeplant. Für die Normung und Typisierung (Vereinheitlichung der Kraftfahrzeuge und deren Aufbauten) wurden im selben Zeitraum insgesamt RM 17 500,- zur Verfügung gestellt. Luftgekühlte Motoren befanden sich zu dieser Zeit in der Entwicklung. Während 1930 die Mittel dafür gestrichen worden waren, sollten 1931 aus den Mitteln für die Erprobung von luftgekühlten und Dieselmotoren, Gasgeneratoren, Zweitakt- und Rohölmotoren RM 80 000,– entnommen werden. RM 50 000,– wurden in diesen beiden Jahren für die Kraftstoffentwicklung angesetzt. Dadurch sollten Verbesserungen am Spiritus-Gemisch, Einheitsöl und Rohöl erreicht werden. Darunter ergaben sich Versuche zur Brauchbarmachung minderwertiger Kraftstoffe wie Naphtalin, Tetralin, Dekralin und Metanol, die Höherzüchtung minderwertiger Notöle sowie die Wiederverwendbarmachung gebrauchter Motorenöle. Synthetisches Motorenöl befand sich zu diesem Zeitpunkt noch in Entwicklung, die Erschließung neuer heimischer Rohstoffquellen wie Ölschiefer wurde vorübergehend wegen Unwirtschaftlichkeit aufgegeben, die erhöhte Ausnutzung der Braunkohle sowie der Steinkohle (verflüssigte Kraftgase als Kraftstoff) wurde untersucht. Jedoch wurde anerkannt, daß bei aller Wichtigkeit dieser Entwicklungen es nicht Aufgabe militärischer Stellen sein konnte, erhebliche Mittel hierfür einzusetzen, um damit Schrittmacher für andere interessierte Stellen wie Post, Bahn, Wirtschaftsministerium und Wirtschaft zu sein. Die Erfahrung, daß die Entwicklung militärischen Stellen überlassen wurde und die Wirtschaft sie dann bei günstigen Ergebnissen übernahm, konnte lediglich zu der

Ein kleiner Fernsprechkraftwagen (Kfz. 2) mit offenem und geschlossenem Verdeck. Aufbauhersteller Magirus (Hanomag 4/20)

Ein Hanomag Typ 4/23 (1932 bis 1934) als Fernsprechkraftwagen (links) und als 3-sitziger Kübelwagen

Hanomag 6/32 PS – 15 K Rekord als leichter Personenkraftwagen 1,5 Liter

Adler-6-Zylinder Typ 12 N-RW als Zugführerfahrzeug einer Panzerabwehreinheit

Unten links: Adler 12 N-RW bei einer Geländefahrt. Das Fahrzeug gehört einer Partei-Formation

Unten rechts: Adler- und Daimler-Benz-Kübelsitzfahrzeuge beim Befahren eines Steilhanges

Auto-Union/Horch Typ 830 als Nachrichtenkraftwagen (Kfz. 15)

Mitte oben: Technischer Dienst an Kraftfahrzeugen bei der Reichswehr. Links im Bild ein Auto-Union/Horch Typ 830, rechts ein Hanomag- Sturm mit handelsüblichem Aufbau

Mitte: Auto-Union/Horch Typ 830 als mittlerer geländegängiger Personenkraftwagen (Kfz. 11)

Mitte unten: Auto-Union/Horch Typ 830 als mittlerer geländegängiger Personenkraftwagen mit Zugvorrichtung (Kfz. 12). Hier als Zugmittel für die 3,7-cm-Pak 36

Auto-Union/Horch Typ 830 als Klein?funkkraftwagen (Kfz. 17)

Schlußfolgerung führen, daß militärische Stellen zwar weiterhin treiben und anregen sollten, nicht aber derartig hohe Mittel (RM 30 000,– und 80 000,–) in die Entwicklung investieren sollten. Grundsätzlich sollten Mittel nur für Erprobungen eingesetzt werden. Die Reichswehr erstellte zur Klassifizierung der von ihr verwendeten Fahrzeuge folgende Übersicht:

– leichtes Kraftrad	– Hubraum bis 350 cm^3
– mittleres Kraftrad	– Hubraum bis 500 cm^3
– schweres Kraftrad	– Hubraum über 500 cm^3
– leichter PKW	– Hubraum bis 1500 cm^3
– mittlerer PKW	– Hubraum bis 3000 cm^3
– schwerer PKW	– Hubraum über 3000 cm^3

Die Benennung der Kraftfahrzeuge richtete sich wesentlich danach, ob es sich um solche

- völlig handelsüblicher Art
- mit handelsüblichem Fahrgestell
- mit Sonderkonstruktions-Fahrgestellen

handelte.

- Handelsübliche Kraftfahrzeuge waren durch das Zeichen (o) hinter der Benennung kenntlich gemacht, z. B. »mittlerer Personenkraftwagen (o)«. Einige dieser Kraftfahrzeuge erhielten besondere Verwendungsnamen. Ihre Art war dann in () angegeben, z. B. Scheinwerferkraftwagen (m. Lkw (o)).
- Sonder-Kraftfahrzeuge mit handelsüblichem Fahrgestell waren in der Benennung daran erkennbar, daß hinter dem Verwendungsnamen ein Kennzeichen folgte in der Form »(Kfz. 72)«. Die »72« war eine Typnummer. Kraftfahrzeuge mit derselben Typnummer erhielten in mehreren Fällen verschiedene Verwendungsnamen.
- Die Kraftfahrzeuge mit Sonderfahrgestell in der Form »Sd. Kfz. 2«. Der Begriff »geländegängig« war unabhängig von der Zahl der Räder eines Kraftfahrzeuges.

Bei den geländegängigen Personenkraftwagen ergaben sich folgende Verwendungen:

Kfz. 1 – leichter geländegängiger Personenkraftwagen (le. gl. Pkw)
Kfz. 2 – kleiner Fernsprechkraftwagen (kl. Fsp. Kw)
Kfz. 3 – leichter Meßtruppkraftwagen (le. Meßtr. Kw)
Kfz. 11 – mittlerer geländegängiger Personenkraftwagen (m. gl. Pkw)
Kfz. 12 – mittlerer geländegängiger Personenkraftwagen mit Zugvorrichtung (m. gl. Pkw m. Zgv)
Kfz. 15 – Nachrichtenkraftwagen (Nachr. Kw)
Kfz. 16 – mittlerer Meßtruppkraftwagen (m. Meßtr. Kw)
Kfz. 17 – Kleinfunkkraftwagen (Klfu. Kw)
Kfz. 18 – Gefechtskraftwagen (Gef. Kw)

Die dafür in Frage kommenden Fahrgestelle, nach Hersteller und Baujahr geordnet, ergeben folgende Aufstellung:

Kfz. 1: BMW/Dixi 4-Zylinder Typ 3/15 (1928/1929-1931),
BMW 4-Zylinder Typ 309 (1934-1935),
BMW 6-Zylinder Typ 315 (1934-1936);
Hanomag 4-Zylinder Typ 3/16 (1928-1929), 4/20 (1930-1931), 4/23 (1932-1933), Garant (1934-1935), Kurier (1934-1938), und Rekord (1934-1936)

Kfz. 2: BMW 4-Zylinder Typ 309 (1934-1935);
Hanomag 4-Zylinder Typ 4/20 (1930-1931)

Kfz. 3: BMW 4-Zylinder Typ 309 (1934-1935), nur Prototypen

Kfz. 11: Adler 4-Zylinder Typ Favorit (1929-1932),
Adler 6-Zylinder Typ 12 N-RW, Standard 6 (1932-1933)
und 12 N-3 G/Standard 6 (1934-1935);
Auto-Union/Horch 8-Zylinder Typ 8 30 (1934),
Auto-Union/Wanderer 6-Zylinder Typ W 11 (1929-1932) und W 14 (1933-1936)
Daimler-Benz 6-Zylinder Typ Stuttgart 8/38 (1928-1932),
Stuttgart 10/50 (1928-1933),
200 (1933-1935),
260 (W 11/III) (1934-1935) und 290/I (1934-1935).

Für die Kfz. 12 wurden fast sämtliche für das Kfz. 11 verwendeten Fahrzeuge, jedoch mit Zugvorrichtung für die 3,7-cm-Pak, das leichte 7,5-cm-Infanteriege-

Einer der ersten Wanderer-Kübelwagen Typ W 11. Die Reserveräder waren noch hinten am Fahrzeug untergebracht

Bei späteren Ausführungen wurden die Reserveräder in den vorderen Kotflügeln angeordnet. Wanderer W 11 als mittlerer geländegängiger Personenkraftwagen (Kfz. 11)

Wanderer W 11 als mittlerer geländegängiger Personenkraftwagen mit Zugvorrichtung (Kfz. 12), unten als Zugmittel für die 3,7-cm-Pak 36

schütz oder den Munitionsanhänger (Sd. Ah. 32) verwendet. Die Kfz. 15,16 und 17 wurden vorwiegend auf das Horch-830-R-Fahrgestell gesetzt. Vereinzelt kamen auch Wanderer-Fahrgestelle, ab Fahrgestell Nr. 27216, hierfür zur Verwendung. Für den Gefechtskraftwagen (Kfz. 18) wurden die Typen Daimler-Benz Stuttgart und Wanderer W 11 eingesetzt. Die Adler-Werke in Frankfurt lieferten als erste Fahrgestelle an die Reichswehr. Neben dem Typ Favorit, welcher am Anfang verwendet wurde, wurden 199 Stück vom Typ 12 N-RW/Standard 6 und 1898 vom Typ 12 N-3 G/Standard 6 an die Reichswehr bzw. Wehrmacht geliefert.

Horch lieferte Fahrgestelle mit Motoren über 3 l Hubraum. Die Mehrzahl der Fahrzeuge entfiel auf die Typenreihe 830.

Die wie Horch zur Auto-Union AG gehörigen Wanderer-Werke fertigten ab 1928 den Typ W11, der in größeren Stückzahlen und als Kübelwagen zur Reichswehr gelangte. Eingebaut waren entweder ZF- oder

Daimler-Benz-Kübelsitzwagen, Typ Stuttgart 260 in erster Ausführung. Die Reserveräder sind noch rückwärts untergebracht

Prometheus-Sperrausgleichsgetriebe. Allerdings wurden wegen unzureichender Haltbarkeit der Sperrausgleichsgetriebe viele Fahrzeuge mit normalem Differential geliefert. Dem W 11 folgte der Typ W 14. Daimler-Benz lieferte zu Beginn der Militärfahrzeug-Entwicklung die Typen Stuttgart 8/38 und 10/50. Vom Nachfolgetyp 260 wurden 1507 Fahrzeuge für die Reichswehr bzw. Wehrmacht gebaut. Es folgten die Typen 200/W 21 und 260/W 11. Der Typ 290, W 135 wurde in drei verschiedenen Versionen als offener Kübelsitzwagen gebaut.

1934 wurden insgesamt 28 Fahrzeuge hergestellt und abgeliefert, 1935 folgten weitere 62 Stück. Der Typ 290 W135 wurde, abgesehen von einigen Versuchsfahrzeugen mit langem Radstand, mit einem kurzen Radstand gefertigt. Als Militärfahrzeug Typ 290 mit langem Radstand folgte ab 1936 das Fahrzeug mit der internen Typenbezeichnung W 18 als Kübelsitz-Fahrzeug II.

1934 stellten die Stoewer-Werke in Stettin 800 Fahrgestelle M 12 mit 8-Zylindermotor für Kübelaufbauten her. Für Stäbe wurden schwere Personenkraftwagen zu dieser Zeit fast ausschließlich mit handelsüblichen Aufbauten verwendet In einer grundsätzlichen Forderung verlangte das Heereswaffenamt 1934 die Entwicklung von Reifen aller Größen aus 100% Buna. Alle deutschen Reifenhersteller versprachen deren Einführung entsprechend der Rohstofflage in Zusammenarbeit mit dem Reichsamt für Wirtschaftsausbau (Vierjahresplan) und der Reichsstelle für Kautschuk und Asbest. Die Reichswehr beteiligte sich auch aktiv an den Geländefahrten, die von verschiedenen Veranstaltern jährlich durchgeführt wurden. Unter anderem wurden die Harzfahrt sowie die Dreitage-Mittelgebirgsfahrt zur Zerreißprobe für alle Fahrzeuge. Daneben gab es Winterfahrbarkeits-Wettbewerbe, die unter der Obhut des ADAC standen. Die Reichswehr beschaffte für diese Wettbewerbe handelsübliche Fahrzeuge mit leichten zweisitzigen Aufbauten. Die

1507 Daimler-Benz-Kübelwagen Typ Stuttgart 260 wurden an die Deutsche Reichswehr bzw. Wehrmacht geliefert. Die Bilder zeigen das Fahrzeug mit werkseigenem Aufbau der Daimler-Benz AG

Teilweise wurden Daimler-Benz-Kübelwagen Stuttgart 260 auch von der Firma Gaubschat in Berlin karossiert

Motoren wurden teilweise höher verdichtet und die Bergsteigfähigkeit durch höhere Übersetzungen verbessert. Selbst Zusatzgetriebe wurden verwendet. Die Vergrößerung der Bodenfreiheit bis fast 300 mm erreichte man durch größere Bereifung und Sprengen der Federn. Geländereifen der Größen 5,25-17, 5,25-20, 5,50-18 usw. wurden bevorzugt verwendet. Ebenfalls kamen Sperrdifferentiale zur Verwendung.

BMW lieferte für diesen Zweck Geländefahrzeuge der Typen BMW Wartburg und 315/1 an die Reichswehr, Hanomag den Typ Sturm. Daimler-Benz bot eine Vielzahl dieser Fahrzeuge an. Darunter befand sich ein 1,6-l-Geländewagen mit Allrad-Antrieb und Heckmotor (W133), der 1934 an die Reichswehr übergeben wurde. Das Fahrzeug war durch Abänderung des Daimler-Benz-1,3-l-Heckmotorwagens entstanden. Es wurden drei Versuchsstücke an die Reichswehr verkauft, nachdem sie sich bei vielen Geländefahrten bewährt hatten. Als Motor wurde der M 28-4-Zylindermotor mit 1,6-l-Motor verwendet.

Daimler-Benz-6-Zylinder-Kübelwagen Typ 170, Baujahr 1936 bis 1936

Rechte Seite, linke Spalte

Daimler-Benz-Kübelwagen Typ 200, Baujahr 1932 bis 1936, mit verschiedenen Aufbauten

Rechte Seite, rechte Spalte oben

Der Daimler- Benz-Pkw Typ 290, W 135 wurde in drei verschiedenen Ausführungen als offener Kübelsitzwagen gebaut

Rechte Seite, rechte Spalte unten

Eine nicht sehr oft vorhandene Ausführung des Kübelsitzwagens war der Gefechtskraftwagen (Kfz. 18), hier auf dem Daimler-Benz-Fahrgestell Stuttgart 260

IIA-31954

In den Jahren 1935/36 stellten die Stoewer-Werke in Stettin 800 Stück Kübelwagen Typ M 12 RW für die Reichswehr her

Schwere Personenkraftwagen wurden für die Reichswehr fast ausschließlich mit handelsüblichen Aufbauten für Stäbe verwendet. Im Bild ein Horch 830 BL mit 3,5-l- V8-Motor

Bei sportlichen Veranstaltungen verwendete die Reichswehr handelsübliche Sportfahrzeuge, hier den BMW Typ 319/1 (6 Zylinder, 35 PS, 2 Liter Hubraum)

Hanomag-Sturm, Gelände-Sportwagen der Deutschen Reichswehr

Rechte Seite, linke Spalte

Eine eigenartige Lösung für ein Geländefahrzeug ergab sich 1934 durch den Umbau eines 13/75-PS-8-Zylinder-Pkw der Fa. Röhr in Ober-Ramstadt bei Darmstadt

Mit Hilfe einer Rahmenverstärkung konnte man Stahlkarosserien auch ohne Seitenwände bauen. Das Bild zeigt einen Ambi-Budd-Geländewagen auf Adler-Trumpf-Fahrgestell mit erhöhter Bauchfreiheit

Daimler-Benz AG Versuchsfahrzeuge Typ 120 H wurden für die Reichswehr mit Kübelsitzaufbauten versehen Heckmotor

Rechte Seite, rechte Spalte

Auch vom Serientyp 130 H lieferte die Daimler-Benz AG einige Kübelsitzfahrzeuge an die Reichswehr (Heckmotor)

Versuchsfahrzeuge der Firma Röhr, Typ Junior, der als Lizenzbau der Tatra-Werke (Nachbau Tatra 30) von 1933 bis 1935 gebaut wurde. Seine Betriebsmittel wurden von der Firma Stoewer übernommen, gleichzeitig mit der Lizenz zur Fertigung dieser Fahrzeuge

Als Stoewer Greif-Junior wurde die Produktion bis 1939 fortgesetzt und einige der Fahrzeuge auch an die Streitkräte geliefert

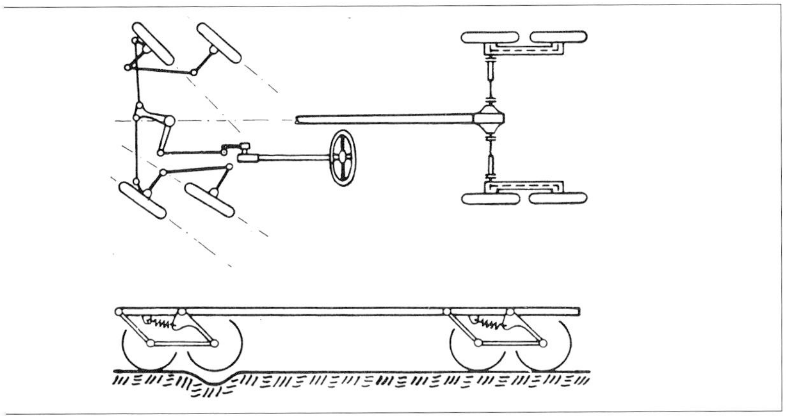

2.4 Amphibische Personenkraftwagen

Die in anderen Ländern mit Nachdruck betriebene Entwicklung von amphibischen Fahrzeugen wurde in Deutschland mit nur wenig Interesse verfolgt. Einer der ersten Versuche wurde 1929 durch die Marine eingeleitet, welche ein Fahrzeug für den Verkehr im Watt forderte. Die Maschinenfabrik Hoppe und Krooss GmbH in Cuxhaven baute ein Fahrzeug, welches einen Bootskörper mit einem Radlaufwerk verband. 4-Rad-Antrieb und Schwingachsen nach einem Patent der Voran-Automobil AG wurden verwendet. Die Lenkung im Wasser erfolgte durch die Vorderräder. Das Fahrzeug hatte ein Gesamtgewicht von 4000 kg. Bereifung der Größe 30 x 5 wurde verwendet.

Als Antriebsaggregat diente ein Opel-40-PS-Motor, der durch zwei Windhoff-Kühler und Ventilatoren gekühlt wurde. Ein normales Opel-3-Ganggetriebe, gekuppelt mit einem Übersetzungsgetriebe, übertrug den Kraftfluß. Die dreiteilige Zeise-Schraube wurde über ein Wagner-Doppelkonus-Wendegetriebe und eine Stirnradübersetzung 1:3 angetrieben. Im Wasser wurden Geschwindigkeiten bis zu 11, an Land solche bis zu 24 km/h erreicht.

Einer der ersten von Trippel gebauten Schwimmwagen. (Land- Wasser-Zepp, System Trippel, Versuchswagen 3)

In späteren Jahren beschäftigte sich hauptsächlich die Firma Trippel, Homburg an der Saar, mit der Entwicklung von amphibischen Fahrzeugen. In Eigenentwicklung baute 1932 Ing. Hanns Trippel, unter Verwendung eines DKW-Fahrzeuges, sein erstes amphibisches Fahrzeug. Von diesem »Land-Wasser-Zepp«, System Trippel, gab es zwei weitere Versuchswagen, die jedoch nunmehr mit Fahrgestellteilen des »Adler-Trumpf« ausgerüstet wurden. Vom Getriebe aus wurde über einen Nebenantrieb eine hinten liegende Schiffsschraube für die Wasserfahrt betrieben. Kurz vor Wiederherstellung der Wehrhoheit interessierte sich auch das Heereswaffenamt für diese Entwicklung und vergab 1934 einen Forschungsauftrag an Trippel. Der damals gerade in Entwicklung befindliche leichte Wehrmacht-Einheits- Personenkraftwagen sollte als Basis für diese Konstruktion dienen. Da der Auftraggeber verlangte, daß vorne im Fahrzeug ein Maschinengewehr eingebaut werden sollte, verlegte Trippel die gesamte Antriebsanlage in die Mitte des Fahrzeuges. Am Heck war die fest eingebaute Schiffsschraube untergebracht. Die Schwimmfähigkeit ließ zu wünschen übrig, und die Versuche wurden nicht weitergeführt.

2.5 Einheits-Personenkraftwagen (4 x 4)

Die Vorarbeit zur Schaffung heereseigener Personenkraftwagen begann 1933. Die ersten Fahrzeuge wurden anläßlich der Automobilausstellung 1936 in Berlin der Öffentlichkeit vorgestellt. Bei der Aufgabenstellung wurde auf größtmögliche Geländegängigkeit Wert gelegt, wobei beim Bau der Fahrzeuge die neuesten Erfahrungen im Kraftfahrzeugbau berücksichtigt werden sollten, damit diese auf Jahre hinaus in gleicher Ausführung beschafft werden konnten. Das Heereswaffenamt hatte folgende Forderungen für geländegängige Fahrzeuge festgelegt:

- zur Überwindung von unebenem Gelände eine gute Bodenfreiheit;
- zur Überwindung von weichem und glattem Boden eine große Auflagefläche und gute Griffigkeit der Reifen;

- zur Verbesserung der Vortriebsleistung und Kletterfähigkeit Allradantrieb;
- zur Erzielung guter Leistungen möglichst niedriges Fahrzeuggewicht oder, anders ausgedrückt, ein möglichst günstiges Verhältnis zwischen fahrfertigem Eigengewicht und Nutzlast;
- zum Durchfahren von Gestrüpp einen guten Frontschutz für empfindliche Teile;
- zur Überwindung von welligem Gelände möglichst geringer Überhang vorne und hinten und eine günstige Bauchfreiheit;
- zur Erzielung guter Steigleistung entsprechende Getriebeübersetzungen und Allradantrieb; Differentialsperren;
- zum Durchfahren von Wasser genügende Watfähigkeit;
- praktisches und haltbares Zubehör.

Durch Normung und Typisierung sollte eine Vereinfachung in der Fertigung, verbunden mit einer schnellen Auswechselbarkeit der wichtigsten Aggregate, angestrebt werden. Diese Einheits-Fahrgestelle wurden, nach einheitlichen vom Heereswaffenamt erstellten Unterlagen, von verschiedenen Herstellern gebaut, um damit vom Ersatzteil-Nachschub weitgehend unabhängig zu sein. Zu einer Verwendung dieser Fahrzeuge im Rahmen der Reichswehr ist es nicht mehr gekommen. Sie wurden in größeren Stückzahlen bei der Wehrmacht eingeführt.

Bedingt durch die wirtschaftlichen Verhältnisse der zwanziger und dreißiger Jahre konnten die vielen Vorschläge zu einer einheitlichen Fahrzeugausrüstung der Reichswehr nur Ansätze bleiben. Die geringen Mittel zur Entwicklung und Beschaffung von Heerespersonenkraftwagen mußten zu Kompromissen führen, die den Umständen entsprechend jedoch brauchbare Ergebnisse zeigten. Die Kübelsitzfahrzeuge waren in ihren Leistungen durchaus den Erzeugnissen des Auslandes ebenbürtig.

Von oben nach unten: Leichter-/Mittlerer-/ Schwerer Einheits-Personenkraftwagen

3. Lastkraftwagen und Kraftomnibusse

3.1 Handelsübliche Lastkraftwagen (Beschaffungsphase 1918-1928)

Lastkraftwagen des alten Feldheeres gaben dem Straßenbild der unmittelbaren Nachkriegszeit das Gepräge. Während der politischen Unruhen der Nachkriegsjahre sah man militärische Einheiten, auf Lastkraftwagen verladen, an allen Brennpunkten des Geschehens. Neubeschaffungen für die Reichswehr erfolgten zögernd und vorerst ohne Konzept. Wie schon bei der Personenkraftwagen-Beschaffung überließ man auch hier den zuständigen Wehrkreiskommandeuren die Auswahl und die Beschaffung der betreffenden Fahrzeuge. Die von den Herstellern beschafften Fahrzeuge waren ausschließlich handelsübliche Typen, welche geringfügig in Aufbau und Gestaltung ihrer militärischen Verwendung angepaßt wurden. Durchlaufende Trittbretter mit zusätzlichen Werkzeugen, Kraftstoffbehältern, zusammen mit Schutzbügeln vor dem Kühler, waren typische Merkmale jener Zeit. Da diese Fahrzeuge vorwiegend zum Truppentransport, zur Beförderung von militärischen Gütern und nur in Ausnahmefällen mit Spezialaufbauten eingesetzt wurden, erübrigte sich die Frage nach zusätzlicher Geländegängigkeit. Konstruktiv waren diese Fahrzeuge noch immer den Lastkraftwagen des Weltkrieges ähnlich, wenn sich auch die Einführung der Riesenluftreifen immer mehr durchsetzte. Da die sogenannten Schnellastwagen in der Zwischenzeit ohne weiteres Geschwindigkeiten von 80 km/h erreichten, verlangte die Forderung nach erhöhter Motorleistung beim Schwerlastwagen immer mehr den Einsatz von 6-Zylinder-Motoren. Fahrzeuge mit über 5-t-Nutzlast wurden von den meisten Streitkräften als unnötig erachtet und fanden in Einzelfällen nur im Spezialeinsatz Verwendung. Während zunächst bei den handelsüblichen, hinterachsgetriebenen Lastkraftwagen noch immer eine Einteilung nach der Nutzlast in drei Gruppen üblich war, legten erste Besprechungen um 1925 über die Einführung von Geländelastkraftwagen beim Heer nur noch zwei Klassen fest.

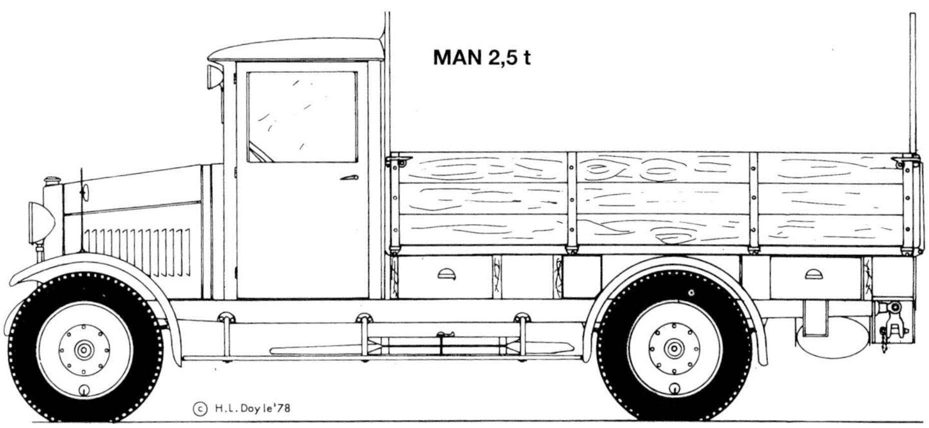

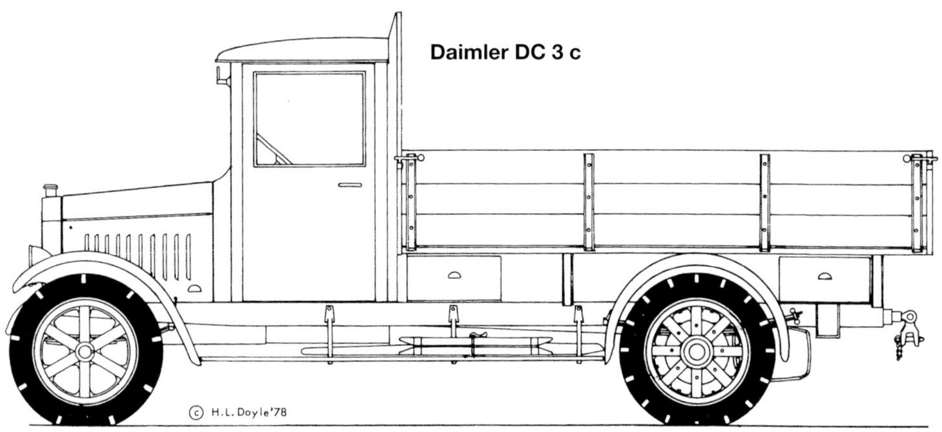

Die von der Reichswehr beschafften ersten Lastkraftwagen handelsüblicher Herkunft hatten durchlaufende Trittbretter mit zusätzlichen Werkzeugen, Kraftstoffbehältern und Schutzbügel vor dem Kühler. Die Bilder zeigen Daimler-Benz-Fahrzeuge, oben Typ L 4000, Mitte L3500, unten L5. Der Typ L 5 wies noch Vollgummibereifung auf

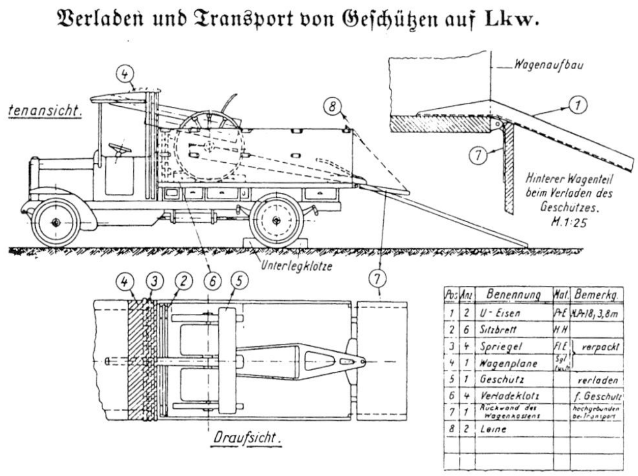

Pos	Anz	Benennung	Mat.	Bemerkg.
1	2	U-Eisen	P.E.	N.P.18, 3,8m
2	6	Sitzbrett	H.H.	
3	4	Spriegel	Fl.E.	verpackt
4	1	Wagenplane	Sgl. tuch	
5	1	Geschutz		verladen
6	4	Verladeklotz		f. Geschutz
7	1	Rückwand des Wagenkastens		hochgebunden bei Transport
8	2	Leine		

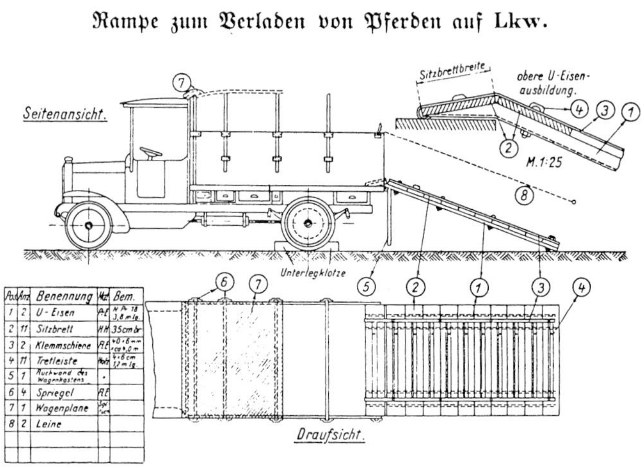

Pos	Anz	Benennung	Mat.	Bem.
1	2	U-Eisen	P.E.	N.P. 18 3,8 m lg.
2	11	Sitzbrett	H.H.	35cm br
3	2	Klemmschiene	Fl.E.	40·6mm ca 4,0 m
4	11	Tretleiste	Holz	4·6cm 1,2 m lg.
5	1	Rückwand des Wagenkastens	·	
6	4	Spriegel	Fl.E.	
7	1	Wagenplane	Sgl. tuch	
8	2	Leine		

Skizzen aus Vorschriften zum Verladen von Geschützen und Pferden auf handelsüblichen Lastkraftwagen

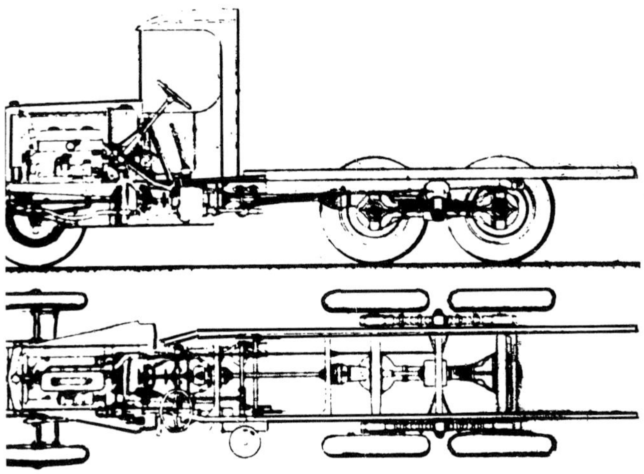

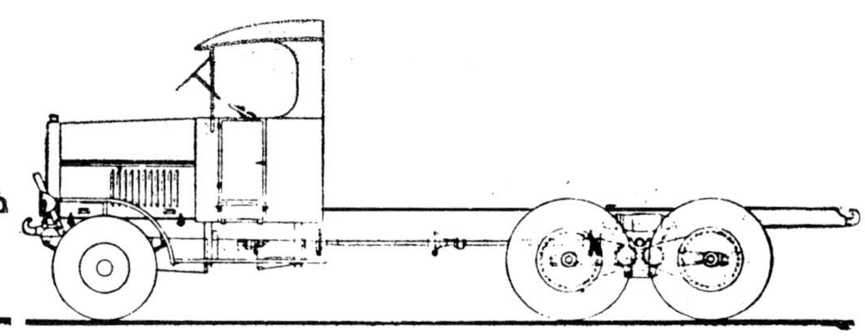

Beispielhaft ist hier die Entwicklung handelsüblicher Dreiachs-Lastkraftwagen der Firma Krupp, Essen, dargestellt. Links oben ein Fahrzeug, Baujahr 1925, rechts oben eine Lösung aus dem Jahre 1927. Links unten eine geländegängige Auslegung mit durchgehen?dem Antrieb (1927). Rechts unten ein 81 6-Rad-Lastkraftwagen mit Schleppachse (6x2 Auslegung des Antriebs)

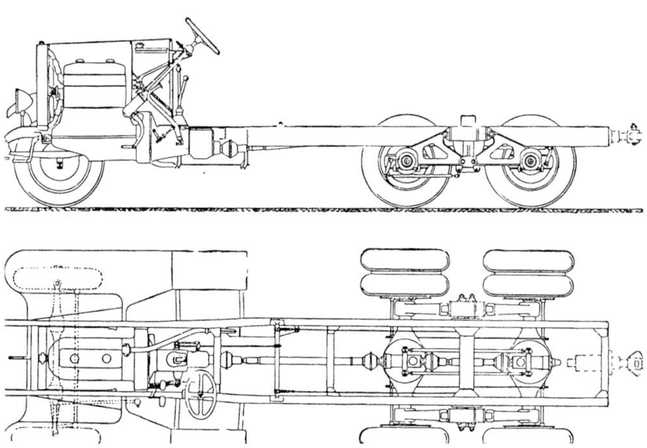

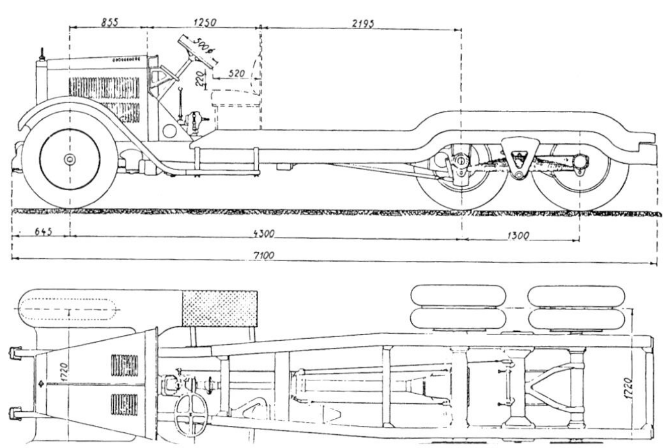

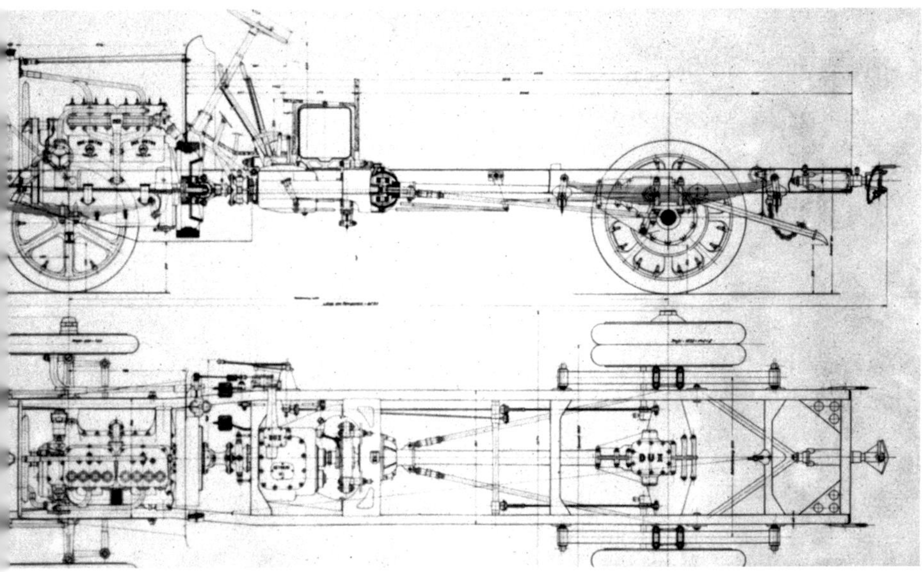

Oben:
Lastkraftwagen in Paradeaufstellung

Lastkraftwagen des alten Feldheeres gaben dem Straßenbild der unmittelbaren Nachkriegszeit das Gepräge. Die Bilder zeigen einen Stoewer-Lastkraftwagen, darunter einen 40-PS-Magirus-Lastkraftwagen vom Typ 3 C

Ein typisches Lastkraftwagen- Fahrgestell aus der Zeit nach dem Ersten Weltkrieg. Hier ein 3-t-Fahr- gestell der Firma Dux-Automobil- Werke, Wahren bei Leipzig

3.2 Geländegängige Lastkraftwagen (6 x 4)

3.2.1 Leichte geländegängige Lastkraftwagen

Dabei handelte es sich um ein leichtes Fahrzeug mit 2 t Nutzlast, während der mittlere Geländelastkraftwagen eine Nutzlast von 3t haben sollte. Schon im ersten Motorisierungsprogramm von 1926 wird zum ersten Male die Entwicklung solcher Typen erwähnt. Am Bau des leichten Geländelastkraftwagens beteiligte sich die Firma Krupp, welche zu dieser Zeit bereits solche Fahrzeuge hergestellt hatte, die sich jedoch nicht bewährten. Auch Daimler-Benz hatte zu dieser Zeit bereits die nötigen Vorarbeiten geleistet. Um das mittlere Fahrzeug bemühten sich Henschel, Büssing, Mannesmann-Mulag und Krupp. Am 1.1.1930 war diese Entwicklung wie folgt fortgeschritten: beim leichten Fahrzeug waren die Versuche bei Büssing-NAG und Daimler-Benz fast abgeschlossen, der Truppenversuch sollte noch im Winter 1930 erfolgen. Für 1930/1931 waren dafür RM 60 000,– und für

Ein Mannesmann-Mulag-6-Rad-Fahrgestell, welches nur versuchsweise bei der Reichswehr verwendet wurde

Noch vor Zusammenschluß der Firma Büssing mit der Firma NAG lieferte die NAG, Berlin-Oberschöneweide, leichte 6-Rad-Fahrgestelle an die Polizei. Büssing-NAG baute dieses Fahrzeug als Typ G 31 weiter

Daimler-Benz AG stellte ab 1928 den Geländelastkraftwagen G 3 her. Die Bilder zeigen Einzelheiten des Fahrgestelles

1931/1932 nochmals RM 60 000,– eingeplant. Eine Weiterentwicklung wurde für erforderlich gehalten, ebenso eine Erweiterung der Zahl der Baufirmen empfohlen. Beim mittleren Fahrzeug war die Entwicklung bei Büssing-NAG, Krupp und Henschel abgeschlossen, das Mannesmann-Mulag-Fahrzeug hatte sich nicht bewährt. Für die Entwicklung der mittleren Fahrzeuge wurden für die Jahre 1933/1934 nochmals RM 100 000,– bereitgestellt, da diese Fahrzeuge hinsichtlich ihres Gewichtes und ihrer Fahrfähigkeit weiterentwickelt werden mußten. Die Einführung war zu diesem Zeitpunkt noch nicht beabsichtigt.

Bevor auf die 1929 herausgegebenen Technischen Lieferbedingungen für die Beschaffung von 6-Rad-Lastkraftwagen mit vier angetriebenen Hinterrädern näher eingegangen wird, soll ihre Entwicklung bis 1930 aufgezeigt werden. Die Vorarbeiten bei Daimler-Benz erlaubten ab 1928 eine Serienfertigung des Fahrzeugs G 3, von dem insgesamt 89 Stück hergestellt wurden. Die Produktion erfolgte ausschließlich in Stuttgart-Untertürkheim.

Von den 89 Fahrzeugen hatten vier eine Rahmenlänge von 3200 mm, der Rest 3000 mm. Es wurde ein ungekröpfter, gepreßter Stahlrahmen verwendet. Der Gelenkwellenantrieb zu den Hinterrädern erfolgte über zwei Ausgleichsgetriebe. Während die Vorderachse durch normale

Ansichten des Fahrgestells G 3

Einbau eines 6-Zylinder-Ottomotors im Daimler-Benz-Fahrgestelí G 3

Das G 3-Fahrgestell im Gelände zeigt die Radausschläge der Achsen

Die Bilder zeigen den normalen Reichswehr-Geländewagen mit Pritschenaufbau und Plane. Das Fahrerhaus ist halb geschlossen

Fahrgestell des Daimler-Benz Geländelastkraftwagens G 3a

Blattfedern abgestützt wurde, ergab sich bei den Hinterachsen eine Anordnung von je zwei Halbfedern, die pendelnd am Rahmen aufgehängt und an den beiden Hinterachsen angelenkt waren. Eingebaut war ein 14/60-PS-6-Zylinder-Daimler-Benz-Ottomotor Typ M 09 mit Magnetzündung und Zenith-Vergaser.

1929 begann die Fertigung des verbesserten Typs G 3 a, von dem bis 1934 insgesamt 2000 Stück in Stuttgart-Untertürkheim und Berlin-Marienfelde gebaut wurden. Ursprünglich sollte der Typ G 3 a als Typ G 4 ausgewiesen werden, was am 21.5.1931 jedoch vom Heereswaffenamt WaPrüf 6 abgelehnt wurde. Auch sollte weiterhin aus Versorgungsgründen der 3,5-l-Motor und nicht der leistungsfähigere 3,7-l-Motor eingebaut werden. Einige dieser Fahrgestelle erhielten offene Kabriolett-Aufbauten für den Gebrauch als Stabsfahrzeuge. Sie sahen dem späteren Typ G 4 sehr ähnlich. 1932 verlangte die Nachrichtentruppe, für welche einen Großteil der G 3 a-Produktion mit Sonderaufbauten vorgesehen war, den Einbau des OM 59-Dieselmotors in diese Fahrzeuge. Als Hauptgrund wurden störungsfreie Funkversuche angeführt. Die Einführung des Dieselmotors in der Deutschen Reichswehr scheiterte jedoch zu dieser Zeit an der Unmöglichkeit, synthetischen Dieselkraftstoff in genügender Menge zu liefern. Ein Dieselmotor für einheimischen Kraftstoff war zwar ab 1929 in Entwicklung,

Der im Typ G 3a eingebaute 6-Zylinder-Ottomotor, Typ M 09. Rechte und linke Motorseite

Draufsicht auf das G 3a-Fahrgestell

Links:
Der Motor, im Fahrgestell eingebaut
Rechts:
Hinterachsen der Daimler-Benz G 3a (beide angetrieben)

Die Radausschläge des G 3a Rechts: ZF- Ausgleichgetriebe mit Selbstsperre (System Knab)

Daimler-Benz-
G 3a-Fahrgestelle beim Einfahren im Gelände

Rechte Seite, linke Spalte
Eine Serie von G 3a-Geländelastkraft-wagen beim Einfahren in der Nähe von Stuttgart

Auch die Deutsche Reichsbahn war in die Erprobung der leichten und mittleren geländegängigen Lastkraftwagen eingeschaltet. Die Bilder zeigen ein Fahrzeug mit einem Zementbehälter (Daimler-Benz G 3a)

Rechte Seite, rechte Spalte
Daimler-Benz G 3a-Fahrgestell mit offenem Kabriolett-Aufbau zum Transport von höheren Stabsoffizieren. Ein Vorläufer des Typs G 4

Daimler-Benz G 3a-Wagen im Dienst der Nachrichtentruppe mit offenen Aufbauten (links), u. a. als Kfz. 63 und 64 sowie Kfz. 61 bzw. 62 (darunter)

Links: G 3a mit Aufbau für Fahrschutzzwecke

DR
1015

DR-1015
DR
1015

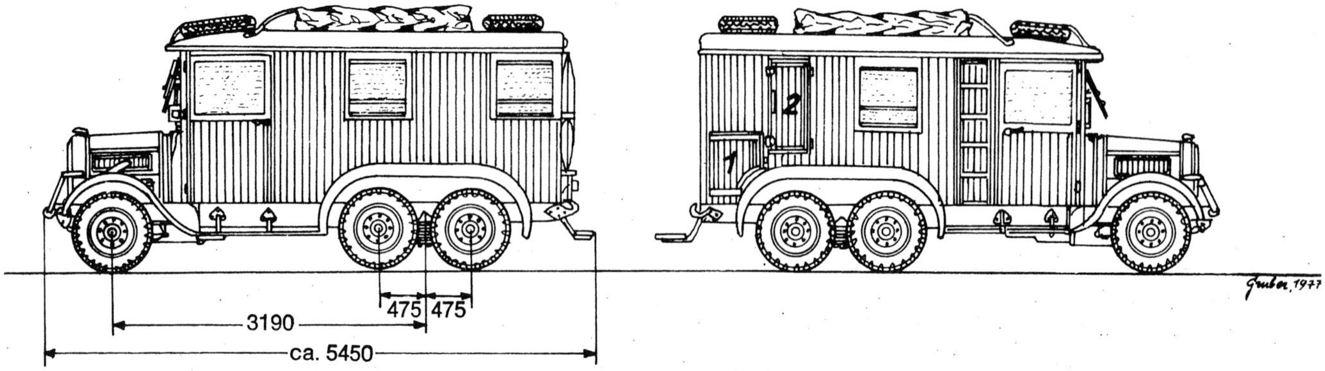

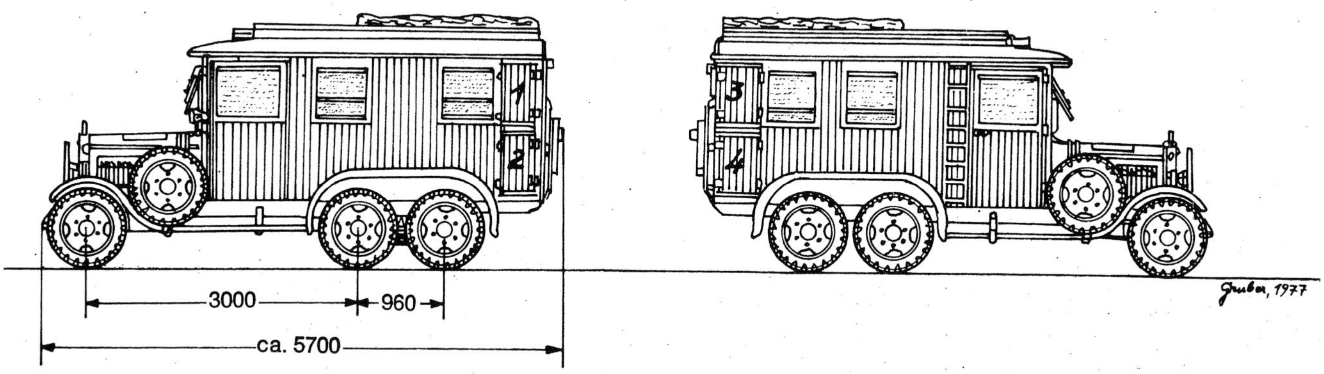

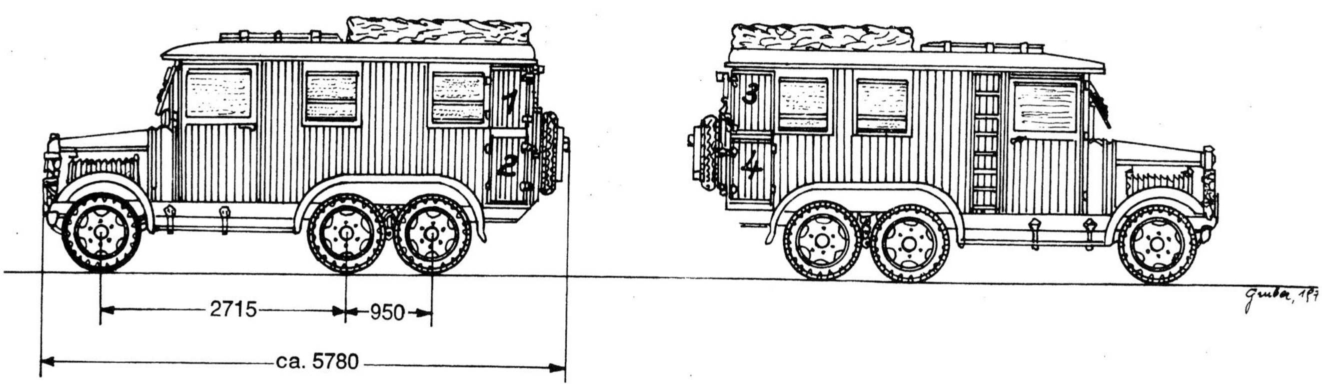

Die der Nachrichtentruppe zugeteilten leichten Fernsprechbetriebskraftwagen (Kfz. 61) waren leicht unterschiedlich ausgelegt Die Zeichnungen zeigen die Unterschiede der einzelnen Ausführungen (Oben Büssing-NAG G 31, Mitte Daimler-Benz G 3a, unten Magirus M 206) (Zeichnungen F. Gruber)

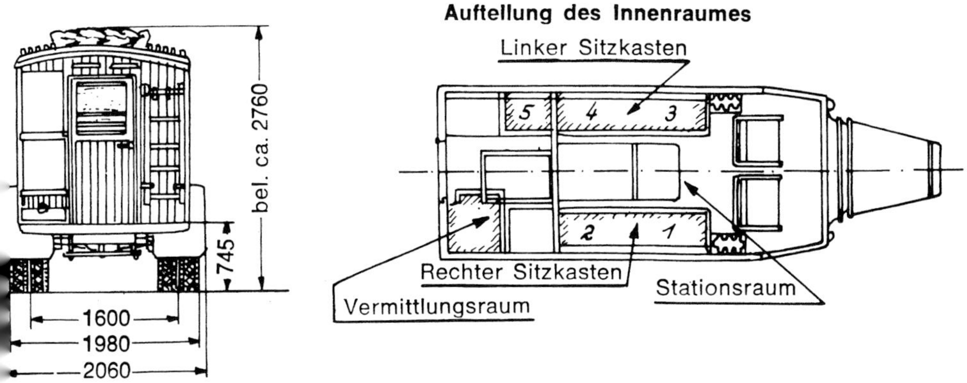

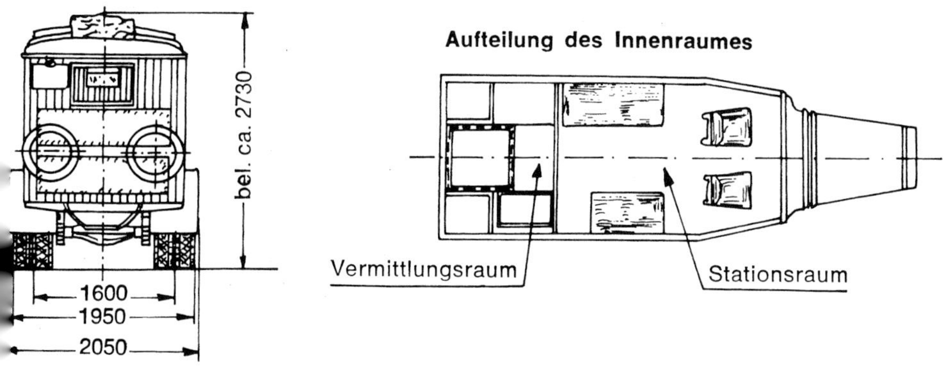

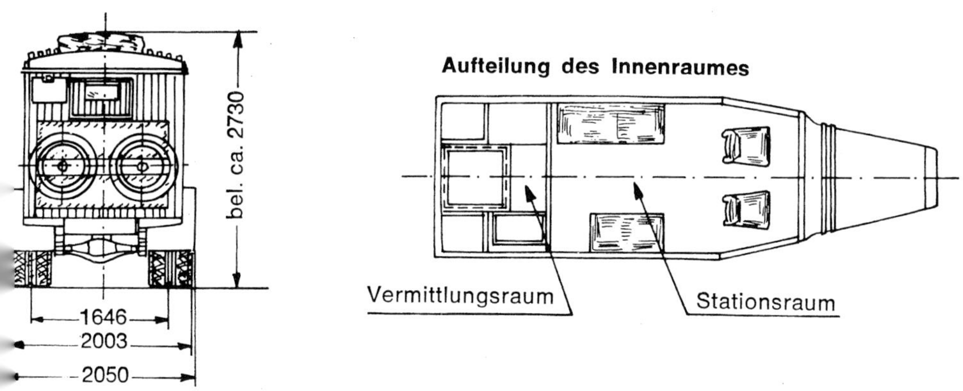

die nötigen Mittel zu seiner Weiterentwicklung standen jedoch nicht zur Verfügung.

Der Nachrichtentruppe zugeteilte leichte Fernsprechbetriebskraftwagen zeigten

- Büssing-NAG-Fahrgestell mit getrenntem Raum,
- Daimler-Benz-Fahrgestell mit durchgehendem Raum und
- Magirus-Fahrgestell mit durchgehendem Raum

zur Unterbringung der fernsprechtechnischen Ausrüstung.

Für die nur vereinzelt eingeführten leichten Fernsprechbetriebskraftwagen auf Büssing-NAG-Fahrgestell mit durchgehenden Räumen war die Beladung wie bei den Daimler-Benz- und Magirus-Fahrzeugen durchzuführen. Sie hatten gleiche Facheinteilungen und die gleiche Inneneinrichtung. Wenn bei Geräten älterer Fertigung die Abmessungen soweit abwichen, daß die Unterbringung der Einrichtung nach dem Beladeplan nicht mehr möglich war, mußte die Truppe behelfsmäßig beladen. Formänderungen an Fahrzeugen waren verboten. Die geschlossenen Aufbauten dieser Fahrzeuge wurden in Holzbauweise erstellt.

Nach dem Zusammenschluß der Nationalen Automobil-Gesellschaft (NAG) in Berlin-Oberschöneweide mit Büssing im Jahre 1930 erfolgte eine Zusammenlegung der bisher bei beiden Firmen eingeleiteten Entwicklung eines leichten Geländelastkraftwagens. Dieser ging als Typ G 31 ab 1933 in Fertigung. Bis

1935 wurden insgesamt 2300 dieser Fahrzeuge hergestellt.*

Sie wurden mit dem Büssing-NAG-4-Zylinder-Ottomotor Typ G ausgerüstet. 1934 fanden Versuche mit dem Einbau von Dieselmotoren in dieses Fahrzeug statt.

Das dritte Fahrzeug in dieser Größenklasse war ein Produkt der C. D. Magirus AG in Ulm. Die erste Auslieferung des Typs M 206 erfolgte Anfang Januar

* Fahrgestellnummern 6-Rad-Geländewagen G 31
40 175, 40 321-323, 50 201-210, 50 682-694, 50 869-874, 51 245-250, 41 261-375, 52 434-558, 53 210-529, 53 730-54 429, 56 634-683, 57 234-603, 60 834-933, 61 284-383, 61 694-893, 62 869-918, 64 106-280, 66 213-216, 66 867, 67 020-021, 67 482, 67 947, 75 424-523, 79 28S-425.

Bild und Zeichnung des Fahrgestells des leichten Geländelastkraftwagens G 31 der Firma Büssing-NAG

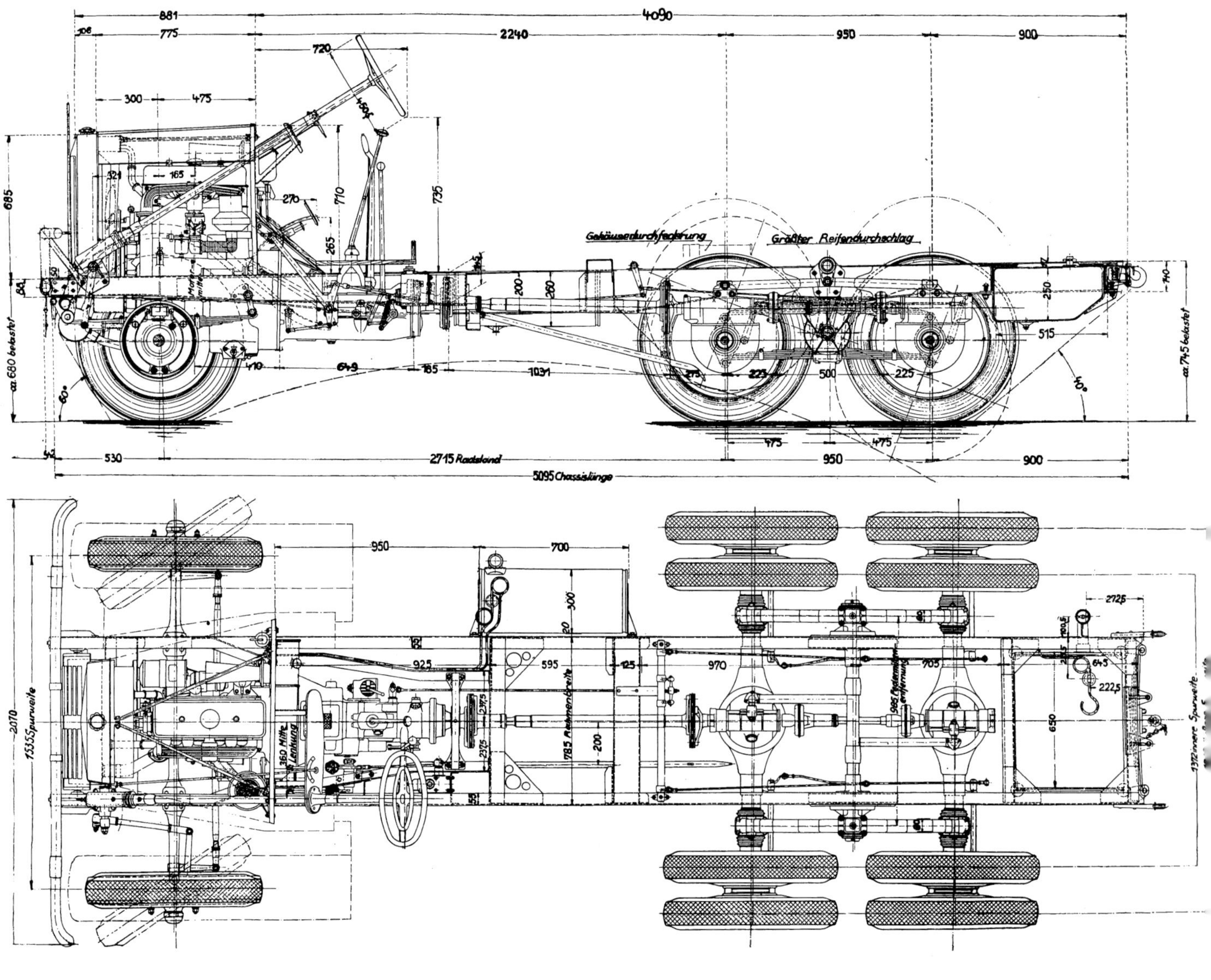

1934. Bis 1937 wurden 529 Fahrgestelle und 507 Geländelastkraftwagen ausgeliefert. Sie wurden mit dem Magirus-6-Zylinder-Ottomotor S 88 ausgestattet.

Das Heereswaffenamt, WaPrüf 6, veröffentlichte im Juni 1929 die ersten Technischen Lieferbedingungen für die Lieferung von 6-Rad-Lastkraftwagen mit vier angetriebenen Hinterrädern. Sie wurden im April 1930 und im Mai 1932 sinngemäß ergänzt. Die 6-Rad-Lastkraftwagentypen wurden unterschieden in:

– Gruppe I Leichte 6-Rad-Lastkraftwagen
– Gruppe II Mittlere 6-Rad-Lastkraftwagen

In Gruppe I wurden 1,5 t Nutzlast auf der Straße und 1t im Gelände festgelegt, während in Gruppe II sinngemäß 3 t bzw. 2 t zu befördern waren. Neben 500 mm Watfähigkeit wurde für Gruppe I 60 km/h und Gruppe II 45 km/h Höchstgeschwindigkeit bestimmt. Alle Antriebsräder mußten direkt oder indirekt gebremst werden. Die Bremsbetätigung durfte auch unter dem Einfluß stärkster Verwindung des Fahrgestells in ihrer Wirkung nicht beeinträchtigt werden. Für das Gewicht wurde vorgeschrieben, daß ein betriebsfertiges Fahrgestell in Gruppe I 1,65 t, in Gruppe II 2,85 t, das Leergewicht (einschließlich Aufbau und Ausrüstung) in Gruppe I 2,1 t, in Gruppe II 3,5 t nicht übersteigen sollte. Die Bodenfreiheit unter den nicht abgefederten Teilen des Fahrzeuges mußte mindestens 250 mm betragen. Bei gleichmäßiger Verteilung der Nutzlast für Straßenfahrt sollte das Antriebsgewicht ungefähr 80% des betriebsfertigen Fahrzeuges betragen. Der Abstand der beiden Antriebsachsen – von den sechs Rädern mußten die beiden vorderen lenkbar sein, die übrigen unter Antrieb stehen – sollte das 1,1 fache des nominalen Reifendurchmessers nicht übersteigen. Außerdem mußte der Abstand von Mitte Vorderachse bis Mitte zwischen beiden Antriebsachsen größer als das 3,1 fache des Abstandes bei der Antriebsachsen voneinander sein. Die Hubhöhe der Antriebsachsen, die Verschränkungsmöglichkeit beider Achsen gegeneinander, der Überhangwinkel fest mit dem Rahmen verbundener Teile und der fest mit Rahmen oder Aufbau verbundener Teile waren genau festgelegt.

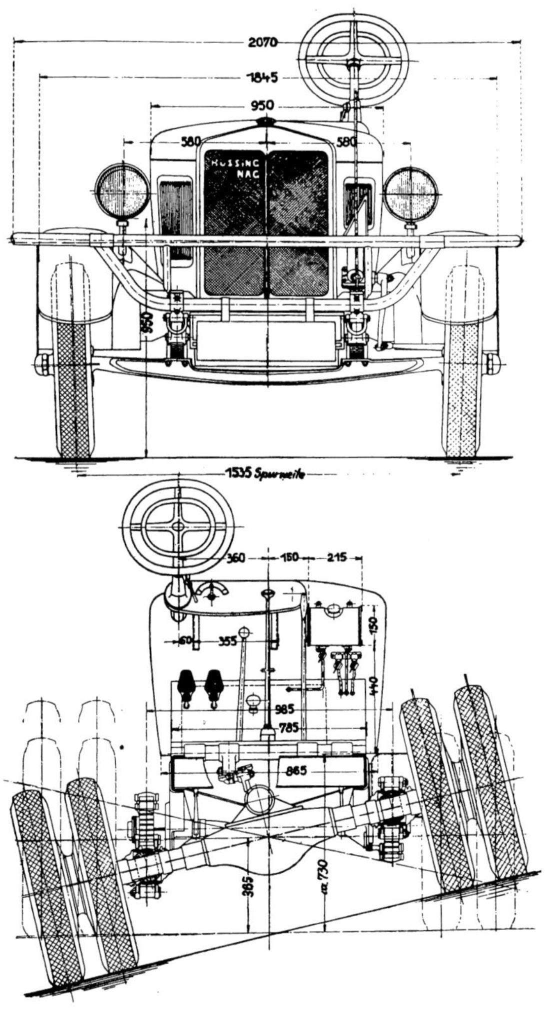

Am Motor dieser Fahrzeuge war grundsätzlich ein Regler vorzusehen. Bei Schräglagen bis 25° mußte der Motor ohne Verölen und Versagen der Schmierung arbeiten können. Eine Trockensumpfschmierung war zu bevorzugen. Die Austrittstemperatur des Kühlwassers durfte 70° C nicht überschreiten. Ölkühler und Kühlwasser- Kondensatoren waren erwünscht, eine Magnetzündung war vorgeschrieben.

Der Übersetzungsbereich des Wechselgetriebes mußte so gewählt werden, daß das Fahrzeug im direkten Gang mit Straßenlast 60 km/h Höchstgeschwindigkeit beim leichten 6-Rad-Lastkraftwagen bzw. 45 km/h beim mittleren Lastkraftwagen erreichte. Außerdem sollte im kleinsten Gang 55% beim leichten bzw. 50% beim mittleren Lastkraftwagen des Fahrzeuggesamt-

Der 4-Zylinder- 4-Takt-Ottomotor des Typs G 31

Oben rechts: Fahrerstand mit Bedienungshebeln vom G 31-Gelände-lastkraftwagen

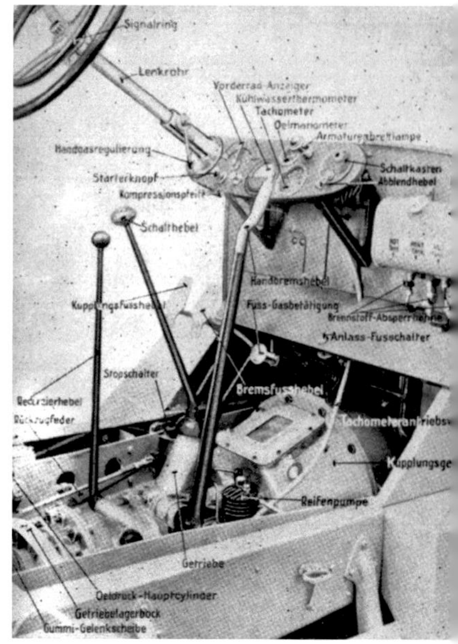

Wechselgetriebe mit Kupplung des G 31-Geländelastkraftwagens

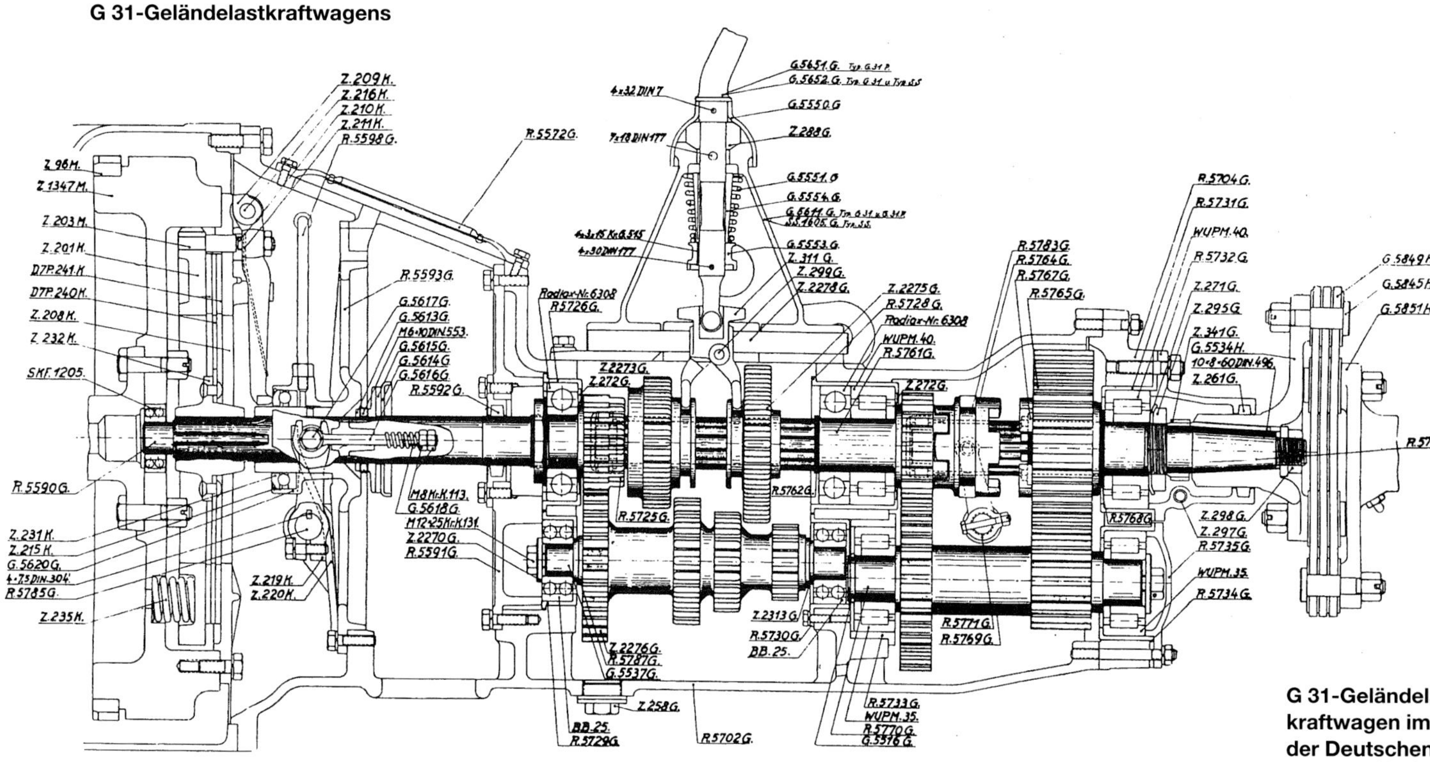

Abbildung 103

G 31-Geländelastkraftwagen im Diens der Deutschen Reichswehr. Oben als Beobachtungskraftwagen (Kfz. 76), mit geschlossenem Aufbau, als Fernsprechbetriebskraftwagen (Kfz. 61) bzw. Funkkraftwagen (Kfz. 61) (unten)

Hinterachsenanordnung am G 31-Geländelastkraftwagen

gewichtes als ideale Zugkraft am Radumfang abgegeben werden. Bevorzugt wurde ein normales Wechselgetriebe mit einem Zusatz-Untersetzungsgetriebe, so daß insgesamt sechs bis acht Gänge vorhanden waren. Der Antrieb der Achsen durfte die gleichmäßige Gewichtsverteilung auf den Antriebsachsen nicht stören und die Federung und Abstützung des Fahrgestelles dem Rahmen gegenüber nicht beeinträchtigen. Zwischen den beiden Antriebsachsen sollte kein Ausgleichsgetriebe vorhanden sein. Im Achsantrieb befindliche Ausgleichsgetriebe waren selbsttätig sperrbar erwünscht. Es war eine vom Fahrersitz aus zu beobachtende Vorrichtung anzubringen, welche die jeweilige Stellung der Vorderräder erkennen ließ. Als Bereifung wurde Niederdruckbereifung, für leichte 6-Rad-Lastkraftwagen die Größe 6,00-20, für mittlere 9,00-20 oder 7,50-20, Vorderräder einfach, Hinterräder doppelt bereift, vorgeschrieben (Radsystem: B. S. J.-Räder; Fischer-Räder; Scheiben-Räder).

Eine Serie von Vorwarnerkraftwagen (Kfz. 63) auf G 31-Fahrgestell

Der leichte Geländelastkraftwagen G 31 der Firma Büssing-NAG mit Dieselmotor (Prototyp)

Eine Gegenüberstellung der Büssing-NAG Geländelastkraftwagen G 31 (oben) und G 31 K, der mit dem 8-Zylinder-L-8-V-Ottomotor ausgerüstet war (Mitte)

Werkstätte des Panzer-Regiments 6 (3. Panzer-Division) in Neuruppin mit der für diese Zeit typischen Kraftfahrzeug-Ausrüstung

Geländelastkraftwagen Magirus M 206 mit offenem Aufbau als Fernsprechkraftwagen (Kfz. 77) (oben) und mit geschlossenem Aufbau als Funkkraftwagen (Kfz. 61) (darunter)

Die Luftwaffe verwendete den Magirus-Geländelastkraftwagen M 206 als geländegängige Tankkraftspritze auf Flugplätzen

Prototyp des Magirus-Geländelastkraftwagens M 206 aus dem Jahre 1934

Magirus-Geländelastkraftwagen M 206 mit Pritschenaufbau und Verdeck

Paradeaufstellung einer Flak-Abteilung

Zusammengefaßt wurden die Technischen Lieferbedingungen in einem Merkblatt über Gelände-Kraftfahrzeuge auf Rädern (D 629 vom 5.8.1935). Dieses besagte u. a.: Kraftfahrzeuge mit hoher Geländefahrbarkeit zeichnen sich aus durch:

- erhöhte Anzahl der angetriebenen Achsen, Vielradfahrzeuge;
- besonderen Antrieb, Allradantrieb.

Kraftfahrzeuge mit beschränkter Geländefahrbarkeit waren gekennzeichnet durch ein handelsübliches 4-Rad-Serienfahrgestell mit einem besonders leichten Sonderaufbau.

Für Vielrad-Kraftfahrzeuge und Fahrzeuge mit Allradantrieb wurden folgende Anforderungen zwingend vorgeschrieben:

Motor: Leichte Bauart, möglichst große Leistung, elastisch, Schmierung und Kraftstoffzufuhr mußte auch bei lang andauernder starker Neigung des Fahrzeuges betriebsfähig bleiben. Trockensumpfschmierung bevorzugt. Luftreiniger notwendig. Motoraufhängung und -verbindung mit dem Aufbau sollte gegen Rahmenverwindungen unempfindlich sein. Reichlich bemessene Kühlung, Magnetzündung.

- Kupplung: widerstandsfähig gegen erhöhte Beanspruchung des Geländefahrens. Leicht und schnell nachstellbare Trockenscheibenkupplung.
- Wechselgetriebe: kräftig mit großem Untersetzungsbereich, leicht schaltbar auch in den kleinen Gängen.
  Bauarten:
- Sondergetriebe mit stark untersetztem Zusatzgang als Geländegang – 5-Gang-Getriebe und andere.
- Seriengetriebe mit angeflanschtem Vorgelege – möglichst während der Fahrt einschaltbar – zur Erreichung günstiger Geländeübersetzungen.
- Achsantrieb: starke Belastung der Antriebsachsen zur Erreichung einer hohen Zugkraft aus dem Adhäsionsgewicht. Wurden nur die Hinterräder angetrieben, war die Verlegung von 80% des Gewichtes des betriebsfertigen Fahrzeuges auf die Antriebsachsen erwünscht. Besonders günstig wurde der Allradantrieb mit 100% Belastung beurteilt.

Aufgrund dieser Technischen Lieferbedingungen war es nicht verwunderlich, daß sich die Fahrzeuge der leichten und mittleren Gelände-Lastkraftwagen-Klassen weitgehend ähnelten. Zu erwähnen bleibt noch, daß die Fahrgestelle der leichten Klasse mit geringfügigen Änderungen auch die Grundlage für die schweren 6-Rad-Panzerspähwagen (gepanzerter Kraftwagen Kfz. 67 und 67a) bildeten. Wie bereits im Kapitel über Personenkraftwagen erwähnt, schälte sich bei der Entwicklung des Gelände-Personenkraftwagens die Lösung der Fa. Krupp als einzig brauchbare heraus. Dieser sogenannte Krupp-Baersch-Wagen befand sich 1930 noch in der Entwicklung. Der Truppenversuch sollte im Herbst 1930 beginnen. Für die Weiterentwicklung standen 1930/1931 je RM 85 000,– zur Verfügung. Krupp lieferte ab 1933 den Typ L 2 H 43 in Serie, der 1936 von dem verbesserten Typ L 2 H 143 abgelöst wurde. Es handelte sich um einen leichten Geländelastkraftwagen mit einer Nutzlast von 1000 kg. Während ursprünglich der Krupp-Lkw den luftgekühlten 4-Zylinder-Boxer-Ottomotor Typ M 302 hat-

Krupp-Protzkraftwagen als Zugmittel für die 3,7-cm-Pak 36

Zeichnungen des Krupp L 2 M 43-Geländelastkraftwagen-Fahrgestells, welches ab 1933 an die Reichswehr geliefert wurde

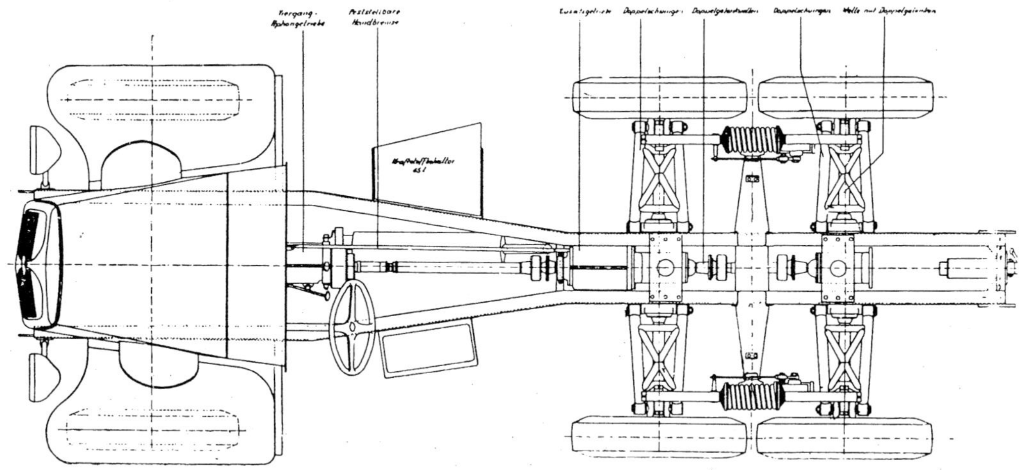

Teilansicht des Fahrgestells
1 Zusatzgetriebe GG 35
2 Verteilerstück zur Öldruckbremse
3 Gestänge zum Stoßdämpfer
4 Hinterfeder
5 Verteilerstück zur Öldruckbremse
6 Pendelachse
7 Mittelachse
8 Bremstrommel
9 Längslenker für Mittelachse
10 Stoßdämpfer
11 Bremsbacken
12 Hinterachse
13 Bremszylinder
14 Bremsbackenbelag
15 Nachstellexzenter
16 Längslenker für Hinterachse
17 Querträger

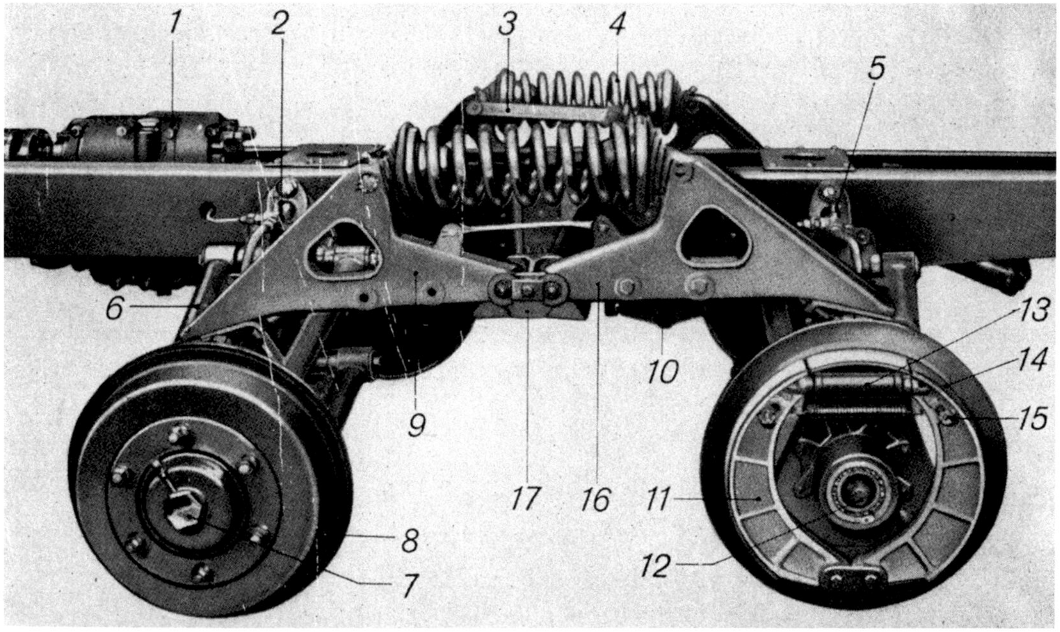

Ansicht von oben auf das Fahrgestell

1 Achsanschlag
2 Hinterfeder (Schraubenfedern)
3 Sammler
4 Stützachse
5 Lenkrad
6 Wechselgetriebe Gb 35 bl
7 Schaltbrett
8 Hilfskraftstoffbehälter
9 Dreiweghahn
11 Zusatzgetriebe GG 35
12 Mittelachsantrieb
13 Stoßdämpfer
14 Bremsdruckleitung
15 Protzhakenkupplung
16 Hinterachsantrieb
17 Tragrolle
18 Querlenker
19 Hinterachswellen

Luftreiniger, Vergaser, Zündverteiler und Ölspaltfilter

1 Kraftstoff-Umschalthahn
2 Zündverteiler
3 Spaltfilter
4 Vergasergestänge
5 Vergaser
6 Ölbadluftfilter
7 Linkes Saugrohr
8 Heizkappe
9 Rechtes Saugrohr
10 Gemischvorwärmerohr
11 Zündspule
12 Oberer Deckel mit Mischkammer
13 Entlüfter und Öleinguß
14 Kühlerverkleidung

te, wurde später der etwas vergrößerte Typ M 304 verwendet. Seine markant abfallende Motorhaube, die Einzelaufhängung der Räder an Schwingachsen, die als Pendelachsen für die Hinterräder fast spurkonstante Doppelquerlenker-Aufhängungen aufwiesen, sowie die Einfachbereifung der Hinterachsen machten dieses Fahrzeug, welches auch als »Krupp-Protze« bekannt war, zu einem der zahlreichsten und bekanntesten Militärfahrzeuge seiner Zeit. Auch für dieses Fahrgestell wurden gepanzerte Aufbauten entwickelt, die zum Teil mit den Fahrgestellen nach Niederländisch-Ostindien exportiert wurden.

Trotz aller Ansätze zu einer Standardisierung, welche immer wieder gefordert wurde, erlaubte die verhältnismäßig geringe Kapazität der einzelnen Werke nicht, diese mit Nachdruck zu betreiben. Der Zeitdruck, der sich vor allem nach 1935 zeigte, verlangte ein Einbeziehen aller deutschen Automobilhersteller in das Aufrüstungsprogramm. Die vierradgetriebenen 6-Rad-Lastkraftwagen der leichten Klasse waren für Aufgaben vorgesehen, die durch verschiedene Sonderaufbauten erreicht wurden. Die offizielle Spezialbezeichnung derart ausgerüsteter Fahrzeuge lautete:

- Pionierkraftwagen III;
- Fernsprechbetriebskraftwagen (Kfz. 19);
- Kleinfunkkraftwagen, leichter Funkkraftwagen, Fernschreibkraftwagen, Verstärkerkraftwagen, Peilkraftwagen a, leichter Fernsprechbetriebskraftwagen (alle Fahrzeuge als Kfz. 61 bezeichnet);
- Wetterkraftwagen, Vermessungsauswertekraftwagen, Stabsauswertekraftwagen, Schallaufnahmekraftwagen, Schallauswertekraftwagen, Lichtauswertekraftwagen, Druckereikraftwagen (alle Fahrzeuge als Kfz. 62 bezeichnet);
- Lichtmeßstellenkraftwagen, Vorwarnerkraftwagen, Schallmeßstellenkraftwagen, Schallmeßgerätkraftwagen (alle Fahrzeuge als Kfz. 63 bezeichnet);
- Vermessungsgerätekraftwagen (Kfz. 64);
- Funkmastkraftwagen (Kfz. 68);
- Protzkraftwagen (Kfz. 69), nur Krupp-Fahrzeug verwendet;
- Mannschaftskraftwagen (Kfz. 70), nur Krupp-

Fahrgestell L 2 H 143 mit luftgekühltem Ottomotor

1 Schaltbrett
2 Wechselgetriebe
3 Lenkrad
4 Vorratsrad
5 Stützachse
6 Vorratsrad
7 Gelenkwelle
8 Rahmen
9 Zusatzgetriebe
10 Mittelachsantrieb
11 Hinterfeder
12 Hinterachsantrieb
13 Protzhakenkupplung

Schaltbrett und Bedienungshebel

1 Lenkrad
2 Signalring
3 Hebel für Handgas
4 Radstellungsanzeiger
5 Knopf für Anlaßvorrichtung
6 Schaltkasten mit Kontrollampe
7 Schalthebel zum Zusatzgetriebe
8 Geschwindigkeitsmesser
9 Druckschalter für Schaltbrettbeleuchtung
10 Schalthebel für Wechselgetriebe
11 Steckdose
12 Öldruckmesser
13 Schaltschema
14 Vierfach-Sicherungsdose
15 Sechsfach-Sicherungsdose
16 Fuß-Anlaßschalter
17 Kupplungsfußhebel
18 Fußhebel zur Öldruckbremse
19 Abblendschalter
20 Fahrfußhebel
21 Stützachse
22 Getriebebremse
23 Kraftstoffbehälter
24 Wechselgetriebe Gb 35 b L
25 Handhebel zur Getriebebremse
26 Dreiweghahn zum Kraftstoffbehälter
27 Hilfskraftstoffbehälter

Krupp L 2 H 43 eines Schützen-Regiments während einer Parade

Krupp L 2 H 43 als Fernsprechbetriebskraftwagen (Kfz. 19) (oben), als Funkmastkraftwagen (Kfz. 68) (Mitte) und Protzkraftwagen (Kfz. 69) (unten)

Fahrzeug verwendet;
- Beobachtungskraftwagen (Kfz. 76);
- Fernsprechkraftwagen (Kfz. 77);
- leichter Flakkraftwagen (Kfz. 81);
- leichter Scheinwerferkraftwagen I und II (Kfz. 83).

Da diese leichten geländegängigen Lastkraftwagen auch der Wirtschaft zur Verfügung standen, fanden sie eine rasche Verbreitung. Unter anderem bezog auch die Deutsche Reichsbahn diese Fahrzeuge, daneben traten Parteiformationen und die Polizei als Käufer auf.

3.2.2 Mittlere geländegängige Lastkraftwagen

Die Fa. Heinrich Büssing in Braunschweig hatte bereits 1924 den Bau von 3-Achsern in Deutschland aufgenommen und diese reinen Wirtschaftsfahrzeuge im Laufe der Jahre mit großem Erfolg weiterentwickelt. Die um 1925 begonnene Entwicklung eines geländegängigen Lastkraftwagens für Heereszwecke fand ihren Niederschlag in der 1933 beginnenden Serienfertigung des Fahrzeuges III GL 6, von dem insgesamt 331 Stück hergestellt wurden. Ausgelegt für eine Nutzlast von 3t

Einer der ersten mittleren Geländelastkraftwagen war der von Büssing-NAG ab 1933 in Serie gefertigte Typ III GL 6

Büssing-NAG III GL 6 als Wetterkraftwagen (Kfz. 72) (rechts) und als Werkstattkraftwagen (Kfz. 79) (unten) im Dienst der Deutschen Reichswehr

war das Fahrzeug mit einem zulässigen Gesamtgewicht von 9,5 t verhältnismäßig schwer. Es wurde durch einen Büssing-NAG C 4 6-Zylinder-Ottomotor angetrieben, welcher 90 PS leistete. Das Fahrzeug diente zum Transport von Waffen, Munition, Gerät und Mannschaften. Eingesetzt wurde es auch als fahrbereite Scheibenzuganlage auf Truppenübungs- und Artillerieschießplätzen. Als Fesselballonwinde für Beobachtungs- und Sperrballone diente es genau so wie als Artillerie-Kommando- und Beobachtungskraftwagen. Unter der Bezeichnung Kfz. 72 lief der Lastkraftwagen als Wetter- und Druckereikraftwagen. Einige dieser Fahrzeuge wurden auch an die Türkei verkauft.

Die Firma Mannesmann-Mulag in Aachen, welche 1927 von Büssing übernommen wurde, versuchte ab 1926 im Rahmen der Reichswehr-Aufträge aus ihrem handelsüblichen 8-t-3-Achswagen ein Geländefahrzeug zu entwickeln. Da es sich als Militärfahrzeug zu schwer und zu unbeweglich erwies, wurde das Fahrzeug vom Heereswaffenamt, WaPrüf 6, abgelehnt.

Die Henschel & Sohn GmbH in Kassel hatte bereits 1928 die Produktion des Gelände-3-Achsers 33 B 1 aufgenommen, welcher bis 1934 gebaut wurde und in größerer Stückzahl bei der Reichswehr vorhanden war. Das Fahrzeug war mit dem 4-Zylinder-Ottomotor, Typ B, ausgerüstet und hatte eine Nutzlast von 3t. Das 6-Zylinder-Modell

33 D 2 ging ebenfalls 1928 in Fertigung und wurde bis 1934 hergestellt. Der 6-Zylinder-Ottomotor, Typ D, hatte eine Leistung von 100 PS. Zusammen mit der Dieselausführung 33 G 1 wurden von diesem Fahrzeug bis zur Einstellung der Produktion im Jahre 1941 etwa 22 000 Stück hergestellt. Da dieses Fahrzeug beim Heer und später auch bei der Luftwaffe zahlreich vertreten war – Klöckner-Humboldt-Deutz baute im Werk Magirus von 1938 bis 1940 3815 dieser Fahrzeuge nach – wird hiermit eine ausführliche Beschreibung des Henschel 3-Achs-Wagens vermittelt:

Die Fahrzeuge eigneten sich infolge ihrer besonderen Bauart sowohl für die Beförderung als auch zum Schleppen schwerer Lasten, und zwar auf normalen Straßen und im Gelände. Dazu trugen folgende Konstruktionseigenschaften bei:

- Die Lastverteilung, die prozentualen Achsdrücke – bezogen auf die Gesamtbelastung – ergaben vorne 20%, in der Mitte 40%, hinten 40%;
- der Gewichtsausgleich an den beiden hinteren Antriebsachsen, der unter allen Umständen die Antriebsräder unter dem gleichen Druck, d. h. gleicher Lastverteilung auf dem Boden haften ließ. Dies gestattete die Übertragung großer Zugkräfte ohne Rutschen der Antriebsräder;
- die hohen Übersetzungen im Wechselgetriebe, wodurch die Motorzugkraft auf mehr als das

Büssing-NAG III GL 6-Geländelastkraftwagen wurden auch an die türkischen Streitkräfte geliefert

Henschel hatte bereits 1928 die Produktion des Geländelastkraftwagen 33 B 1 aufgenommen, eine Ausführung welche noch einfach bereifte Hinterräder aufwies

Doppelte eines gewöhnlichen Lastkraftwagens erhöht wurde. Es war dadurch möglich, sowohl hohe Straßengeschwindigkeit als auch hohe Zugkraft, wie sie Zugmaschinen aufweisen, zu erreichen;
- die Ausstattung mit Gleisketten, wie sie bei Zugmaschinen Verwendung fanden. Die Gleisketten wurden auf die beiden Hinterradpaare aufgelegt;
- der Einbau einer Seilzugvorrichtung, die folgendes ermöglichte:
- Herausziehen mit eigener Kraft, wenn das Fahrzeug in sumpfigem Gelände so weit abgesunken war, daß die Räder nicht mehr wirksam sein konnten,
- Herausziehen anderer Fahrzeuge,
- Heraufschleppen auf steile Hänge.

Im 3-Achs-Lastkraftwagen dieser Bauart waren somit alle Vorteile eines Lastkraftwagens mit denen einer Zugmaschine vereinigt. Er war der letzteren jedoch überlegen:
- durch sein leichtes Eigengewicht und seine große Beweglichkeit,
- infolge seiner Verwendungsmöglichkeit als Lastkraftwagen für die Beförderung von Personen, Pferden und Heeresgerät verschiedener Art,
- als Lastzug in Verbindung mit einem Anhänger,
- durch die Verwendung besonders griffiger und elastischer Luftbereifung, wodurch sich in weichem Gelände genügend große Auflageflächen ergaben. Das Einsinken oder Eingraben der Räder wurde weitgehend vermieden.

Die Henschel 3-Achs-Geländelastkraftwagen wurden serienmäßig sowohl mit 6-Zylinder-Otto als auch mit Dieselmotoren* geliefert. Beide Motoren wiesen eine Nennleistung von 100 PS auf. Als Kupplung wurde eine Mehrscheiben-Trockenkupplung verwendet. Eine Kupplungsbremse bremste beim Schalten die umlaufenden Massen ab, damit der Zahneingriff geräuschlos vor sich ging. Das Wechselgetriebe besaß vier Vorwärtsgänge, einen Gelände-Vorwärts- und einen Gelände-Rückwärtsgang. Der Antrieb der Mittel- und Hinterachse erfolgte vom Wechselgetriebe aus durch eine Gelenkwelle mit nadelgelagerten Kardangelenken. Die Schaltung in der Wagenmitte war als Kugelschaltung ausgebildet. Das Wechselgetriebe war in drei Punkten gelagert.

Die Kraftübertragung auf die Hinterräder erfolgte durch Schnecke und Schneckenrad mit einer Übersetzung 4,8.

Da die Federn als waagebalkenartige Doppelfedern ausgebildet waren, an deren Enden die Achsen mittels Gummigewebescheiben aufhingen, gingen Wagenschub und Antriebsmoment durch acht Federaugen auf den Rahmen über. Die Verschränkungen der Achsen gegenüber dem Rahmen wurden durch wartungslose Gummigewebescheiben aufgenommen.

Die Vorderachse war mittels zweier längs angeordneter Halbfedern mit dem Fahrgestellrahmen verbunden. Die Lenkung war als Schneckenlenkung mit verstellbarem Schneckenrad ausgebildet. Das Fahrzeug

Henschel
33 D 1

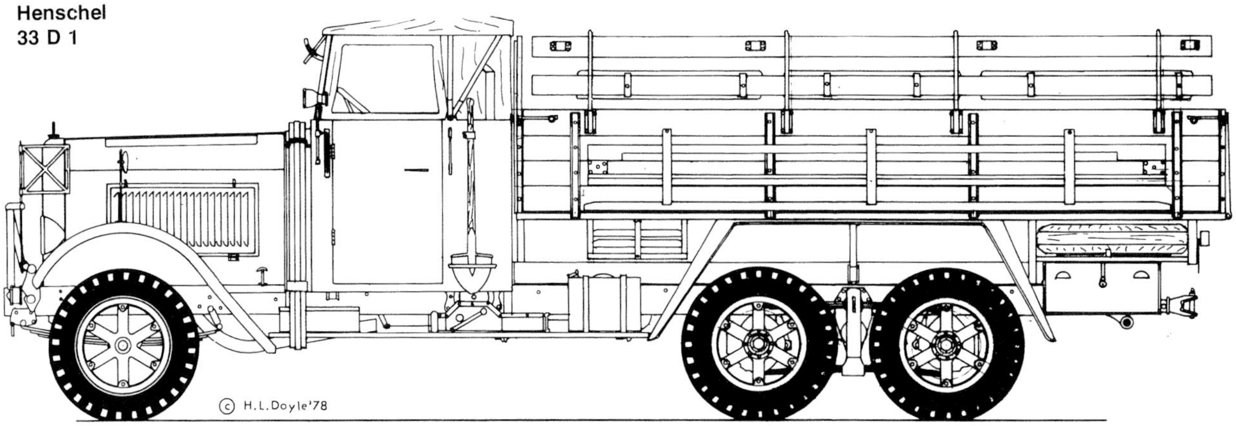

* Fahrzeuge mit Dieselmotoren wurden an die Deutsche Reichswehr nur versuchsweise geliefert.

Oben links: Antrieb der Hinterräder beim Henschel 33 B 1
Die Verschränkbarkeit der Hinterachsen und Geländegängigkeit des Henschel 33 B 1-Fahrzeuges werden in diesen Aufnahmen unter Beweis gestellt

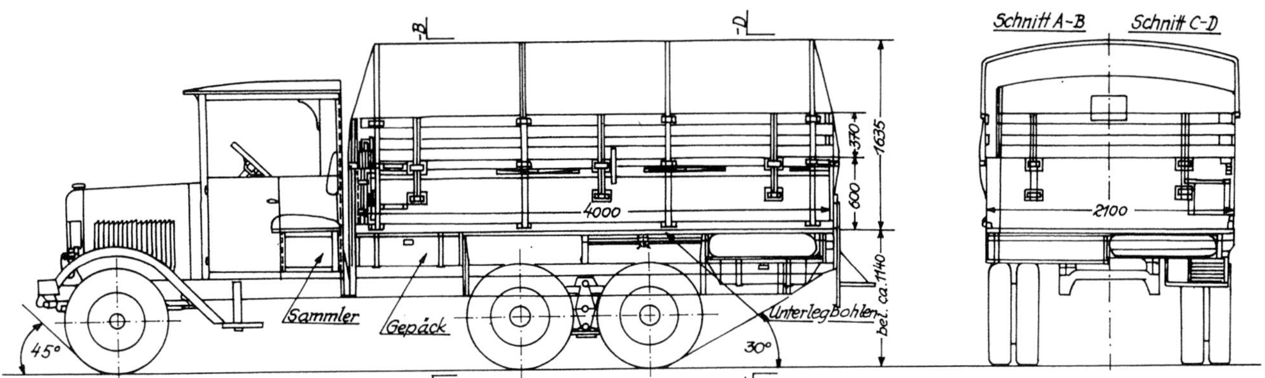

Henschel 33 B 1

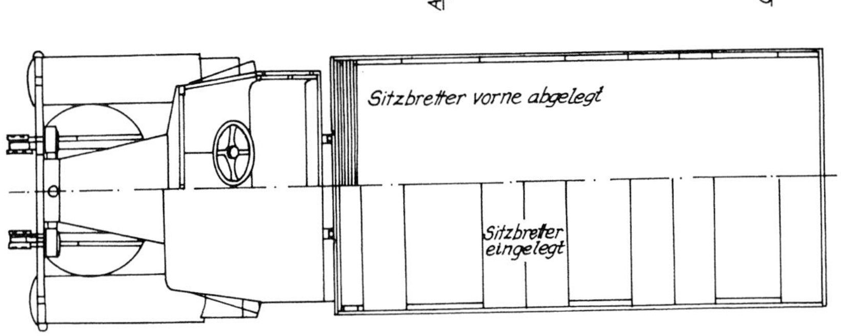

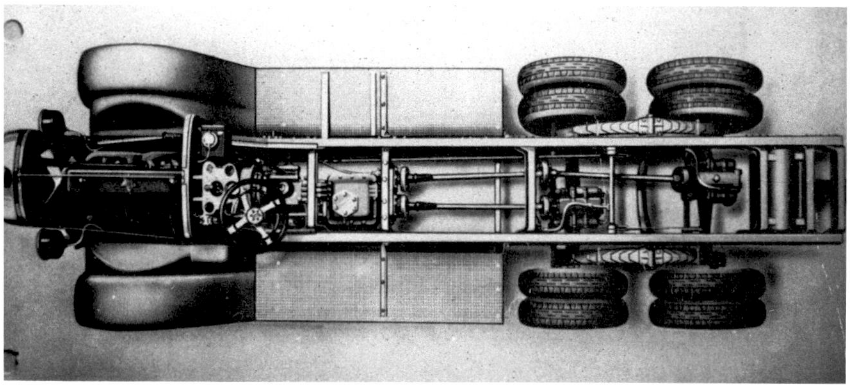

Der Henschel-Typ 33 D 1 hatte doppelbereifte Hinterachsen. Die Bilder zeigen das Fahrgestell von hinten und in Draufsicht

Henschel 33 D 1 mit Pritschenaufbau im Dienst der Deutschen Reichswehr. Die Bilder zeigen das Fahrzeug mit und ohne Verdeck

Eine Serie von Henschel 33 D 1 Geländelastkraftwagen vor Ablieferung an die Reichswehr

Die Deutsche Reichsbahn erhielt Henschel-Geländelastkraftwagen Typ 33 D 1 zur Erprobung unter erschwerten Bedingungen

Eine Gegenüberstellung der Henschel-Geländelastkraftwagen 33 D 1 (oben) und 33 G 1 (mit Dieselmotor) (Mitte), von denen bis 1941 etwa 22 000 Stück gebaut wurden

Henschel-Fahrgestell des bis auf den Motor baugleichen Typs 33 D 2 (mit Ottomotor) und 33 G 1 (mit Dieselmotor)

Der Einbau der Seilwinde am 33 D 2/33 G 1-Fahrgestell zeigt den Antrieb der Winde sowie die Seilführung

Der Henschel-Geländelastkraftwagen mit über die Hinterräder gelegten Geländegleisketten zur Erhöhung der Geländegängigkeit

war mit einer Fußbremse, einer Handbremse und beim Ottomotor zusätzlich mit einer Motorbremse ausgerüstet. Die Speichenräder waren auf Zylinderrollenlagern gelagert. Zur Erhöhung der Griffigkeit wurden Niederdruck-Ballon-Reifen der Größe 7,25-20, vorne einfach, hinten doppelt, aufgezogen.

Mit 5000 + 1200 mm Radstand hatte das Fahrzeug eine Nutzlast von 4,5t*. Die Abarten 33 D und 33 D 1 wurden ab 1930 gefertigt und blieben bis 1938 in Produktion. Mit 3750 + 1100 mm Radstand (33 D 3650 + 1200 mm) betrug die Nutzlast nunmehr 3 t. Die Fa. Krupp in Essen baute ihr erstes 3-Achsfahrzeug im Jahre 1925, und zwar ein 8-t-Fahrzeug mit Kettenantrieb. Bereits 1926 folgte ein leichteres 2-t-Fahrzeug, welches nunmehr Gelenkwellenantrieb aufwies. Die Hinterachsen waren einfach bereift. Der ab 1928 ausgelieferte 3-Achser hatte hinten Doppelbereifung, er wurde als Typ L 3 H 63 mit 4200 + 1100 mm

Ein Henschel 33 D 2-Fahrgestell bei der Erprobung in schwierigem Gelände. Das Fahrzeug kann sich mit Hilfe der Seilwinde selbst befreien

* Nutzlast beim Einsatz als zivile Lastkraftwagen.

Radstand bis 1931 gebaut. Noch immer mit dem 6-Zylinder-M 11-Ottomotor ausgerüstet, erschien dieser Typ ab 1932 mit der Typenbezeichnung L 3 H 143 und dem kürzeren 3650 + 1100 mm Radstand.

Daimler-Benz stellte das erste 3-Achsfahrgestell bereits 1925 her und verbesserte dieses Fahrzeug im November 1928 (Typ N 56). Die Erfahrungen mit dem leichten 3-Achs-Geländefahrzeug G 3 wurden sinngemäß 1934 auch auf das mittlere Fahrgestell angewendet. Von diesem 3-t-Geländewagen LG bzw. LG 3000 wurden 1934 765 Stück im Werk Gaggenau gebaut. Das Werk Berlin-Marienfelde stellte 1935 5350 Stück her, während 1936 weitere Fahrzeuge dieses Typs in Stuttgart-Untertürkheim gebaut wurden. Die Fahrzeuge wurden mit dem DB OM 67 6-Zylinder-Diesel- oder mit dem M 68 6-Zylinder-Ottomotor ausgerüstet.

Mittlere geländegängige Lastkraftwagen gelangten in größeren Stückzahlen zur Reichswehr. Mit offenen und geschlossenen Aufbauten liefen diese Fahrzeuge als:

- mittlerer geländegängiger Lastkraftwagen, offen (o); mittlerer geländegängiger Lastkraftwagen, offen (o) als Pionierkraftwagen I;
- mittlerer geländegängiger Lastkraftwagen, offen (o) als schwerer Fernsprechkraftwagen;
- mittlerer geländegängiger Lastkraftwagen, offen (o) als Scheinwerferkraftwagen

Henschel 33 D 2-Lastkraftwagen mit verschiedenen Pritschenaufbauten im Dienst der Reichswehr

Henschel 33 D 2

Das Fahrgestell des mittleren geländegängigen Lastkraftwagens der Firma Krupp Typ L 3 H 63 wurde ab 1928 gebaut

Ab 1931 erschien der verbesserte Typ L 3 H 143 von Krupp, das Bild zeigt das Fahrgestell

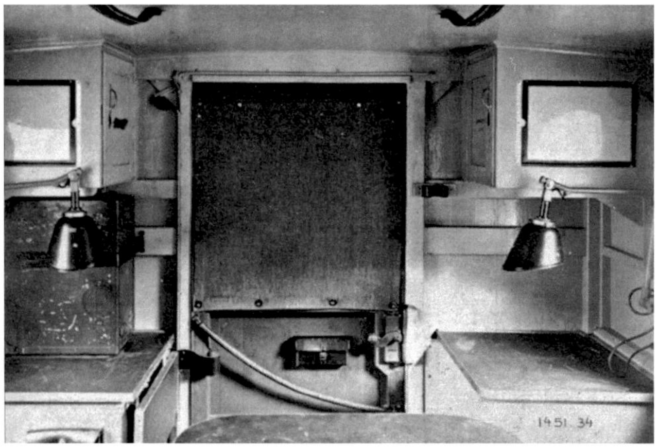
1451 34

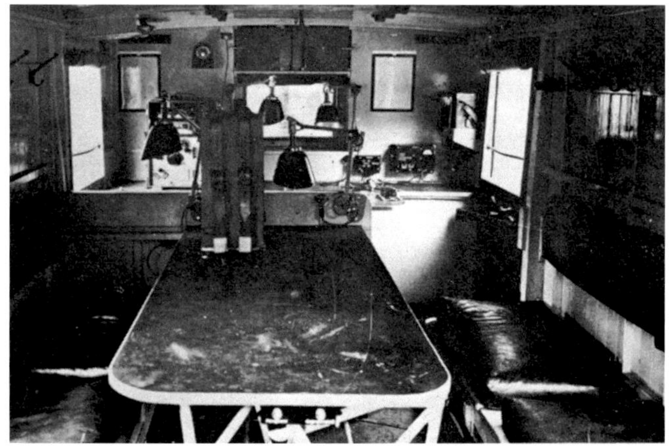

Fu. 24
b
Vorrat
a

f
e
d
c
b
a

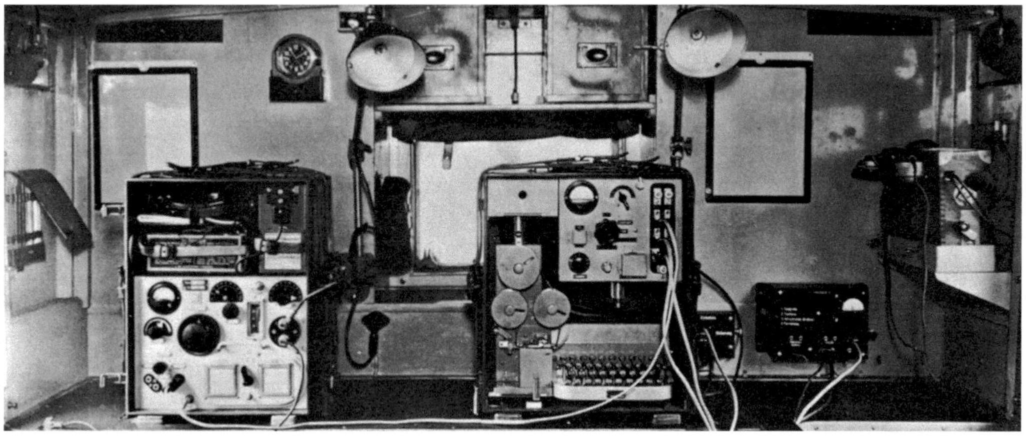

Innen- und Außenansichten sowie weitere Einzelheiten eines Funkbetriebkraftwagens (Kfz. 72) auf dem Fahrgestell des mittleren geländegängigen Lastkraftwagens

Krupp L 3 H 143-Geländekraftwagen mit Pritschenaufbau, ohne und mit Verdeck

Krupp L 3 H 143

Rechte Spalte: Krupp L3 H 143 mit geschlossenem Aufbau als Funkkraftwagen (Kfz. 72)

Befehlskraftwagen (Kfz. 72) auf Krupp L 3 H 143-Fahrgestell

Krupp L 3 H 143 mit Sprühaufbau für Kampfstoffe bei der Kampfstoff-Versuchsanstalt der Reichswehr in Saratow (UdSSR)

- Funkkraftwagen a, b, und c, Funkbetriebskraftwagen, Fernsprechbetriebskraftwagen alte und neue Art, Schallauswertekraftwagen, Verstärkerkraftwagen, Wetterkraftwagen, Druckereikraftwagen, Funkhorchkraftwagen, Befehlskraftwagen, Fernschreibkraftwagen (alle Fahrzeuge als Kfz. 72 bezeichnet);
- Betriebsstoffkesselkraftwagen (Sd. Kfz. 5).

Obwohl sich die Fahrzeuge im Aussehen sehr ähnlich sahen, erschwerte die Vielzahl der Fabrikate und der verwendeten Otto- und Dieselmotoren die Wartung beträchtlich. Die Ersatzteilversorgung stieß auf ähnliche Schwierigkeiten.

Daimler-Benz LG 3000 als Funkkraftwagen (Kfz.72)

Linkes Bild: Einer der ersten Prototypen des Daimler-Benz-Geländelastkraftwagens LG 3000 aus dem Jahre 1934

Das Fahrgestell des Daimler-Benz Typ LG 3000, ein mittlerer geländegängiger Lastkraftwagen

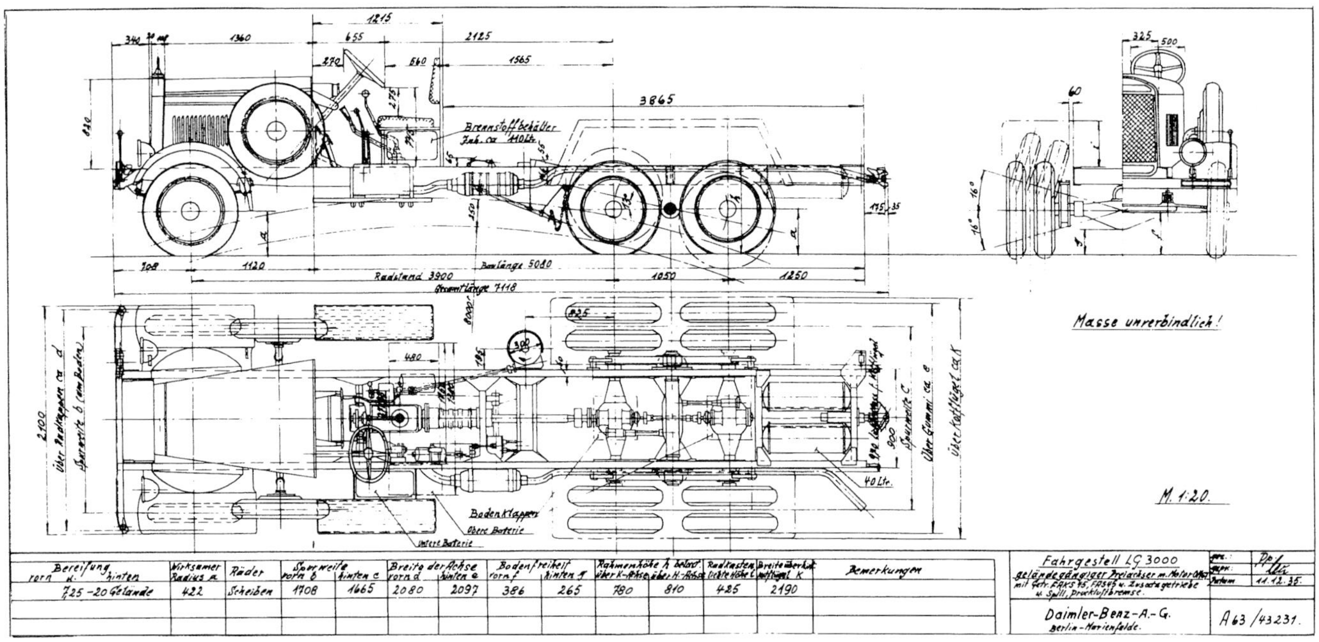

Fahrgestellzeichnung des Daimler-Benz LG 3000

Daimler-Benz LG 3000-Geländelastkraftwagen vor der Auslieferung

3.3 Geländegängige Spezial-Lastkraftwagen*

Die Dr.-Ing. h. c. F. Porsche KG in Stuttgart-Zuffenhausen entwickelte 1932 zwei Lastkraftwagen-Typen für die Phänomen-Werke in Zittau/Sachsen. Beide Entwürfe, und zwar der Typ mit zwei Achsen und der Typ 19 mit drei Achsen, waren modern konzipiert. Frontlenker-Anordnung des Fahrerhauses und luftgekühlte Sternmotoren, teilweise auch Zentralrohrrahmen-Anordnungen, waren typische Porsche-Konstruktionsmerkmale. Die Nutzlast des Geländewagens sollte 1,5 t betragen. Die Entwürfe wurden nicht ausgeführt. 1933 wurde das Projekt überarbeitet und das 4-Rad-Fahrgestell (Typ 28) nunmehr mit Dieselmotor vorgesehen. Dieselbe Umstellung erfolgte beim 6-Rad-Fahrgestell (Typ 29). In den Jahren 1933/1934 entstand wiederum im Auftrag der Phänomen-Werke bei Porsche der Entwurf für einen Geländewagen, Typ 39. Vorgesehen für den Einbau eines liegenden 5-Zylinder-Motors, wurde die Frontlenker-Bauweise beibehalten. Die Vorderräder waren über Kurbelarme durch Drehstäbe gefedert, während hinten Pendelachsen mit längsliegenden Blattfedern die beiden Hinterachsen abstützten. Auch dieser Entwurf wurde nicht verwirklicht.

1934 stellte die Hannoversche Maschinenbau AG, vorm. Georg Egestorff (Hanomag) in Hannover-Linden, ein mit Unterflurmotor (Hanomag 5,2-I-4-Zylinder-Dieselmotor mit 60 PS Leistung) und 4-Rad-Antrieb ausgestattetes Fahrgestell der Öffentlichkeit vor. Es war der Hanomag jedoch nicht möglich, eine Serienfertigung dieser interessanten Entwicklung aufzunehmen.

Ein schwerer Lastkraftwagen der Firma Hanomag führte die Typenbezeichnung HL 5-6. Er hatte Allradantrieb und Allradlenkung. Angetrieben wurde das Fahrzeug durch den 6-Zylinder-Dieselmotor, Typ H 6, mit 120 PS Leistung. Bei einer zulässigen Höchstbelastung des Fahrgestells von 7,5 t betrug die Nutzlast 5,5 bzw. 6,5 t. Vier verschiedene Radstände wurden angeboten. Auch hier wurden nur Prototypen gefertigt.

Einen weiteren Beitrag zur Lösung der Frage Geländegängigkeit von Lastkraftwagen leistete die Daimler-Benz AG mit der Schaffung einer Prototypen-Baureihe von vollgeländegängigen Zwei-, Drei- und Vier-Achs-Lastkraftwagen. Das leichteste Fahrzeug dieser Baureihe war der Typ LG 65/2 oder LG 2000, von dem zwei Versuchswagen 1934 im Werk Gaggenau gefertigt wurden. Am geraden, gepreßten Stahlrahmen waren vorne und hinten Gelenkantriebe für die beiden

Der Hanomag-Diesel-Lastkraftwagen, Typ HL 5-6, mit Allradantrieb und Allradlenkung, von dem nur Prototypen gebaut wurden

Eine Versuchsbaureihe der Daimler-Benz AG schuf im Jahre 1934 mehrere geländegängige Lastkraftwagen. Das Bild zeigt das Zweiachsfahrzeug dieser Baureihe, den Typ LG 65/2, der mit einem 4-Zylinder-70-PS-Dieselmotor ausgerüstet war

* Die Mehrzahl der hier aufgeführten Fahrzeuge ging nicht in Produktion, nur Einzelexemplare kamen bei der Deutschen Reichswehr in den Versuch.

Porsche-Geländewagen Typ 19, ein Entwurf für die Phänomen-Werke, Zittau/Sachsen.

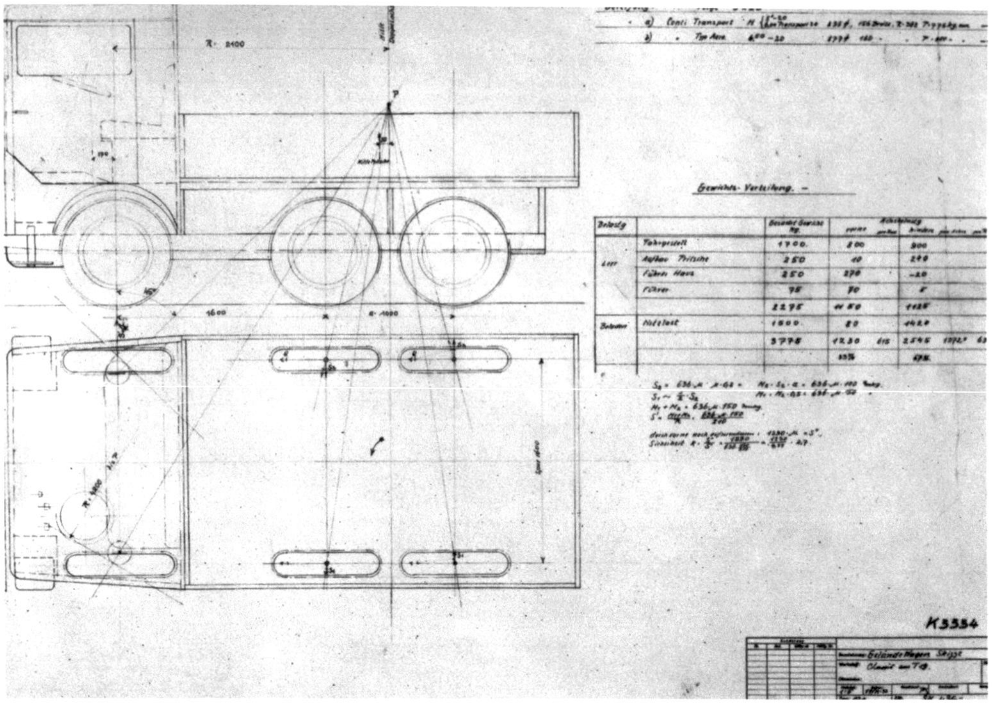

Eine Gegenüberstellung der Porsche-Entwürfe 29 (oben) und 39 (unten). Der Typ 29 war ein 6-Rad-Wagen, der Typ 39 ein Geländelastkraftwagen, der wiederum für die Phänomen-Werke ausgearbetet wurde

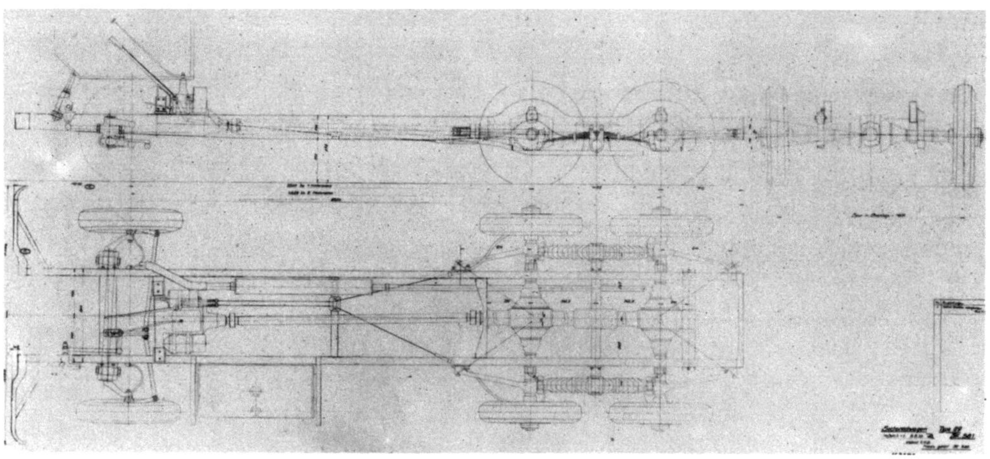

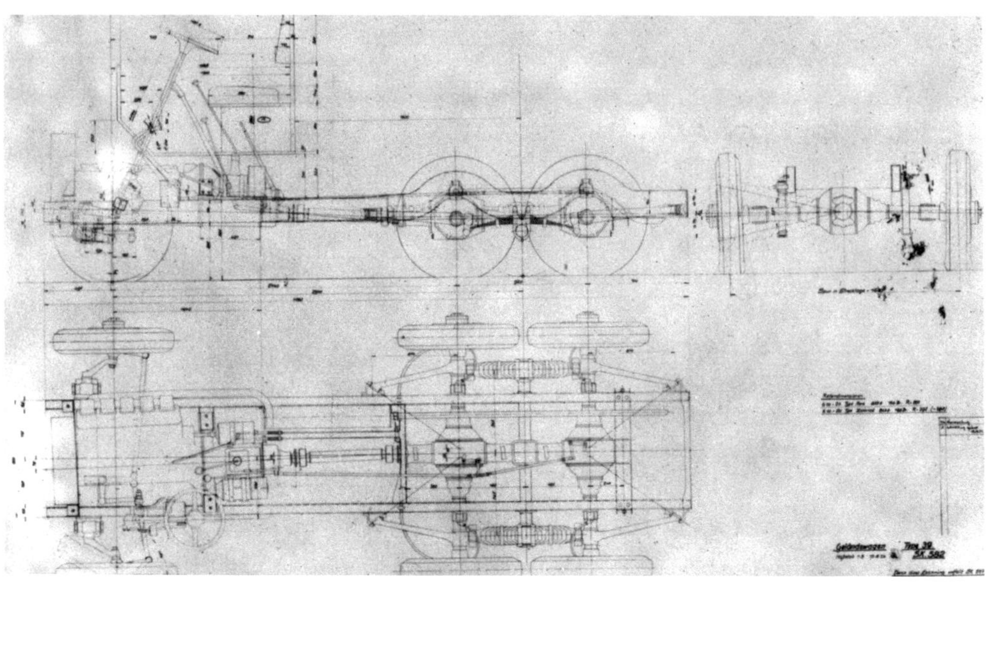

Rechte Seite, linke Spalte:

Einzelheiten der mit Hilfe von Schraubenfedern abgestützten Vorderachse sowie Lenkung und Motoreinbau des Daimler-Benz-Lastkraftwagens Typ LG 65/2 sind auf diesem Bild gut zu erkennen

Das Versuchsfahrzeug LG 65/4 (LG 2000) unter schwierigen Geländeverhältnissen auf der Versuchsbahn der Daimler-Benz AG. Gut zu erkennen die Funktion der hinten am Rahmen angebrachten Stützrollen

Rechte Seite, rechte Spalte:

Die 3-Achs-Ausführung der Daimler-Benz-Versuchsreihe, der Typ LG 65/3 (LG 2500). Das Fahrgestell wies vorne und hinten am Rahmen Stützrollen auf. Hinter dem Reserverad die Seilwinde

Die Hinterachsanordnung am Daimler-Benz Typ LG 65/3. Das Bild zeigt den Einzelradantrieb mit Schwingarmen und Schraubenfedern

Das 3-Achs-Fahrzeug LG 65/3 der Daimler-Benz AG auf dem Versuchsgelände. Bei diesem Prototyp waren nur vorne am Rahmen Stützrollen angebracht

47532.

Diese Gegenüberstellung zeigt die 4-, 6- und 8-Rad-Fahrzeuge der Daimler-Benz-Typenreihe LG 65

Die 8-Rad-Ausführung der Daimler-Benz AG führte die Typenbezeichnung LG 65/4. Die Prototypen wiesen verschiedene Radstände auf. Im übrigen glich die Radaufhängung der 4- und 6-Rad-Fahrzeuge einander

Achsen angebracht. Die Achsen waren mit Schraubenfedern abgestützt und schufen ein Vollschwingachsfahrzeug mit guter Geländegängigkeit. Der 70-PS-Vorkammer-Dieselmotor Typ OM 65/4 hatte vier Zylinder und war vorne im Rahmen untergebracht. Zum Einbau vorgesehen war auch der 70-PS-4-Zylinder-Ottomotor M 66/1. Über eine Einscheiben-Trockenkupplung ging der Kraftfluß zu einem 5-Gang-Wechselgetriebe mit Rückwärtsgang und Untersetzungs-Verteilergetriebe (insgesamt 8 Vorwärts- und 2 Rückwärtsgänge). Vorder- und Hinterachse waren durch ein Differential gegeneinander ausgeglichen, insgesamt also drei Ausgleichsgetriebe, Vorder- und Hinterachs-Ausgleichsgetriebe mit Sperre. Der Vorderachsantrieb war vom Fahrersitz aus zuschaltbar. Die Höchstgeschwindigkeit betrug 60 km/h, die Steigfähigkeit bis zu 45%. Die Nutzlast betrug auf der Straße 2,6 t*, im Gelände 2 t. Die beiden Fahrgestelle wurden in den darauffolgenden Jahren im Radstand verkürzt und mit Omnibusaufbauten versehen von der Deutschen Reichspost auf Gebirgsstraßen eingesetzt.

Im Aufbau mit dem Fahrgestell des LG 65/2 baugleich, aber als 3-Achser ausgelegt, wurden ab 1934 ebenfalls im Werk Gaggenau der Daimler-Benz AG etwa 150 Stück des Typs LG 65/3 oder LG 2500 gebaut*.

Aufgrund der drei Achsen kamen nunmehr vier Ausgleichsgetriebe zum Einbau. Das 5-Gang-Aphon-Wechselgetriebe hatte mit dem Zusatzgetriebe insgesamt 10 Vorwärts- und 2-Rückwärtsgänge. Höchstgeschwindigkeit und Steigfähigkeit blieben gegenüber dem 2-Achser unverändert, die Nutzlast auf der Straße betrug 3,25 t, im Gelände 2,25 t. Drei verschiedene Motoren waren zum Einbau vorgesehen. Normalerweise kam der 90-PS-6-Zylinder-Daimler-Benz-Vorkammer-Dieselmotor OM 67 zum Einbau, der aber vom stärkeren OM 67/3 Motor mit 100-PS-Leistung ersetzt werden konnte. Als Ottomotor stand der 6-Zylinder-M 68-Motor mit 95 PS Leistung zur Verfügung.

Die 8-Rad-Ausführung stellte sich als Typ LG 65/4 vor, von dem in den Jahren 1934-1935 einige Prototypen in Gaggenau gebaut wurden. Die unabhängige

Seitenansicht des Daimler-Benz Geländewagens LG 65/4

* Lieferung u. a. nach Griechenland.

Radaufhängung sah wiederum Schraubenfedern in Verbindung mit Waagebalken vor. Die Fahrgestelltragfähigkeit betrug 4250 kg auf der Straße und 3250 kg im Gelände. Ursprünglich waren die Fahrzeuge mit dem OM 67-6-Zylinder-Daimler-Benz-Dieselmotor ausgestattet, der später durch den 100-PS-OM 67/3-Motor ersetzt wurde. An allen Fahrgestellen der 4-Rad-, 6-Rad- und 8-Rad-Typen waren vorne und hinten am Rahmen vollgummibereifte Stützräder angebracht, welche die Geländegängigkeit bei bestimmten Hindernissen erhöhten. Die Prototypen des 8-Rad-Fahrzeuges wurden mit verschiedenen Radständen geliefert.

3.4 Handelsübliche Lastkraftwagen (Beschaffungsphase 1928-1935)

Neben den geländegängigen Fahrzeugen der leichten und mittleren Klassen wurden auch handelsübliche, nur hinterradangetriebene Lastkraftwagen beschafft. Die Entwicklung luftgekühlter Motoren wurde, wie bereits erwähnt, im Jahr 1930 eingeleitet. Ein Fahrzeug, welches von Hause aus mit einem luftgekühltem Ottomotor ausgerüstet war und deshalb innerhalb des Heeres weite Verbreitung fand, war der Typ Granit der Phänomen-Werke AG in Zittau/Sachsen. Als Granit 25 wurde dieses Fahrzeug ab 1929 in größeren Stückzahlen als leichter Lastkraftwagen (o) bei der Reichswehr eingestellt und diente als Wirtschaftswagen mit offenen und geschlossenen Aufbauten.
Eine Anzahl der Fahrgestelle wurde auch mit Kübelsitz-Aufbauten versehen. Sie wurden zum Teil exportiert, während sie bei der Reichswehr als Zugmittel für Pak und leichte Infanteriegeschütze dienten. Weiteste Verbreitung fand der Typ Granit als Krankenkraftwagen (Kfz. 31), in dem entweder vier liegende oder acht sitzende Personen befördert werden konnten. Die Fahrerplätze waren ursprünglich offen, bei späteren Serien wurden sie geschlossen, die Nutzlast betrug 1000 kg. Größere Krankenkraftwagen erschienen auf dem Fahrgestell des Büssing-NAG Typ 150. Für den internen Garnisondienst lieferte die C. D. Magirus AG in Ulm ab 1935 den Frontlenker- Leichtlastkraftwagen M10, der eine Nutzlast von 850 kg aufwies. Das Fahrzeug wurde durch einen luftgekühlten Jlo-Zweitakt-Motor mit 18 PS Leistung angetrieben. Auf diesem Fahrgestell wurden auch Feldküchen-Kraftwagen geschaffen, die jedoch vorwiegend bei Partei-Organisationen verwendet wurden.
Ein ähnliches Fahrzeug wurde auch von den Hansa-Lloyd-Goliath-Werken in Bremen 1935 an die Reichswehr geliefert. 458 Stück des Typs L 600 mit einer Nutzlast von 750 kg wurden angekauft. Im Fahrzeug wurde ein Goliath-2-Zylinder-Ottomotor mit 18 PS Leistung eingebaut.
Um die Typenvielfalt zu dokumentieren, mit der sich die Reichswehr beschäftigen mußte, sind nachstehend eine Anzahl handelsüblicher Lastkraftwagen aufgeführt, die größtenteils mit normalen Pritschen-. gelegentlich aber auch mit Spezialaufbauten, geliefert wurden.

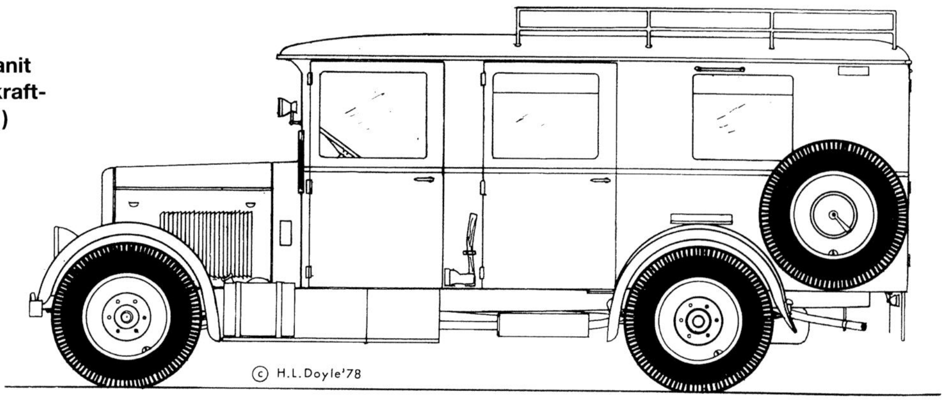

Phänomen Granit 25 H Krankenkraftwagen (Kfz. 31)

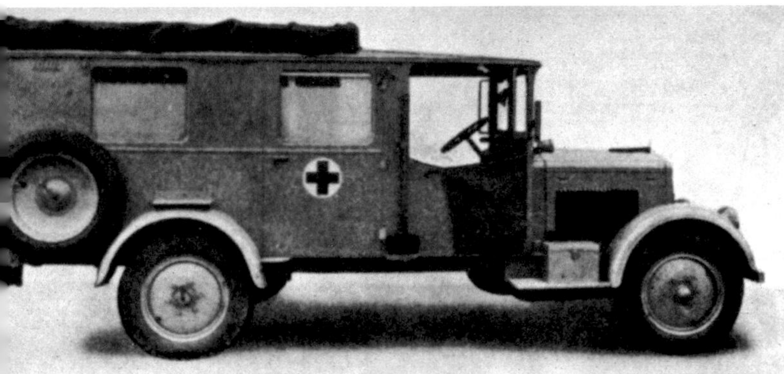

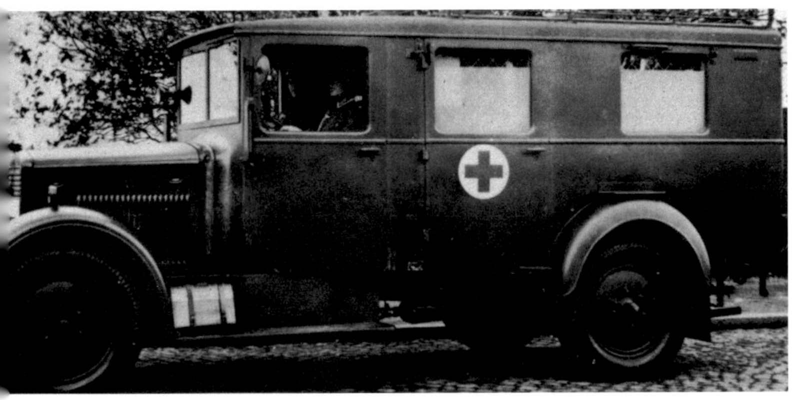

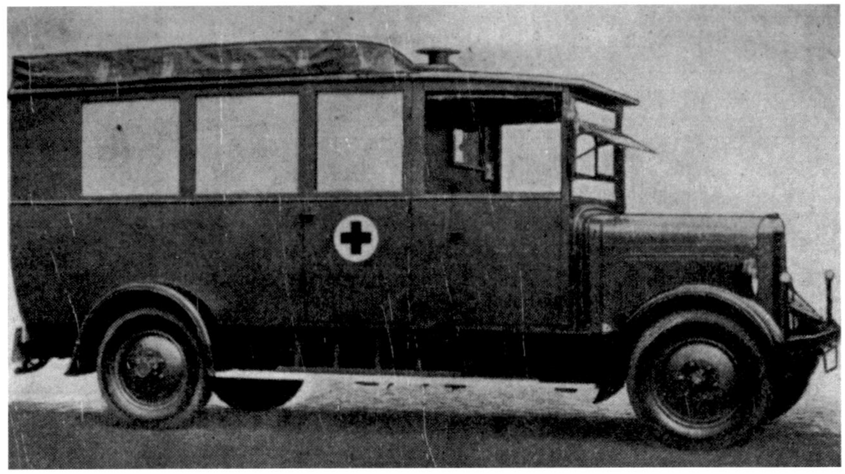

Etwas größere Krankenkraftwagen gab es auf dem Fahrgestell des leichten Lastkraftwagens Typ 150 der Firma Büssing-NAG. Das Fahrgestell konnte wahlweise mit einem Otto- oder Dieselmotor ausgerüstet werden

Magirus lieferte für den Standortverkehr den Frontlenker-Leichtlastkraftwagen M 10, der mit einem luftgekühlten 2-Takt- Ottomotor ausgerüstet war. Das Fahrzeug hatte eine Nutzlast von 850 kg

Linke Spalte:
Der Phänomen Granit 25 Lastkraftwagen mit luftgekühltem Motor war bei der Reichswehr vertreten. Das Bild zeigt das Fahrzeug als Wirtschaftswagen mit geschlossenem Aufbau

Als Krankenkraftwagen (Kfz. 31) war der Phänomen Granit 25 mit offenen und geschlossenen Fahrerhäusern zu finden

Phänomen Granit (Kfz. 31) vor der Auslieferung

Auf dem Fahrgestell des M 10-Leichtlastkraftwagens baute Maglrus auch eine fahrbare Feldküche, die jedoch bei der Reichswehr kaum auftrat

Rechte Seite, linke Spalte:

Magirus Typ 2 C 1-V 100 als Lastkraftwagen (hier für Reichspost) (oben), als Funkkraftwagen (Mitte) und Befehlskraftwagen (unten) für die Reichswehr

Die Hansa-Lloyd-Goliath-Werke lieferten 1935 458 Stück ihres Leichtlastkraftwagens L 600 an die Reichswehr, der ausschließlich für den Standortverkehr eingesetzt wurde

Rechte Seite, rechte Spalte:

Büssing Typ III GL, der zahlreich bei der Reichswehr vertreten war

Komnick »3 W«-Lastkraftwagen mit Pritschenaufbau

Krupp L 3 M 42-Lastkraftwagen mit geschlossenem Aufbau als Sammlerkraftwagen (Kfz. 42)

Truppen- und Pferdetransport auf Lastkraftwagen der Reichswehr

Einen Auszug aus der Fülle der für die Deutsche Reichswehr beschafften handelsüblichen Lastkraftwagen zeigt diese Bilderfolge. Ein NAG-2-t-Lastkraftwagen als Nachrichtenkraftwagen

Hansa-Lloyd-Lastkraftwagen der Nachrichtentruppe beim Verlegen von Fernmeldeleitungen

Reichspost
Magirus

4000

RW
5309

Mannesmann-Mulag-Lastkraftwagen, Typ 3 K, Baujahr 1922/24, der in wenigen Exemplaren bei der Reichswehr eingesetzt wurde

MAN 3 1/2 t-Lastkraftwagen, der in dieser Form auch bei den Telegraphenbauämtern der Deutschen Reichspost verwendet wurde

MAN Typ D 1, als Pritschenwagen mit Verdeck

Magirus M 30 mit Dieselmotor 88 D als Sammlerkraftwagen (Kfz. 42) bzw. Nachrichtenwerkstattkraftwagen (Kfz. 42

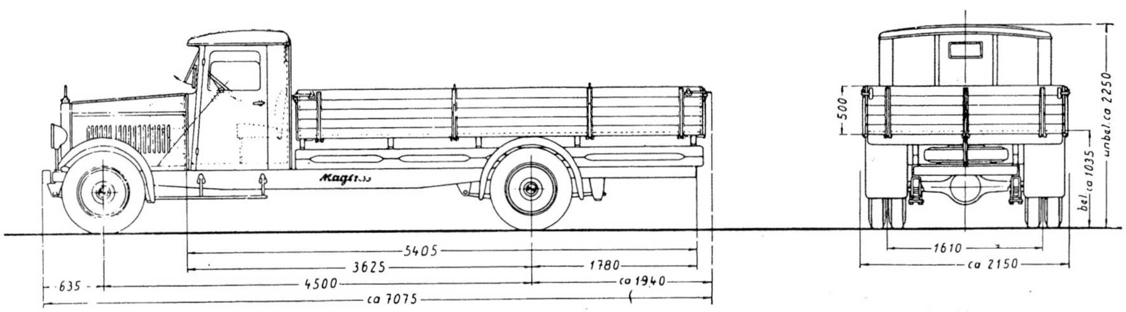

Magirus M 30

Magirus M 30 als Bautruppwagen der Deutschen Reichspost, von dem eine größere Anzahl mit Spezialaufbauten auch bei der Reichswehr eingesetzt wurde. Die Skizze (S. 96) ergänzt das Bild

Vomag-Lastkraftwagen 3 C 45 der Reichswehr, wie er später bei der Legion Condor in Spanien verwendet wurde. Hier als Zugmittel für einen Panzertiefladeanhänger

Magirus M 45 mit offenem und geschlossenem Fahrerhaus

Rechts:
MAN Typ F 1 als schwerer Versorgungs-Lastkraftwagen, ein seltenes Fahrzeug bei der Reichswehr

1 bis 1,5 t Nutzlastklasse:	Adler L 9, Büssing-NAG 150,
2 bis 2,5 t Nutzlastklasse:	Dixi 2,5t, Hansa-Lloyd-Goliath Europa II, Henschel 3 B1, Magirus M 20 mit Dieselmotor V88 (11 Stück), Magirus M 25/M 30, ohne Fahrerhaus (50 Stück) verwendet u. a. als Nachrichtenkraftwagen (Kfz. 42), MAN Z1, Nacke 2,5t,
3 bis 3,5 t Nutzlastklasse:	Büssing-NAG III GL, Dixi 3-3,5t, Daag C4, Dürkopp L3, Henschel 3A1, Daimler-Benz L 3000, Magirus 2CL V100, Magirus M 30-S88 (10 Stück), Fahrgestelle Magirus M 30-88D (199 Stück), Magirus M 30-88R (4 Stück), Magirus Feuerwehr-Fahrzeug M 30-S88R (24 Stück), Magirus M 30-S88D (76 komplette Lastkraftwagen), Komnick K2, Krupp L3, Krupp L3H62, MAN 3,5t, MAN D1, Mannesmann-Mulag A3 und E3, Vomag 3C45
4 bis 4,5 t Nutzlastklasse:	Daag C5, Daimler-Benz L 4000, Hansa-Lloyd-Goliath Merkur III, Henschel 4E, 4C, Magirus M 40 (230 Einheitsspritzen), Magirus M 45 (8 Fahrgestelle ohne Fahrerhaus, 47 Feuerwehrfahrzeuge), Komnick 3 W, Krupp L5
5 t Nutzlastklasse:	Büssing VG, Daimler-Benz L5

Diese Liste kann keinen Anspruch auf Vollständigkeit erheben, da vollständige Unterlagen durch Kriegsfolgen nicht mehr auffindbar sind.

Lastkraftwagen mit über 5t Nutzlast wurden ausschließlich als handelsübliche Fahrzeuge beschafft. Schwere Lastkraftwagen (o) wurden eingesetzt u. a. als – schwerer Betriebsstoffkesselkraftwagen; Werkstattkraftwagen (Kfz. 51).

Unten links:
Ein mittlerer Betriebsstoffkesselkraftwagen auf dem Fahrgestell des Daag-Lastkraftwagen ACO. Das Fahrzeug war ein handelsübliches Produkt

Unten rechts:
Schwerer Lastkraftwagen L 5 der Daimler-Benz AG als Werkstattkraftwagen (Kfz. 51)

3.5 Kraftomnibusse

Als Kraftomnibus wurden bei der Deutschen Reichswehr ausschließlich handelsübliche Fahrzeuge angekauft, die vorwiegend der Personenbeförderung dienten. Beim Aufbau fand eine Angleichung mit der Deutschen Reichspost statt, deren Einheits-Ganzstahlaufbauten auch bei Reichswehr-Omnibussen Verwendung fanden. Die Klasseneinteilung erfolgte nach Sitzzahl, wobei der leichte Kraftomnibus (o) bis zu 15 Personen sitzend befördern konnte. Der mittlere Kraftomnibus (o) mit bis zu 30 Sitzen lief gleichzeitig mit geänderter Innenausstattung als Befehlskraftwagen, Funkauswertekraftwagen und Laboratoriumkraftwagen.
Der schwere Kraftomnibus (o) hatte mehr als 30 Sitzplätze. Fahrzeuge dieser Art wurden von den meisten namhaften deutschen Firmen hergestellt.

Kraftomnibus Vormag 3LR 443

Kraftomnibus Henschel 4 J 5

Die von der Reichswehr verwendeten Kraftomnibusse waren weitgehend baugleich mit den von der Deutschen Reichspost eingesetzten Omnibussen. Das Bild (links) zeigt einen MAN-Bus vom Typ NON-6, während das untere Bild ein Fahrzeug der Reichspost, hergestellt von Magirus, Typ M 45, darstellt (Aufnahme August 1934)

3.6 Dampfkraft-Lastwagen

Durch die Rohstoffabhängigkeit des Reiches im Krisenfall sah sich die Reichswehr veranlaßt, auch ungewöhnliche Wege zu beschreiten. So entwickelte die Deutsche Reichsbahn in enger Zusammenarbeit mit dem Reichswehrministerium zusammen mit der Firma Henschel einen Dampflastkraftwagen. Die Bauart, in Anlehnung an das von den Gebr. Doble in Amerika stammende System, konnte sowohl für Kraftwagen als auch für Triebwagen Verwendung finden.

Beim Lastkraftwagen war die gesamte Kesselanlage mit den Hilfsmaschinen unmittelbar hinter dem Fahrerhaus auf einer gemeinsamen Grundplatte untergebracht, so daß die ganze Maschinenanlage als Block herausgenommen werden konnte. Der Dampfkessel bestand aus einer zusammenhängenden 230 m langen Rohrschlange, die Heizfläche betrug etwa 9 m². Der Wasserinhalt war mit etwa 10 bis 15l sehr gering. Der Kessel hatte einen Wirkungsgrad von etwa 80% und konnte stündlich bis zu 700 kg Dampf liefern. Über ein fußbetätigtes Drosselventil gelangte der Arbeitsdampf zur Dampfmaschine, welche sich freitragend auf der Hinterachse befand und als Zweizylinderverbundmaschine ausgebildet war. Es waren drei Füllungsgrade für den Vorwärtsgang, und zwar 35%, 50% und 75% Füllung, und eine Stellung für den Rückwärtsgang einstellbar. Die Dampfmaschine machte bis zu 1250 Umdrehungen in der Minute und arbeitete über eine Zahnradübersetzung direkt auf das Differential der Hinterachse. Der niedergeschlagene Abdampf wurde in einen Sammelbehälter mit 145l Inhalt geleitet und von dort durch die Speisepumpe wieder im Kreislauf in den Kessel gedrückt. Der gesamte Sammelbehälterinhalt lief stündlich etwa 4mal um. Eine Kraftstoffpumpe förderte den Kraftstoff aus dem 188l fassenden Kraftstoffbehälter in den Vergaser. Durch die vorbeistreichende Verbrennungsluft wurde der Kraftstoff aus einer Düse angesaugt und beim Eintritt in den Kessel durch eine Zündkerze zur Entzündung gebracht. Um die Speisung und Feuerung des Dampfkessels brauchte sich der Fahrer während der Fahrt grundsätzlich nicht zu kümmern. Die ersten Henschel-Dampflastkraftwagen wurden im November 1933 ausgeliefert. Das Leergewicht der Wagen betrug 6,63t, bei einer Nutzlast von 5 t. Die Dampfmaschine leistete nach den Versuchen auf dem Prüfstand bei Einstellung eines Solldruckes von 80 bar rund 120 Brems-PS. Bei beiden Fahrzeugen war, nachdem sie an der Winterprüfungsfahrt teilgenommen hatten, der Druck auf 95 bar eingestellt worden, wodurch die Leistung weiter gesteigert werden konnte.

Zwar stellten sich bei der Erprobung Kinderkrankheiten ein, jedoch sprach nichts Grundsätzliches gegen die Verwendungsmöglichkeiten und Betriebssicherheit des Dampfwagens. Die Startprüfung bei der Winterprüfungsfahrt ergab bei dem Wagen DR 55004 folgende Zeiten:

Die Antriebsaggregate des Henschel-Dampfwagens, schematisch dargestellt

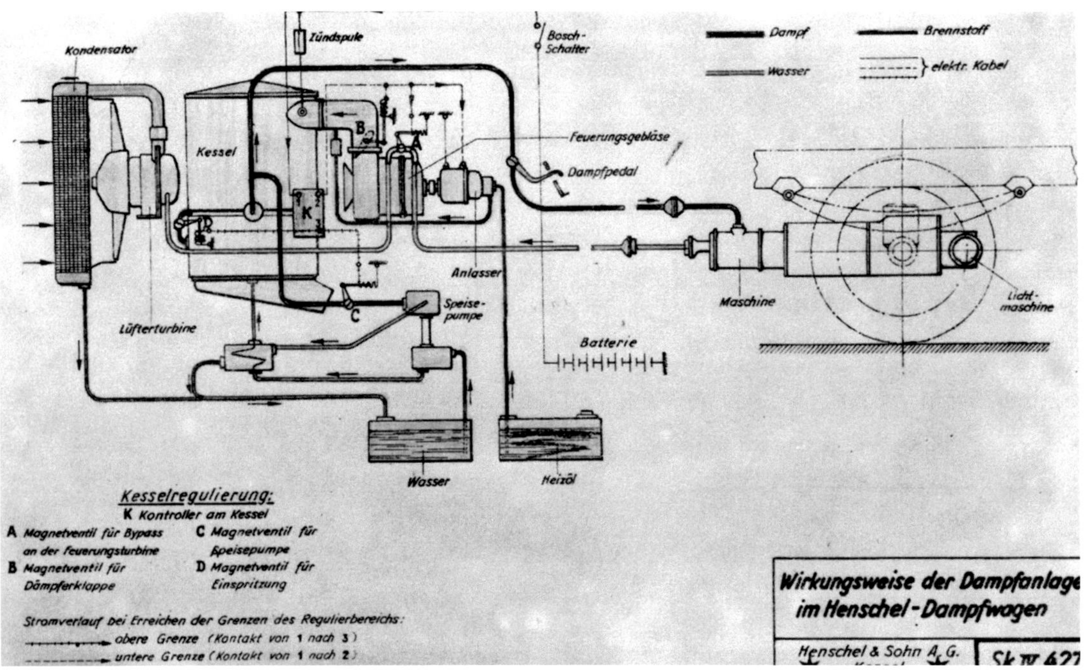

Einbau der Antriebsaggregate im Henschel- Dampflastkraftwagen

startbereit nach 3 Minuten 10 Sekunden, erster Startversuch nach 3 Minuten 40 Sekunden, ins Ziel gegangen nach 3 Minuten 55 Sekunden. Kupplung und Wechselgetriebe waren beim Dampfwagen nicht vorhanden. Seine Anfahrbeschleunigung war beträchtlich, er erreichte vom Stillstand, gemessen in der Ebene, nach 13 Sekunden seine Höchstgeschwindigkeit von 50 km/h.

Der Wasserverbrauch war bei den Versuchsfahrten teilweise noch beträchtlich, er erreichte 70 bis 80 l auf 100 km. Die Fahrzeuge liefen mit einem Braunkohlen-Teeröl-Destillat deutscher Herkunft und verbrauchten je nach Belastung und Geländeverhältnissen 60 bis 75 l auf 100 km. Zu einer Einführung von DampflastkraftwagenTyp 4 D 5 ist es jedoch weder in der Wirtschaft noch bei den Behörden oder der Wehrmacht gekommen.

Gesamtansicht des Henschel-Dampflastkraftwagens in Dienst der Deutschen Reichsbahn

Vier Henschel-Dampflastkraftwagen In Betrieb

Die Dampfanlage des Henschel-Fahrzeuges in ausgebautem Zustand
Links:
Übersicht über das Fahrgestell des Henschel-Dampflastkraftwagens
Links unten:
Der Fahrerstand des Henschel-Dampflastkraftwagens

4. Zugkraftwagen

4.1 Zugkraftwagen als Radfahrzeug und Räder-Ketten-Fahrzeug

Die Reichswehr übernahm nach Kriegsende einige der »Geschützwagen 14« der Firmen Krupp bzw. Rheinmetall, deren Verwendungsmöglichkeit für die Flugabwehr durch eine Beschränkung der Erhöhung der Waffe eingeschränkt wurde. Bekanntlich verbot jedoch der Friedensvertrag von Versailles eine Bewaffnung mit Flugabwehrgeschützen. Die 7,7-cm-Flak-Geschütze beider Firmen hatten die gleichen ballistischen Eigenschaften. Die Leistung glich der der Feldkanone 96/16. Bei der Krupp-Ausführung lagen Brems- und Federvorholer zusammen über dem Rohr, während Rheinmetall den Bremsvorholer unter, den Federvorholer jedoch über dem Rohr anordnete. Die Krupp-Ausführung der 7,7-cm-Kanone L/27 wog in Feuerstellung 1082 kg, die Rheinmetall-Version 990 kg. Der »Geschützwagen 19«, Krupp-Daimler, diente bis 1922, mit einer behelfsmäßigen Plattform versehen, als Fahr- und Schießgerüst zur Ausbildung. Bereits Ende 1918 wurden erste Untersuchungen eingeleitet, die im Fronteinsatz bewährte Krupp-Daimler-Zugmaschine-KD I, welche nunmehr die Typenbezeichnung DZ I führte, von Eisen- auf Vollgummibereifung umzustellen. Es war vorgesehen, sie als 3-t-Lastkraftwagen mit hoher Zugleistung auszulegen. Grundsätzlich stimmte das Fahrzeug mit dem Weltkriegsmodell überein, es wurden jedoch ab 1924 gleich große Räder mit Vollgummibereifung verwendet. Die Produktion wurde von Stuttgart-Untertürkheim nach Berlin-Marienfelde verlegt. Wahlweise konnte das Fahrzeug mit zwei verschiedenen Wechselgetriebeausführungen geliefert werden. Während die Ausführung für langsame Fahrt Geschwindigkeiten bis zu 28,8 km/h erlaubte, erreichte die schnelle

Die Reichswehr übernahm einige der Geschützwagen 14 der Firmen Krupp/Daimler bzw. Rheinmetall/Ehrhardt, deren Möglichkeit zur Fliegerabwehr aufgrund des Versailler Vertrages durch eine Beschränkung der Erhöhung der Waffe begrenzt werden mußte. Die Bilder zeigen oben das Krupp/Daimler-, unten das Rheinmetall/Ehrhardt-Fahrzeug (dieses in Verwendung beim österreichischen Heer)

Die Krupp-Daimler-Zugmaschine KD I, auf Vollgummibereifung umgestellt, führte vom Jahre 1919 an die Typenbezeichnung DZ I

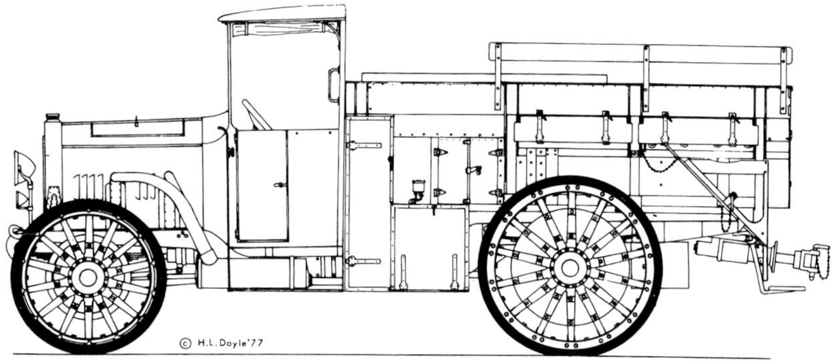

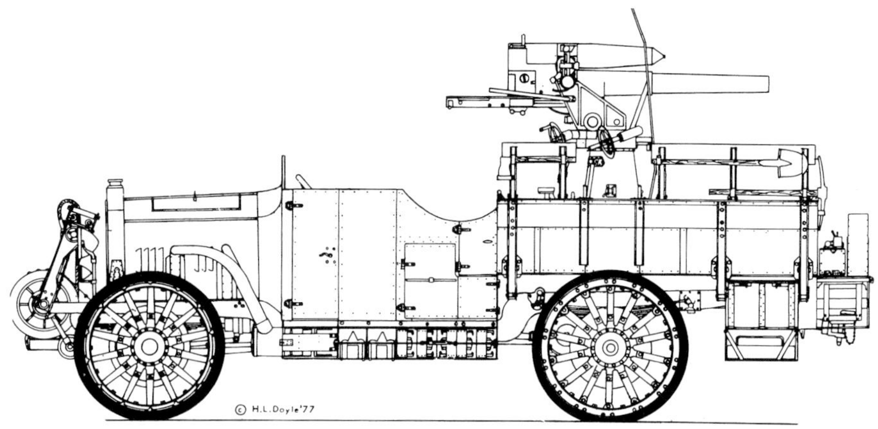

Oben: Daimler DZ I (Sd. Kfz. 2)

Unten: Daimler Kw 19 (Sd. Kfz. 1)

Auslegung 45,5 km/h. Die DZ I-Fahrzeuge waren, mit wenigen Ausnahmen, die einzigen bei der Reichswehr verbliebenen Zugmaschinen aus dem Ersten Weltkrieg. Sie wurden nach 1925 offiziell als Zugmaschine Krupp-Daimler (Sd. Kfz. 2) in der Inventur geführt. Zwischen 1924 bis 1926 wurden noch 49 Stück an das Reichswehrministerium/Heereswaffenamt, Wa-Prüf 6, geliefert, in der Hauptsache als Selbstfahrlafette für Kraftwagengeschütze. Diese war bereits Ende 1917 unter Berücksichtigung der Erfahrungen mit der 7,7-cm-Flak von Daimler entwickelt worden. Von diesen »Flak-Selbstträgern« waren 240 Stück in Auftrag gegeben. Der erste Versuchswagen war Ende 1918 vorführbereit.

Bis Kriegsende 1918 kamen noch 63 Stück bei Daimler in Stuttgart-Untertürkheim zur Auslieferung. Normalerweise war die Krupp-7,7-cm-Ballon-Abwehrkanone aufgebaut. Es wurden auch Versuche mit der

Die Zugmaschine KD I hatte vorne Kegel-, hinten Ritzelantrieb. Die Bilder zeigen Einzelheiten des Antriebs der Vorder- und Hinterräder

KD I-Ritzelantrieb der Hinterräder

Aufgrund des Versailler Friedensvertrages mußte Kriegsmaterial in Deutschland vernichtet werden. Die Bilder zeigen durch Schweißbrenner zerstörte Kw 19-Fahrzeuge bei Daimler in Stuttgart-Untertürkheim (Aufnahme vom 11.8.1920)

7,62-cm-Flak-18 gemacht, und nach 1920 wurde die 8,8-cm-Flak in Erwägung gezogen. Offiziell als »Kraftwagen 19« oder als »Geschützkraftwagen« bezeichnet, mußte der Großteil der Fahrzeuge 1920 auf Grund der Bedingungen des Versailler Friedensvertrages zerstört werden.

Eine im April 1920 erstellte Aufstellung der bei Daimler verbliebenen Zugmaschinen KD I Nr. 902 bis 1020 zeigte 38 als für die Heeresverwaltung bestimmt, 20 Stück waren für Siemens in Mexiko bereitgestellt, drei wurden an ausländische Daimler-Vertretungen geliefert, zehn waren zur Verschrottung freigegeben, während der Rest im Werksbesitz verblieb. Der Großteil dieser Fahrzeuge mußte später ebenfalls verschrottet werden. Ähnlich wie bei anderen Herstellern wurde nur eine geringe Zahl dieser Spezialfahrzeuge in den Privatbesitz überführt.

Bei der Zugmaschine Krupp-Daimler hatte sich das Gesamtgewicht nach der Umstellung von Eisen- auf Vollgummibereifung von 7,4 auf 6,2 t verringert. Beim Geschütz- oder Zugkraftwagen (Sd. Kfz. 1) betrug das zulässige Gesamtgewicht 11 250 kg. Neun Mann Besatzung waren vorgesehen.

Durch die Einführung größerer Kaliber für die Kraftwagen-Flugabwehrkanonen nach 1933 wurde es wegen der steigenden Gewichte notwendig, das Geschütz auf einem Anhänger anzuordnen und diesen von einer Artillerie-Kraftzugmaschine (Art. Kr. Zugm.) ziehen zu lassen (später Flak

Eine Gegenüberstellung:
Kraftwagen 19 als Geschützkraftwagen oder Zugkraftwagen (Sd. Kfz. 1) bei der Deutschen Reichswehr, (rechts) die Zugmaschine Krupp-Daimler (Sd. Kfz. 2)

Kr. Zugm.). Nach wie vor wurde beim KD I-Zugkraftwagen der 4-Zylinder-Ottomotor M 1574 eingebaut, der bei 12 l Hubraum 100 PS abgab. Ein Teil der Fahrzeuge wurde mit einer Seilwinde ausgestattet. Die DZ I- (KD I-) Fahrzeuge wurden als Zugmittel und Selbstfahrlafetten eingesetzt und ab 1934 laufend durch Halbkettenfahrzeuge neuer Bauart ersetzt.

Technisch interessant ist eine Abart dieses Fahrzeuges, welches mit einer Vorrichtung zum Betrieb auf Eisenbahnschienen versehen wurde. Dabei wurden an den Vorderrädern Radreifen mit 1320 mm, an den Hinterrädern solche mit 1523 mm Durchmesser angebracht. Bei Verwendung eines entsprechenden Vorgeleges wurden Geschwindigkeiten bis zu 30,5 km/h erreicht. Die mit einem Umkehrgetriebe ausgestattete Zugmaschine wurde vorne und hinten mit für den Eisenbahnbetrieb geeigneten Pufferbrücken versehen,

Die Zugmaschine KD I als Schienenfahrzeug. Unten auf einer Fahrt nach Stuttgart-Plochingen am 26.3.1919

Verschiedene Ansichten des Kraftwagens 19 mit 7,7-cm-Kanone als Kraftwagengeschütz

welche je eine federnde Kupplung sowie zwei Puffer trugen. Die erste Fahrt fand am 26.3.1919 bei Plochingen statt. Für den Zug der noch während des Ersten Weltkrieges bestellten 24-cm-Kanonen der Firma Krupp waren 76 Artillerie-Kraftzugmaschinen vom Typ Krupp-Daimler Z III vorgesehen. Deren Auslieferung war für Anfang 1919 geplant. Es wurden lediglich zwei Prototypen der nach 1918 als Typ DZ III bezeichneten Fahrzeuge fertiggestellt. Nach Kriegsende wurden beide Prototypen zerlegt. Ein Schreiben der Daimler-Motoren-Gesellschaft vom 6.2.1926 besagte über das weitere Schicksal dieser Fahrzeuge: ». . . das KD III-Fahrgestell war montiert und, mit einfachem Aufbau versehen, fertiggestellt. Es wurde besichtigt und aus Geheimhaltungsgründen wieder zerlegt. Eine Erprobung der Maschine hat nicht stattgefunden. Der Wiederaufbau des Fahrzeuges beläuft sich auf 30 000 Mark ...« Das Fahrzeug wurde nicht wieder aufgebaut.

Die notwendigen Neubeschaffungen an Zugmitteln für die Reichswehr wurden grundsätzlich aus Angeboten der Industrie an handelsüblichen Radschleppern getätigt. Einige davon wurden zur Erhöhung der Geländegängigkeit mit Hilfskettenantrieb versehen. Die Entwicklung dieser handelsüblichen, militärisch verbesserten Radschlepper stand am 1.1.1930 kurz vor dem Abschluß. Sie kamen in nur geringen Stückzahlen bei der Truppe zum Einsatz.

Für sie wurde, wie auch bei den Vollkettenschleppern, eine Einteilung nach Hubraum und Leistung eingeführt (Angaben nach D 600):

- leichte Radschlepper, Hubraum bis 4000 cm³, Leistung bis 25 PS, Leergewicht (betriebsfertig) bis 2500 kg;
- mittlere Radschlepper, Hubraum bis 5000 cm³, Leistung bis 40 PS, Leergewicht (betriebsfertig) bis 5000 kg;

alle in der Leistung darüber liegenden Radschlepper wurden als schwere ausgewiesen.

1926 wurde das erste Motorisierungsprogramm der Reichswehr aufgestellt. Es sah ungepanzerte *Selbstfahrlafetten* für die 3,7-cm-Tankabwehrkanone (Tak) und die 7,5-cm-leichte-Feldkanone vor. Die Firma Horch schlug für diese Verwendung und als Zugmaschine für Minenwerfer und Infanteriegeschütze sowie als Lastenträger für verschiedene Zwecke ein Räder/Kettenfahrzeug vor. Fahrerstände für beide Fahrtrichtungen waren vorgesehen. Das zwischen beiden Achsen liegende Gleiskettenlaufwerk konnte bei Straßenfahrt nach oben gehoben werden. Auf die Antriebswelle des Gleiskettenlaufwerkes konnte bei Bedarf eine Bereifung aufgesetzt werden, wodurch das Fahrzeug zum Dreiachser wurde. Das Fahrzeug wurde nicht gebaut.

Die Firma Dürkopp in Bielefeld war für das Heereswaffenamt federführend für die Entwicklung der Fahrzeuge mit Wechsellaufwerk und Halbkettenausführung eingesetzt. Sie fertigte neben dem ersten Halbkettenfahrzeug den Entwurf für eine

Die Zugmaschine DZ III, welche nach Kriegsende 1918 zerlegt und im Jahre 1926 wieder zusammengebaut wurde. Sie wurde dann besichtigt und aus Geheimhaltungsgründen wieder zerlegt. Sie wurde nicht wiederverwendet

Maffei-Zugmaschine Frankonia 10 mit aufgesatteltem Tiefladeanhänger

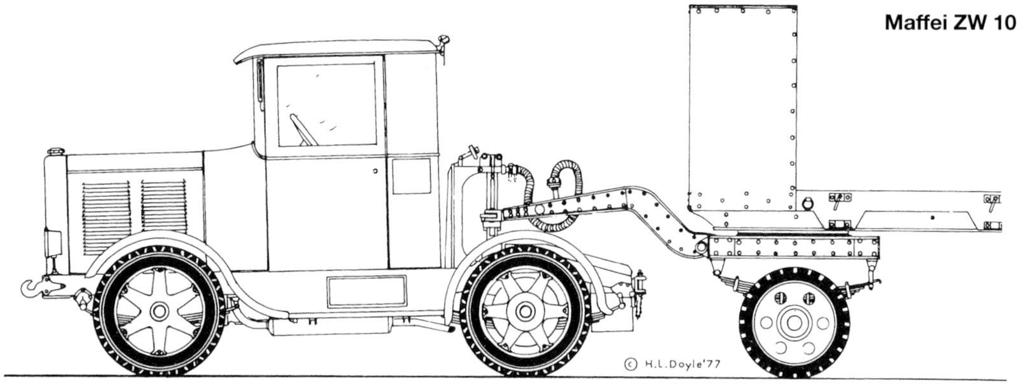

Maffei ZW 10

Der Maffei ZW 10-Zugwagen aus einer Lieferung an die Reichswehr

Ein handelsüblicher WD-Radschlepper der Firma Hanomag, Hannover, der auch bei der Reichswehr eingesetzt wurde

Handelsüblicher Komnik-Straßenschlepper als Zugmittel für Pioniergerät

schwere Selbstfahrlafette zur Verwendung als leichte Kraftwagenflak und als Ersatz für den Kraftwagen 19 (Krupp-Daimler). Das Fahrzeug war ähnlich dem oben besprochenen Horch-Fahrzeug ausgelegt, jedoch war nur ein Fahrerstand vorhanden. Das Fahrzeug konnte auch als Dreiachser eingesetzt werden.

Die Dürkopp-Fahrzeuge wurden mit einem 6-Zylinder Otto-Lastwagenmotor, 7,89-l-Hubraum (Bohrung/Hub 110 x 140 mm), ausgerüstet, der bis zu 100 PS bei 1500 U/min leistete.

Die Firma J. A. Maffei in München erhielt am 7.3.1927 die Betriebserlaubnis für die Fertigung eines Straßenschleppers, welche auf Lizenzen der französischen Firma Chenard & Walcker beruhte. Die Typenbezeichnung lautete Frankonia B 10. Bei diesem System wurde der Anhänger auf der Hinterachse des Schleppers aufgesattelt, dessen Fahrgestelltragfähigkeit bei voller Belastung der Hinterachse 5000 kg betrug. Die Anhängevorrichtung war in einer Weise ausgeführt, daß das Gewicht des Anhängers je nach Bedarf auf die Hinterachse des Schleppers übertragen werden konnte. Dadurch war das Reibungsgewicht für den Schlepper nach Bedarf bis zur Höchstlast zu steigern. Der nach französischer Lizenz gefertigte Motor des Schleppers leistete 36 PS bei 1800 U/min. Der 4-Zylinder-Ottomotor mit zweimal gelagerter Kurbelwelle wurde unverändert übernommen. Der verbesserte Schnellzugwagen ZW 10 erhielt die Betriebserlaubnis am 2.7.1928. Die Reichswehr beschaffte eine Anzahl dieser Fahrzeuge, welche teilweise zum Schleppen eines Tiefladeanhängers mit 4 t Nutzlast eingesetzt wurden.

Abgeleitet vom Schnellzugwagen ZW 10 erschien Ende 1930 der Maffei-Schnellzugwagen mit Hilfsketten vom Typ ZM 10. Das Eigengewicht des Fahrzeuges einschließlich Aufbau betrug 3140 kg, die zulässige Belastung 1000 kg oder 8 Personen, einschließlich Fahrer. Das zulässige Gesamtgewicht betrug somit 4140 kg. Nunmehr war der Motor, der noch immer 36 PS leistete, dreimal gelagert. Das Hilfskettenlaufwerk war heb- und senkbar permanent am Fahrgestell befestigt. Die Gleisketten, die über die Hinterräder geführt und angetrieben wurden, konnten bei Straßenfahrt abgenommen werden. Sie wurden am Fahrzeug mitgeführt.

Das Anbringen der Gleiskette an die Zugmaschine ermöglichte Fahrten im Gelände. Durch die besondere Anordnung der Kettenaggregate mit Hilfsrollen usw. wurde erreicht, daß ein Teil der Vorderachslast nach hinten auf die Kettenfläche übertragen wurde, was einerseits ein übermäßiges Einsinken der Vorderräder im weichen Boden verhinderte und das Lenken des Fahrzeuges erleichterte, andererseits die Adhäsion zwischen Boden und Gleiskette vergrößerte. Der Antrieb der Gleiskette erfolgte direkt von einer zwischen den beiden Hinterrädern befindlichen verzahnten

Scheibe, in welche der auf jedem zweiten Kettenglied befindliche Zahn eingriff. Jedes Kettenglied trug aufgeschraubte, auswechselbare Gummistollen. Um größere Lasten an die Zugmaschine heranziehen zu können, war diese mit einem Spill ausgerüstet. Die Zugkraft betrug maximal 3000 kg. Das zum Spill gehörige Seil hatte eine Länge von ca. 100 m. Die eingebaute Luftpumpe diente zum Aufpumpen der Luftreifen. Eine am Rahmenende angebrachte Kupplung erlaubte das Mitführen von Anhängern bzw. Geschützen. Am 17.1.1931 erfolgte die Zulassung der verbesserten Gleisketten-Zugmaschine vom Typ MSZ 201, von der bei Maffei eine kleinere Serie aufgelegt wurde. Der Radstand war gegenüber dem Typ ZM 10 von 2300 auf 2870 mm verlängert, als Motor nunmehr ein Magirus-4-Zylinder-Ottomotor eingebaut, der bei einem Hubraum von 4680 cm^3 60 PS bei 1800 U/min leistete. Die Kraftübertragung erfolgte vom Motor über eine Mehrscheiben-Trockenkupplung mittels 4-Gang-Wechselgetriebe und Schnellgang durch eine Gelenkwelle nach dem Differential und von diesem auf die beiden Hinterräder. Eine zwischen Kühlertraverse und Vorderachse angebrachte Kufe verhinderte ein Hängenbleiben von tief im Rahmen liegenden Fahrzeugteilen. Einen ähnlichen Zweck erfüllten die als Stützrollen verwendeten Reservereifen. Das Fahrzeug erreichte mit einem Gesamtgewicht von 5,4 t eine Geschwindigkeit auf

Maffei übernahm das Anhängeverfahren nach einer Lizenz von Chenard & Walcker, welches einen Teil der Anhängerlast auf die Hinterachse des Schleppers übertrug

Maffei ZW 10-Zugwagen im Dienste der Reichswehr. Auf dem Anhänger ein Prototyp des Daimler-Benz-Achtradwagens

Maffei ZM 10-Gleiskettenzugmaschine, die als erste ein abnehmbares Zusatzlaufwerk aufwies. Die Bilder zeigen verschiedene Prototypen im Gelände

Maffei ZM 10 mit Hilfskettenlaufwerk im Gelände

Rädern bis zu 50 km/h. Es war im Aufbau für zehn Mann Besatzung oder eine Nutzlast von 1000 kg ausgelegt. Die Anhängelast betrug 6 t.

Die Reichswehr übernahm im Jahre 1931 24 Stück der MSZ-201-Fahrzeuge für Artillerie-Einheiten. Eine Zugmaschine wurde versuchsweise vom österreichischen Bundesheer angekauft. Als weitere Abart entstand 1931 die Gleiskettenmaschine MSZ 203, Typ B, welche mit einer Aufsattelvorrichtung nach Bauart Chenard & Walcker ausgerüstet war. Hiervon existiert eine Zeichnung ZM 16973 (17.6.1931).

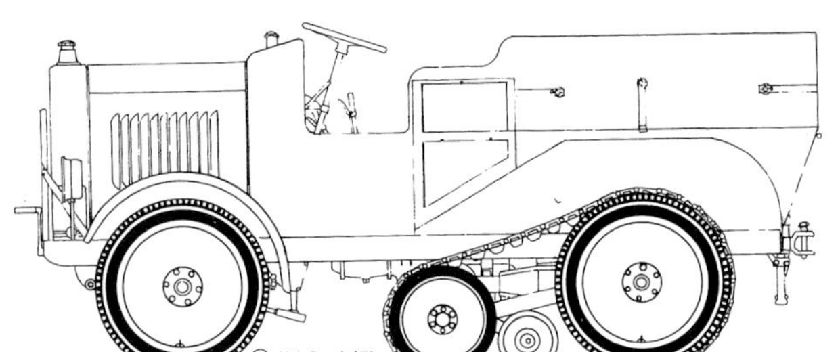

Maffei ZM 10 mit Hilfskettenlaufwerk

Nachdem die Firma Dürkopp aus finanziellen Gründen ihre Kraftfahrzeug-Produktion einstellen mußte, verlegte sich der Schwerpunkt der Halbkettenfahrzeug-Entwicklung für das deutsche Heer zur J. A. Maffei AG, die sich im Jahre 1931 mit der Firma Krauss & Co zur Krauss-Maffei AG zusammenschloß.

Ähnlich wie die Fahrzeuge mit Wechsellaufwerk der Firmen Horch und Dürkopp war der Räder-Ketten-Schlepper der Firma Maffei ausgelegt. Teile für drei dieser Prototypen wurden in München gefertigt und

Die Gleiskettenzugmaschine MSZ 201 der Firma Maffei, München, mit abgenommenen und aufgezogenen Gleisketten

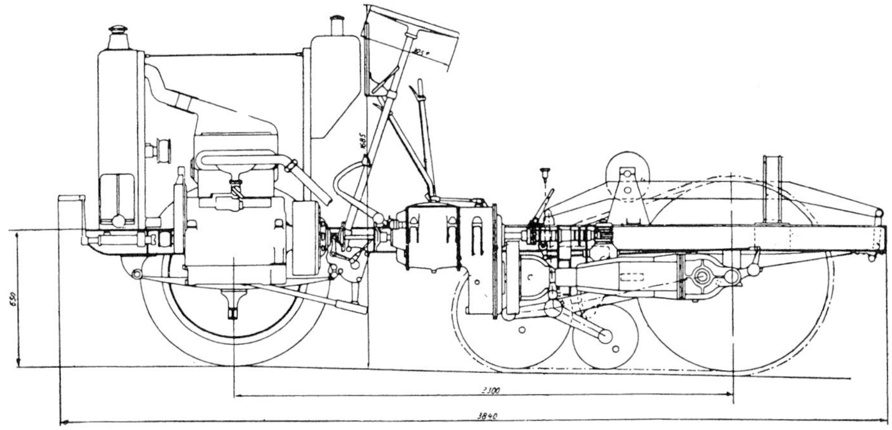

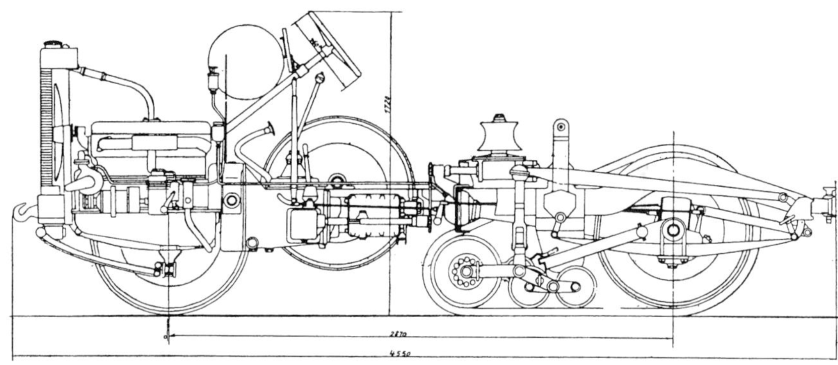

Ein Vergleich zwischen den Typen ZM 10 (oben) und die Weiterentwicklung MSZ 201 der J. A. Maffei AG, München

bei der Verskraft* in Kummersdorf bei Berlin zusammengebaut, wo man nach eingehender Untersuchung den Entschluß faßte, diese Bauweise nicht fortzusetzen.

Die Maffei-Zeichnung ZM 116864 vom 6.10.1930 zeigt das Fahrzeug mit einem normalen Kastenrahmen, wobei die Vorderachse an zwei Schwenkarmen mit Blattfedern, die Henschel-Lastkraftwagen-Hinterachse durch Auslegerfedern abgestützt wurden. Zwischen den Achsen mit dem langen Radstand von 4351 mm war das Gleiskettenlaufwerk angeordnet. Der vorne im Rahmen eingebaute 4-Zylinder-Magirus-Ottomotor mit 60 PS Leistung wies ein Drehmoment von 29,6 mkg bei 1800 U/min auf. Rechts neben dem

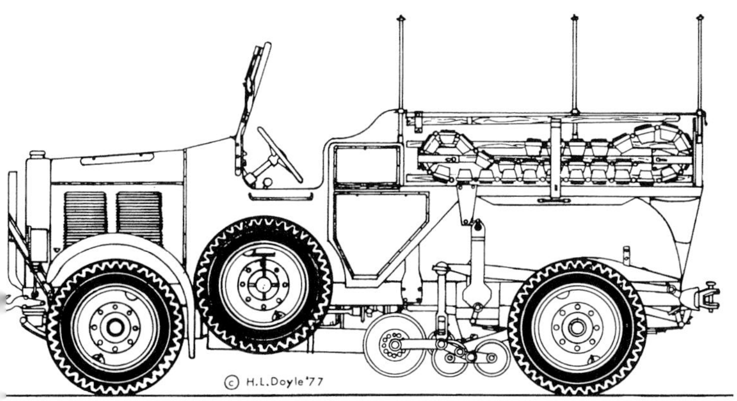

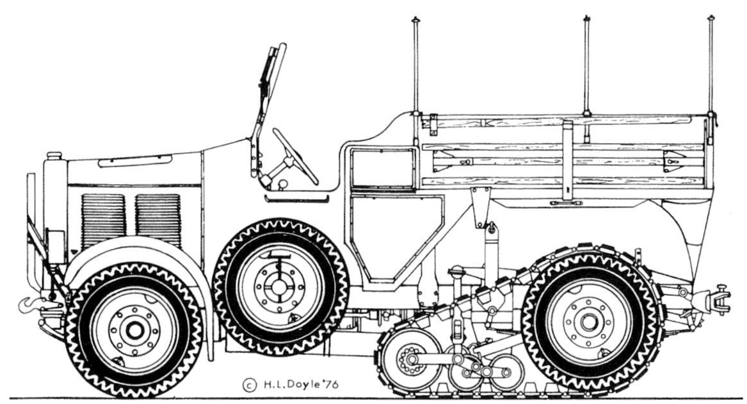

Maffei-Zugmaschine mit Hilfskettenantrieb MSZ 201 (Gleisketten abgenommen und aufgezogen)

* Verskraft = Heeresversuchsstelle für Panzer und Motorisierung in Kummersdorf bei Berlin.

Die Maffei-Gleiskettenzugmaschine MSZ 201 im Gelände

Einer der ersten Versuche, einen Radschlepper geländegängig zu machen. Anbau eines Kettenlaufwerks am WD-Schlepper durch die Moorburger-Treckerwerke

Maffei Räder-Ketten-Schlepper mit Wechsellaufwerk als Selbstfahrlafette

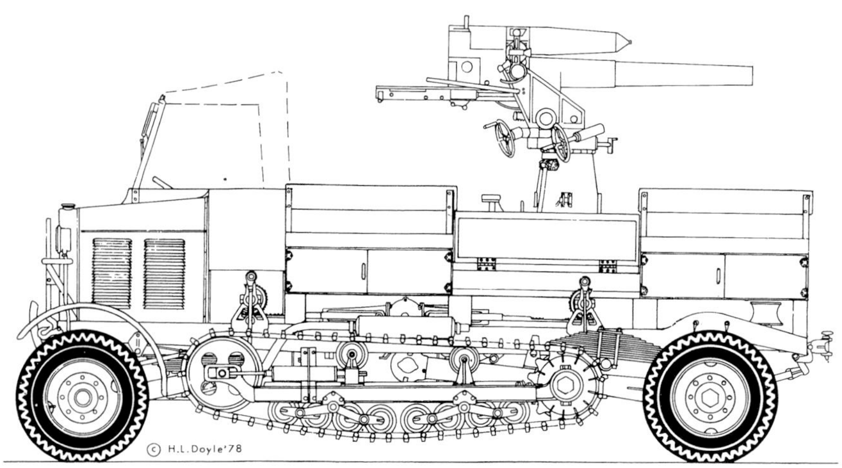

Motor befand sich der vorgezogene Fahrerstand. Der Getriebesprung des 4-Gang-Wechselgetriebes betrug 7,1, der Kraftfluß ging über ein Zwischengetriebe entweder zur Hinterachse mit einer Untersetzung von 5,34 oder über Seitenvorgelege (1,684) zu den Kettentriebrädern (3). Das Gleiskettenlaufwerk wurde hinten angetrieben. Es wurde durch acht paarweise aufgehängte Laufrollen und ein Leitrad ergänzt. Zwei Stützrollen führten das rücklaufende Kettentrumm. Die Laufrollen wurden durch Schraubenfedern abgestützt, die bei 18 mm Drahtdicke 100 mm Federweg und mit 16 mm Drahtdicke einen solchen von 128,5 mm aufwiesen. Das Hubwerk für das Gleiskettenlaufwerk wurde vom Motor aus angetrieben, und zwar über ein Rücklaufrad und eine Konuskupplung. Über die gleiche Übertragung erfolgte der Antrieb der Seilwinde, welche eine Zugkraft von 3000 kg hatte. Sie war am Rahmenende eingebaut. An der Hubkupplung standen 3,42 PS zur Verfügung, welche die Gesamthublast von 2 x 9000 = 18 000 kg in einer Hubzeit von 2,25 min um 330 mm heben oder senken konnten. Für den Geländebetrieb konnte sich das Fahrzeug mit dem ab-

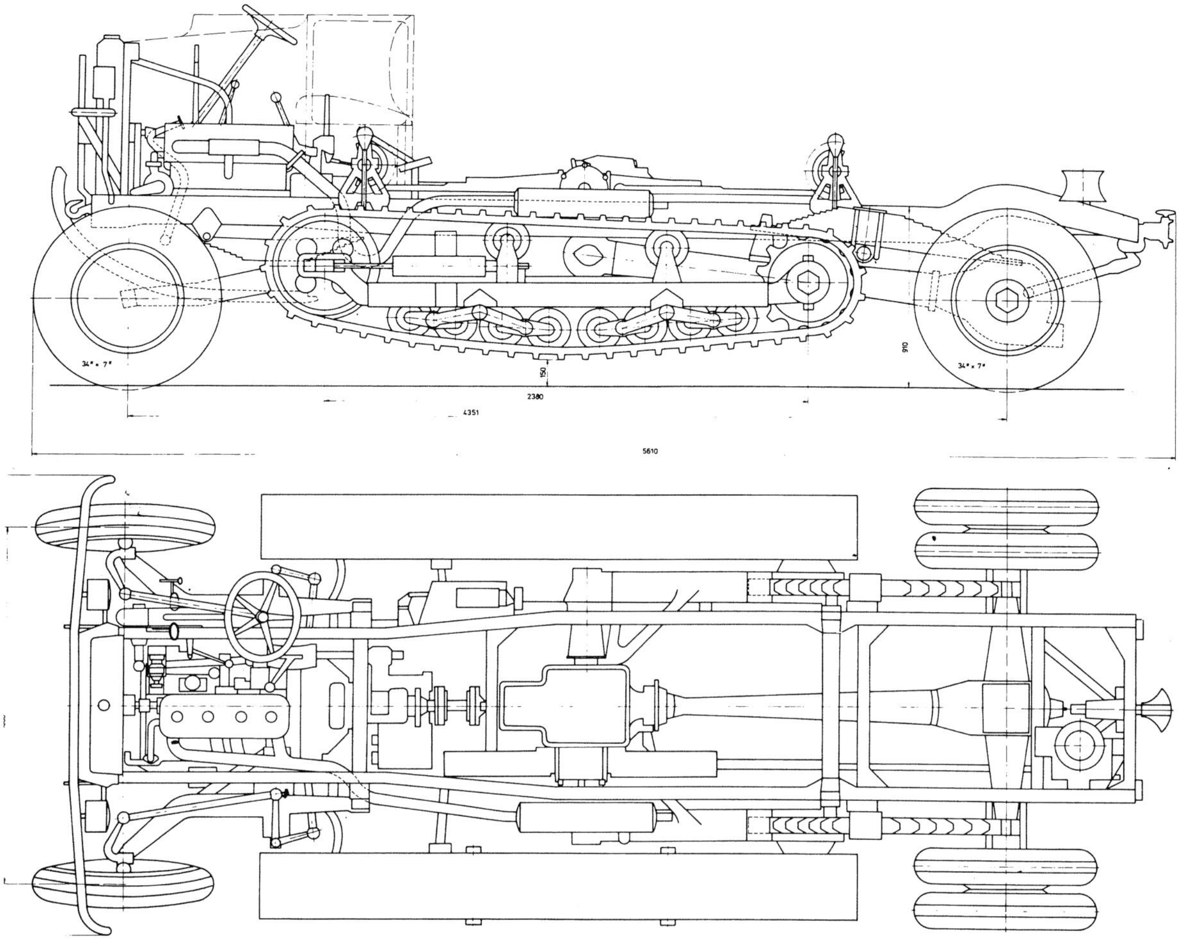

Maffei entwickelte im Jahre 1930 diesen R-K.-Schlepper (Räder-Ketten-Schlepper), von dem Prototypen gebaut wurden. Sie sollten als Selbstfahrlafetten verwendet werden. Das Wechsellaufwerk wurde jedoch nicht weiterverfolgt

gesenkten Gleiskettenlaufwerk bewegen, während im normalen Straßenbetrieb das Fahrzeug mit hochgezogenem Kettenlaufwerk auf vier Rädern rollte, wobei die Hinterachse doppelt bereift war. Für diesen Betrieb wurde das Fahrzeug mit Reifen der Größe 34 x 7 ausgerüstet, wobei die Höchstgeschwindigkeit 57,6 km/h betrug. Sollte es der Einsatz verlangen, konnte man durch Aufsetzen von zusätzlichen Rädern auf die Antriebsräder des Gleiskettenlaufwerks ein Sechsradfahrzeug schaffen, wobei jedoch Reifen der Größe 32 x 6 verwendet wurden, die Höchstgeschwindigkeit betrug dann 54,4 km/h. Da die Lösung weder als Rad- noch als Kettenfahrzeug überzeugen konnte, wurde sie eingestellt und ab 1933 das Halbkettenfahrzeug KMZ 85 entwickelt, ein Vorläufer der späteren 8-t-Halbkettenzugmaschine.

Die Geländegängigkeit der Panzerkampfwagen verlangte innerhalb der Panzerverbände Zugmittel für Artillerie und andere Geräte, die in der Lage waren, den Panzern auf Straßen und im Gelände zu folgen. Halbkettenfahrzeuge schienen dieser Forderung am ehesten gerecht zu werden. Ihre Einführung war aber Ende der zwanziger Jahre sowohl aus wirtschaftlichen, technischen, als auch aus politischen Gründen (noch nicht aufgehobenes Verbot des Versailler Vertrages) noch nicht möglich.

Ab 1926 wurde bei Krupp in Essen eine *schwere Selbstfahrlafette* (S.S.K.) entwickelt, welche als Radfahrzeug mit sechs angetriebenen Rädern ausgelegt war. Der eingebaute 100-PS-Krupp-Motor ermöglichte das Befahren von Steigungen bis zu 50% und Geschwindigkeiten von 3 bis 45 km/h.

Um bei einer Schießplattformhöhe von 1150 mm nach vorne mit 5° Senkung schießen zu können, waren Wechsel- und Zusatzgetriebe vorne, Motor und Kühler dahinter angeordnet. Durch den Kühler wurde die Luft über den Motor und durch Schlitze in der Haube ins Freie gedrückt.

Die Übersetzungen des 4-Gang-Wechselgetriebes waren mit 4,8 – 2,64 – 1,78 und 1, die des Zusatzgetriebes mit 1 und 2,16 festgelegt. Vom Zusatzgetriebe führte der Kraftfluß nach unten zu einer Klauenkupplung, durch die entweder die an der vorderen Traverse angebrachte Seilwinde oder der Vorderradantrieb eingeschaltet wurde. Der Radantrieb ging vom Zusatzgetriebe über ein Doppelgelenk zunächst zum abschaltbaren Vorderradantrieb. Die Vorderräder waren an Schwenkarmen aufgehängt. Die Schwenkarme für die Vorderräder waren in Rollenlagern mit einem Ausschlag von 10° nach oben und unten schwenkbar gelagert, sie stützten sich durch eine Schraubenfeder gegen eine am Rahmen befestigte Konsole ab.

Durch das Gehäuse des Vorderradantriebs und die anschließende Kardanwelle führte der Kraftfluß zum Hinterachsgehäuse, welches am Rahmen befestigt war. Die Übersetzung der Antriebskegelräder betrug 3,23. Die Kraft wurde über ein ausrückbares Differential auf beiden Seiten über Stirnräder 1:1 zu den vier Schwenkarmen (mit Kegelräder 1:1 und 2,33), die sich paarweise mit Federn gegeneinander abstützten, übertragen. Die Federung der Räder konnte bei Schußabgabe gezurrt werden. Das Fahrzeug besaß zwei voneinander unabhängige Bremsen. Die hydraulische Fußbremse wirkte, durch einen Bosch-Dewandre-Zylinder verstärkt, auf alle sechs Räder, die Handbremse über Gestänge auf die vier Hinterräder. Vorn und hinten befanden sich am Rahmen, der aus zwei Längsträgern mit Querträgern bestand, zwei Zughaken, außerdem war hinten eine Schleppvorrichtung angebracht. Die Räder hatten Speichen in Leichtmetallguß und waren mit elastischer Vollgummibereifung der Größe 985 x 159 versehen, vorne einfach, hinten doppelt. Bei einem Gesamtradstand von 4100 mm und Spurweiten von 2120/1970 mm betrugen die Außenabmessungen des Fahrzeuges 6930 x 2350 x 1960 mm. Die Vorderachse war mit 2,3 t, beide Hinterachsen waren mit 3,4 t belastbar. Die Bodenfreiheit betrug 300 mm, der Wendekreis 18 m. Senkrechte Hindernisse konnten bis zu 400 mm Höhe überfahren werden. Die Wattiefe betrug 750 mm. Das Fahrzeug erzielte eine Tagesleistung von 200 bis 250 km.

Die hinteren nach oben gekröpften Enden des Rahmens waren durch ein aus Blechträgern und Winkeleisen zusammengeschweißtes Gehäuse verbunden, wel-

ches gleichzeitig als Grundplatte für das Geschütz diente. Die hinteren Schwenkarme waren mit Rollenlagern auf beiden Seiten des Hinterachsgehäuses und den daran befestigten Seitenlagern schwenkbar befestigt. Der Ausschlag betrug nach oben und unten je 15°. Zwischen den Schwenkarmen von je zwei Rädern lag in einem gelenkig gelagerten zweiteiligen Führungsrohr eine nach den Enden zu sich in ihrem Querschnitt verjüngende Schraubenfeder. Durch diese Anordnung wurden die Stöße auf die Räder bei jeder Belastung des Fahrzeuges gleichmäßig aufgefangen. Parallel zur Federung waren die Schwenkarme durch Zurrungszylinder gelenkig verbunden. Während der Fahrt konnte die im Zylinder auf beiden Seiten des Kolbens befindliche Flüssigkeit sich über ein Ausgleichsgefäß frei bewegen. Vor dem Schuß wurden die Zuflußleitungen zum Zylinder durch einen Hahn gesperrt, dadurch waren die Schwenkarme über die im Zylinder befindliche Flüssigkeit starr miteinander verbunden. Um das Lenken des Vorderradantriebs zu erleichtern, wurde ein Planetengetriebe zwischen Lenkrad und Schraubenspindellenkung eingeschaltet. Die Übersetzung betrug 2,5.
Der Kraftstoffbehälter mit 165 l Fassungsvermögen war in der Mitte des Fahrzeuges zwischen den Längsträgern des Rahmens aufgehängt. Eine Bergstütze konnte vom Fahrersitz aus durch einen Drahtseilzug bedient werden.

Bis heute ließen sich von dieser interessanten Entwicklung keine weiteren Unterlagen finden. Es wurde lediglich ein Prototyp gebaut.
Als Weiterentwicklung der Rad-Selbstfahrlafette legte Krupp Anfang 1927 weitere Konstruktionsdaten und eine Skizze A. K. F. 1522 vom 25.1.1927 zur Erläuterung des Fahrzeuges vor. Es war als 6-Rad-Wagen ausgelegt, dessen Fahrgestell mit etwa 5200 kg Eigengewicht so leicht gehalten war, wie es die hohen Beanspruchungen zuließen. Der Kraftwagen konnte als Geschütz-, Munitions- und Gerätewagen verwendet werden. Zur Erzielung guter Wendefähigkeit war der Abstand zwischen Vorderachse und Mitte der beiden Hinterachsen mit 4300 mm festgelegt.
Der Motor hatte eine Leistung von 100 PS und war in drei Aufhängungen gelagert. Der Drehzahlbereich lag zwischen 800 und 1000 U/min.
Die Einzelgewichte betrugen.:

– Fahrgestell mit Seilwinde	5200 kg
– Aufbauten	600 kg
– Ausrüstung und Greifer	1000 kg
– Geschütz mit Ausrüstung	2200 kg
– 30 Granaten	400 kg
Gesamtgewicht	9400kg

Das Wechselgetriebe mit fünf Gängen hatte Übersetzungen von 7,5 – 4,55 – 2,77 – 1,66 – 1, welche Geschwindigkeiten von 4 – 6,64 – 11,1 – 18,4 und bis 30 km/h ermöglichten. Die Steigfähigkeit betrug 30%. Letztlich erhöhte sich der Radstand auf 3750 mm + 1300 mm, die Spurweite betrug vorne und hinten 1650 mm. Der Vorderradantrieb konnte für schnelle Straßenfahrt abgeschaltet werden. Es waren auswechselbare Scheibenräder mit Elastikbereifung der Größe 1080 x 175 mm vorgesehen. Der Kühler wies Normal-Kühlerelemente auf. Zum Fahren in schlechtem Gelände wurden Greifer für die Räder

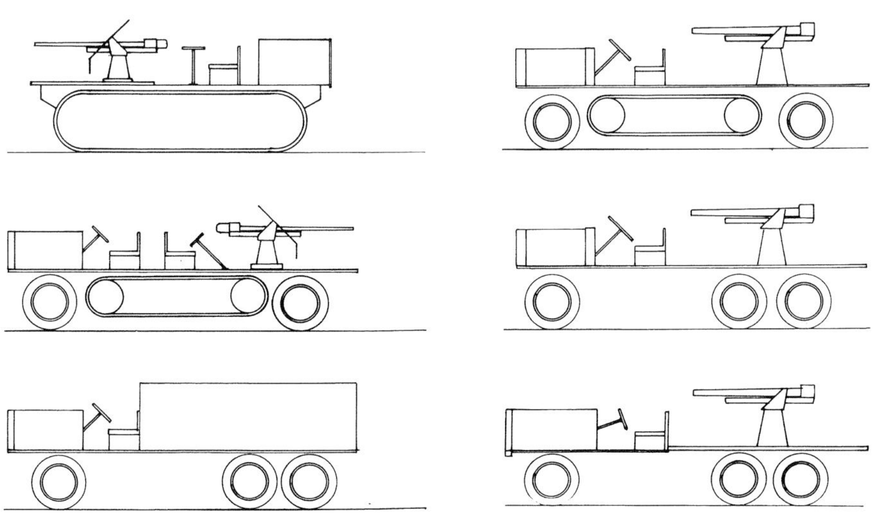

Aus dem Entwicklungsprogramm des Heereswaffenamtes ergab sich diese Gegenüberstellung von Zugmaschinen und Selbstfahrlafetten, die aber durchwegs nicht verwirklicht wurden (Stand 1. Januar 1930)

mitgeführt. Die Bodenfreiheit betrug an der Vorderachse 360 mm, in der Mitte des Fahrzeuges 420 mm und an der Hinterachse 450 mm. Die Differentiale für die Vorder- sowie Hinterräder konnten gesperrt werden.
Zum Schießen wurde die Plattform gegen die Hinterachsen gezurrt. Seitlich am Rahmen war eine Seilwinde eingebaut. Das Geschütz mit Plattform konnte mit Rollen auf den Längsträgern verschoben und auf ein anderes Fahrzeug umgesetzt werden. Das Lichtraumprofil für Bahntransport wurde eingehalten. Es wurde nur ein Prototyp gebaut.

Der Stand der Entwicklung vom 1.1.1930 zeigte folgende Projekte:
Leichte Selbstfahrlafette für Panzerabwehr:

– Kettenfahrzeug Krupp (Motorlafette M.L.)	in der Fertigung
– Räder-Ketten-Fahrzeug Horch	in der Fertigung
– Selbstfahrlafette auf Fahrgestell Leichttraktor, Rheinmetall	in der Fertigung

Schwere Selbstfahrlafette (Waffenträger) für Kraftwagen-Flugabwehrkanone und Kraftwagengeschütz:

– Dürkopp	in der Fertigung
– Krupp (schwere Selbstfahrlafette Krupp S. S. K.)	in der Fertigung

Es muß festgehalten werden, daß diese Vorschläge, Entwicklungen und Prototypen im Zuge des Wiederaufbaus der Wehrmacht ab 1935 nicht mehr weiterverfolgt wurden. Ungepanzerte oder nur teilweise gepanzerte Selbstfahrlafetten, die sich nur auf festen Straßen oder in leichtem Gelände bewegen konnten, waren weder zur Panzer-, noch zur Fliegerabwehr für die Truppe ausreichend geeignet.

4.2 Zugkraftwagen als Halbkettenfahrzeug

Die Entwicklung von Halbkettenfahrzeugen war ab 1930 durch das Heereswaffenamt zur Firma J. A. Maffei AG (ab 1931 Krauss-Maffei) nach München verlegt worden. Am 20. Juni 1932 fand im Heereswaffenamt beim Leiter WaPrüf 6, Oberst Georg Kühn, eine Besprechung über das Programm der weiteren Entwicklung von Zugmaschinen statt. Zu diesem Zeitpunkt bestand noch kein vordringlicher Bedarf an mittleren Zugmaschinen. Trotzdem betrachtete General Karlewski, Leiter WaPrüf 4, die bestehende Lösung des Transportes von Geschützen mittlerer Kaliber als Notbehelf, der für die zu erwartenden Geschütze mit hohen Gewichten unzureichend sei. Er wollte aber als Artillerist auf die Weiterentwicklung einer sowohl auf der Straße als auch im Gelände voll brauchbaren mittleren Zugmaschine nicht verzichten.
Das Heereswaffenamt, WaPrüf 6, ging bei der Entwicklung deutscher Halbkettenfahrzeuge bewußt nicht vom Radfahrzeug, sondern vom Vollkettenfahrzeug aus. Nach anfänglichen Versuchen mit Gummibändern, anstelle der Gleisketten beim Dürkopp-Fahrzeug, setzte sich rasch die Überzeugung durch, daß lediglich eine Stahlkette den Anforderungen hinsichtlich Festigkeit, Überprüfbarkeit, Lebensdauer sowie der Auswechselbarkeit schadhafter Teile in Frage kommen konnte. Dabei galt es, den Fahrwiderstand eines Gleiskettenlaufwerks für hohe Geschwindigkeit erheblich zu senken, die Verschleißzeiten zur verbessern sowie den Geräuschpegel zu verringern. Durch systematische Versuchsarbeit wurde ein Gleiskettenlaufwerk entwickelt, welches den gestellten Forderungen weitgehend entsprach. Besonders wertvoll bei die-

Das erste nach dem Ersten Weltkrieg gebaute Halbkettenfahrzeug wurde von der Firma Dürkopp in Bielefeld gefertigt, die jedoch kurz darauf aus finanziellen Gründen den Automobilbau einstellte

ser Entwicklung erwies sich ein von Oberbaurat Kniepkamp, Heereswaffenamt, WaPrüf 6, konstruierter und bei der Erprobungsstelle des Heereswaffenamtes in Kummersdorf bei Berlin aufgebauter ortsfester Prüfstand für Laufwerke von Gleisketten-Fahrzeugen, der Fahrzeuggschwindigkeiten bis zu 80 km/h und Fahrzeuggewichte bis zu 20 t zuließ.

Hersteller des Prüfstandes: Berlin-Anhaltische Maschinenfabrik (BAMAG), Dessau.

Die Versuchsergebnisse ergaben ein Gleiskettenlauf-

Schematische Darstellung des bei der Erprobungsstelle des Heereswaffenamtes in Kummersdorf befindlichen ortsfesten Prüfstandes für Laufwerke von Gleisketten-Fahrzeugen (Entwicklung MinRat Kniepkamp, Heereswaffenamt WaPrüf 6)

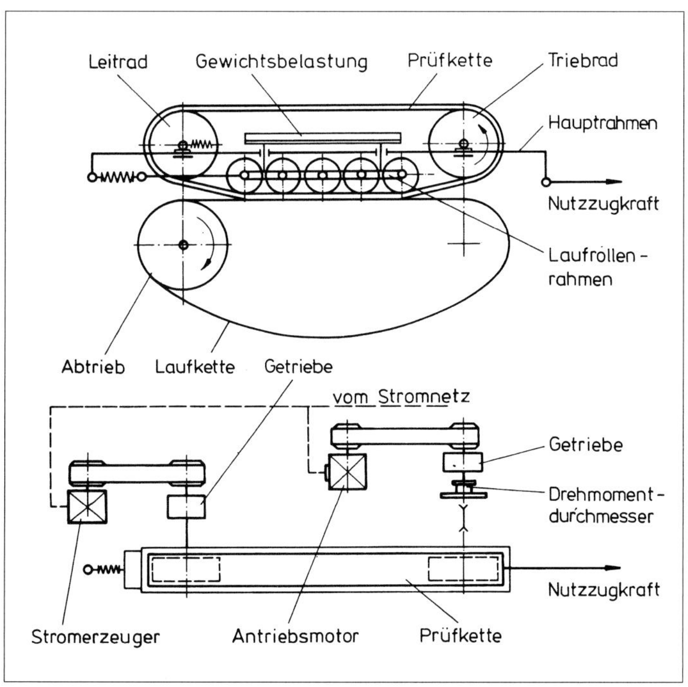

Die Abhängigkeit von Fahrwiderstand, Fahrgeschwindigkeit und Kraftstoffverbrauch, welche auf dem ortsfesten Gleisketten-Prüfstand ermittelt wurden

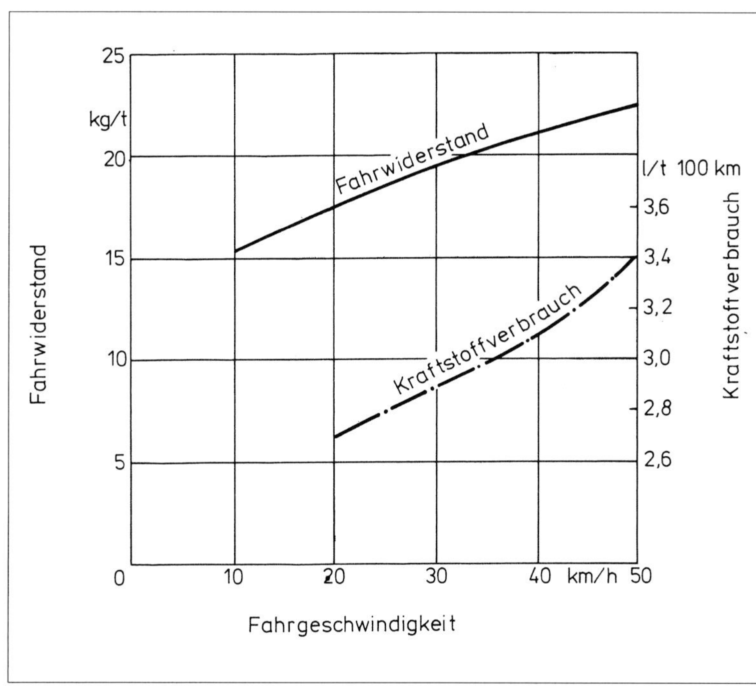

J. A. Maffei stellte im April 1933 die ersten Halbketten-Prototypen Typ KMZ 85 vor. Das Gleisketten-Laufwerk war durch Schraubenfedern abgestützt

werk mit folgenden besonderen Merkmalen für alle Zugkraftwagen des deutschen Heeres:

– geschmierte Kettengelenke mit Nadellagern
– Gummipolster zum Schutz der Kettenglieder und Straßen
– Vornantrieb der Gleiskette
– Zahnrollen am Triebrad
– große Laufrollen
– Gummireifen für Laufrollen, Trieb- und Leiträder

Durch die Anwendung dieser Auslegung ließen sich bei Geschwindigkeiten bis zu 50 km/h auf fester Straße folgende Ergebnisse erzielen:

– Der Fahrwiderstand lag zwischen 15 und 25 kg/t und somit nur noch 5 bis 10% höher als bei Radfahrzeugen
– Die Verschleißfestigkeit kam der einer normalen Bereifung sehr nahe
– Der Geräuschpegel lag nicht höher als der von älteren Lastkraftwagen mit Kettenantrieb der Hinterräder

So gestattete dieses Laufwerk hohe Geschwindigkeiten bei verhältnismäßig geringem Kraftaufwand.

Die für die Straßenfahrt bei hoher Geschwindigkeit erforderliche Feinfühligkeit der Lenkung konnte mit den bis dahin bekannten Cletrac-Lenkgetrieben nicht erreicht werden. Um diese Mängel zu beseitigen, wurden die Fahrzeuge zusätzlich mit Vorderrädern ausgerüstet, die allein jedoch nur das Durchfahren von schwachen Kurven mit geringen Richtungskorrekturen bei hoher Geschwindigkeit ermöglichten, während starke Kurven durch zusätzliche Beeinflussung des Lenkgetriebes durchfahren wurden. Die Verwendung von geschmierten Stahlgleisketten mit Gummipolstern gestattete ferner, durch entsprechende Dimensionierung die Gleisketten den verlangten Zugkräften anzupassen. (Entwicklungsfirma: Ritscher, Moorburger Treckerwerke, Hamburg-Moorburg.)

Durch eine von jeglichen Bindungen an handelsübliche Lastwagen-Bauarten freie Konstruktion des Fahrgestells entstand so ein Kraftfahrzeugtyp, der ein allen bekannten Ausführungen weit überlegenes Zugmittel darstellte. Der bei Krauss-Maffei im April 1933 dem Inspekteur des Kraftfahrwesens, General Lutz, vorgestellte erste Halbketten-Prototyp KMZ 85 zeigte noch die vordere Partie mit dem Kühler der Straßenzugmaschine KMS 85. Hinten war bereits ein Schachtel-Gleiskettenlaufwerk, Bauart Heereswaffenamt WaPrüf 6 (Patent Oberbaurat Kniepkamp), angebaut. Jedem Laufrollenpaar war eine Schraubenfeder zur Abstützung zugeordnet. Somit bestand die Abfederung des Laufwerkes mit beiderseits vier Laufrollenpaaren aus zweimal vier = acht Schraubenfedern. Es wurde der Daimler-Benz-Ottomotor M 68 eingebaut, der bei einem Hubraum von 7361 cm^3 85 PS leistete, obwohl die zugesagte Leistung 100 PS betragen sollte. Im Februar 1934 folgte

Maffei KMZ 85

Für die Flak-Artillerie stellte Maffei 1934 drei Prototypen des Fahrzeuges KMZ 100 her, die mit dem Maybach 12-Zylinder-Ottomotor des Personenkraftwagens Zeppelin ausgerüstet wurden. Das Fahrzeug zeigt bereits die vom Heereswaffenamt einheitlich eingeführte Haubenausbildung

der Prototyp KMZ 100, bei dem nunmehr die firmentypische Ausbildung der Motorhaube entfallen war, da alle Zugmaschinentypen ein einheitliches Aussehen erhielten.
Obwohl das Heer dringend Zugmaschinen für die Artillerie forderte, wurden diese nach 1934 vordringlich für die Luftwaffe bestimmt, welche ein Zugmittel für die 7,5-cm-Flak benötigte und dafür auch die notwendigen Geldmittel zur Verfügung hatte. Innerhalb von 10 Wochen wurden daher bei Krauss-Maffei drei Versuchs-Halbkettenzugmaschinen vom Typ KMZ 100 gefertigt, welche wegen mangelnder Leistung der ursprünglich vorgesehenen Daimler-Benz-Motoren mit 150-PS-V-12-Ottomotoren (Bohrung/Hub 92/100 mm, Hubraum 7978 cm^3, Verdichtung 6,3) der Firma Maybach ausgerüstet wurden, die bereits im Personenkraftwagen, Typ Zeppelin, dieser Firma serienmäßig verwendet wurden. Für die Cletrac-Lenkgetriebe der Zugmaschinen mußten noch bis 1938 Lizenzgebühren an die Cleveland Tractor Company in Cleveland, Ohio, USA, bezahlt werden. Halbkettenfahrzeuge der Fa. Krauss-Maffei fuhren 1933 auf Landstraßen von München nach Berlin und stellten somit die Standfestigkeit des Laufwerks unter Beweis. Drei Prototypen der Zugmaschinen für die Flak kosteten RM 180 000,–.
Am 28. Mai 1934 wurde der Krauss-Maffei AG – nach Ernennung zum Generalunternehmer durch das Heereswaffenamt für die Fertigung des 8-t-Zugkraftwagens

– widerruflich die Ermächtigung erteilt, für reihenweise herzustellende Kraftfahrzeuge, wie sie den beim Heereswaffenamt WaPrüf 6 III hinterlegten Zeichnungen entsprachen, Kraftfahrzeugbriefe auszustellen.

Krauss-Maffei entwickelte und fertigte Prototypen vom Zugkraftwagen Typ KM I 4. Die Serien-Fertigung wurde als Typ BNI 5 bei Büssing-NAG in Berlin-Oberschöneweide durchgeführt (Aufnahme Januar 1935)

Bei den Artillerie-Verbänden der Reichswehr wurden damals 7,5- cm-Feldgeschütze auf Fahrböcke verlastet und so für den motorisierten Zug verwendbar gemacht

Da die Abfederung mit Schraubenfedern nicht allen Betriebsbedingungen gerecht wurde, wurde sie bei den Folgetypen KM I 4 und KM 7 nicht mehr verwendet. Das Laufwerk der KM I 4 bestand, neben Trieb- und Leitrad, aus drei, das der KM 7 aus vier Laufrollenpaaren. Anstelle der einzeln über Schraubenfedern abgestützten Laufrollen wurden sie paarweise in Schwingarmen gelagert und diese über Halbelliptikfedern am Rahmen abgestützt. Der Typ KM I 4 (KM = Hersteller Krauss-Maffei, I = leicht, 4 = die vierte Baureihe innerhalb dieser Gewichtsklasse) wurde mit dem Maybach-6-Zylinder-Ottomotor NL 35 (NL = Niederleistungsmotor, 35 = 3,5 l Hubraum) ausgerüstet, der 90 PS bei 3000 U/min leistete. Das betriebsfertige Eigengewicht des Fahrgestelles betrug 5300 kg, die Tragfähigkeit des Fahrgestelles 2200 kg. Eine Knorr-Druckluftbremse wirkte auf die Triebräder. Die Höchstgeschwindigkeit betrug 55 km/h. Vom KM I 4 wurde ein Prototyp in München entwickelt und gebaut, die Serienfertigung der 5-t-Zugkraftwagen-Klasse ging 1935 zur Firma Büssing-NAG, Berlin-Oberschöneweide, über.

Parallel zur Entwicklung des KM I 4 lief die des Typs KM 7, dessen erstes Fahrgestell im Oktober 1933 im Bau war. Es war das erste Vorserienfahrzeug der 8-t-Zugkraftwagen-Klasse.

Die erste Baureihe dieser Serie hatte ein Vier-Rollen-Laufwerk, bei dem sich die vordere Doppelrolle unmittelbar hinter dem Triebrad befand. Von diesem Fahrzeug gab es nur einige Exemplare, die im Gegensatz zu den Serienfahrzeugen mit einer Lastwagenpritsche versehen wurden. Die Ausführung KM 7 a zeigte ein geändertes Gleiskettenlaufwerk, wobei bei der Schachtelung der Laufrollen nunmehr eine Einfachrolle hinter dem Triebrad angeordnet war.

Die Serienfertigung der Baureihe KM m 8 (8. Serie des mittleren KM-Zugwagens) begann 1934, die Fahrzeuge wurden mit dem 6-Zylinder-Maybach-HL-52-Motor, Leistung 115 PS, ausgerüstet.

Als sich herausstellte, daß Lastkraftwagenmotoren beim Einbau in Zugkraftwagen keineswegs nur Vorteile brachten, entschloß sich das Heereswaffenamt, WaPrüf 6, 1934/1935 zum Einbau von Personenkraftwagenmotoren der Firma Maybach. Aus dem DSH 90/100-PS-Ottomotor abgeleitet, entstand der Motorentyp HL 52, der durch seine hohe Literleistung, sein niedriges Eigengewicht und seinen günstigen Drehmomentverlauf den Anforderungen, die an einen Zugkraftwagen gestellt wurden, zu dieser Zeit am besten entsprach. Das durch Querwände und Rippen versteifte Oberteil des in Kurbelwellenmitte geteilten Motorengehäuses bestand aus dünnwandigem Grauguß. Im Oberteil waren sechs auswechselbare nasse Zylinderlaufbuchsen angeordnet. Das Unterteil, welches keinerlei Belastung ausgesetzt war und praktisch nur als Ölwanne diente, konnte aus Leichtmetall hergestellt werden. Die Schmierung erfolgte über eine an tiefster Stelle des Gehäuseunterteils eingebaute Zahnrad-Druckölpumpe. Ein auf der Kurbelwelle angeordneter Drehgeschwindigkeitsdämpfer verhinderte das Aufkommen schädlicher Schwingungen über den ganzen Drehzahlbereich des Motors. Bei einem Gesamtgewicht des Fahrzeuges von 11 t ergab sich eine Nennzugleistung von 8000 kg. Die oben und seitlich offenen Aufbauten waren für Artillerie-Einheiten bestimmt, wobei im Heer die 10-cm-Kanone und die 15-cm-Feldhaubitze, in der Luftwaffe die 8,8-cm-Flak gezogen wurde. Innerhalb dieser Baureihe waren die von Krauss-Maffei gefertigten Fahrzeuge (Fahrgestell Nr. 8002 und 8008) mit

Das erste Fahrgestell der Halbketten-Zugmaschine KM 7 im Bau bei der Firma Krauss-Maffei im Oktober 1933

Krauss-Maffei KM 7, Fahrgestell ohne Gleisketten

Der Krauss-Maffei-Typ KM 7, der in dieser Ausführung nicht in Serie ging

Krauss-Maffei KM 7

Das Produktionsmodell KM 7a zeigte ein geändertes Gleiskettenlaufwerk, wobei bei der Schachtelung der Laufrollen nunmehr eine Einfachrolle hinter dem Triebrad angeordnet war

einer ZF-Ross-Lenkung ausgerüstet. Krauss-Maffei stellte von dieser Ausführung 380 Stück her. Im Nachbau wurden diese Fahrzeuge unverändert von Daimler-Benz, Berlin-Marienfelde (Typ DB m 8, Nachbau-Fahrgestell Nr. 17 055-17 059), und Büssing-NAG, Berlin-Oberschöneweide (Typ BN m 8, Nachbau-Fahrgestell Nr. 20 001-20 010), gefertigt.
Der Nachfolgetyp KM m 9 wurde von 1935 bis 1936 ausschließlich von Krauss-Maffei gebaut. Nunmehr wurde der Maybach-6-Zylinder-Ottomotor HL 57 (HL = Hochleistungsmotor, 57 = 5,7 l Hubraum) mit 130 PS Leistung eingebaut. Die Kühlerverkleidung wurde noch einmal geändert. Die für Artillerie-Verwendung vorgesehenen Fahrzeuge hatten Platz für 11 Mann und einen Vorratsraum für Bereitschaftsmunition und Werkzeuge. Bei Krauss-Maffei wurden 127 Zugkraftwagen KM m 9 gefertigt. In der Zwischenzeit wurden beim Heereswaffenamt, WaPrüf 6, unter der Leitung von Oberbaurat Kniepkamp, die Wünsche der Truppe hinsichtlich der Aufgaben für Zugmittel ausgewertet und ergaben, daß zur Abdeckung aller Anforderungen sechs verschiedene Zugmaschinen-Größen notwendig waren, über die nachstehend berichtet wird.
Die Frage der Bereitstellung von Zugmitteln für die 3,7-cm-Tak und den leichten Minenwerfer bedurfte noch 1934 einer eingehenden Prüfung. Die Freigabe der Serienfertigung des *kleinsten geländegängigen Kettenschleppers* sollte ab 1.9.1934 erfolgen. Noch immer war als Übergangslösung der 3-Achs-Lastkraftwagen vorgesehen.
Die vorbereitenden Arbeiten am leichtesten Fahrzeug der Zugkraftwagen-Familie wurden durch die Demag AG, Duisburg, Werk Wetter/Ruhr, geleistet, die sich zu dieser Zeit um den Aufbau einer Schlepper-Produktion bemühte. Erste Prototypen wurden 1934/35 eingehend erprobt. Es handelte sich hierbei um die Typen D II 1 und D II 2, welche mit dem BMW-6-Zylinder-Ottomotor 315 und 28 PS Leistung ausgerüstet waren. Die vorgeschriebene

Die mittlere Zugmaschine KM 7a diente als Zugmittel für die 8,8-cm-Flak oder die 15-cm-Feldhaubitze. Ursprünglich waren die nicht für den Kraftzug ausgelegten Geschütze auf Fahrböcke verlastet worden

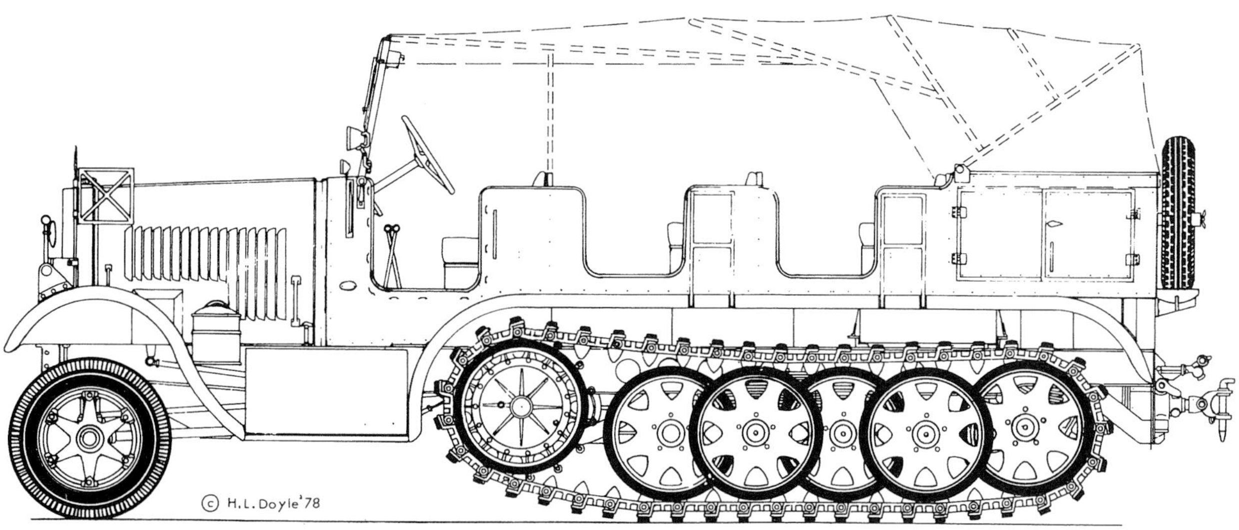

Krauss-Maffei-Zugkraftwagen 8 t 8 KM m

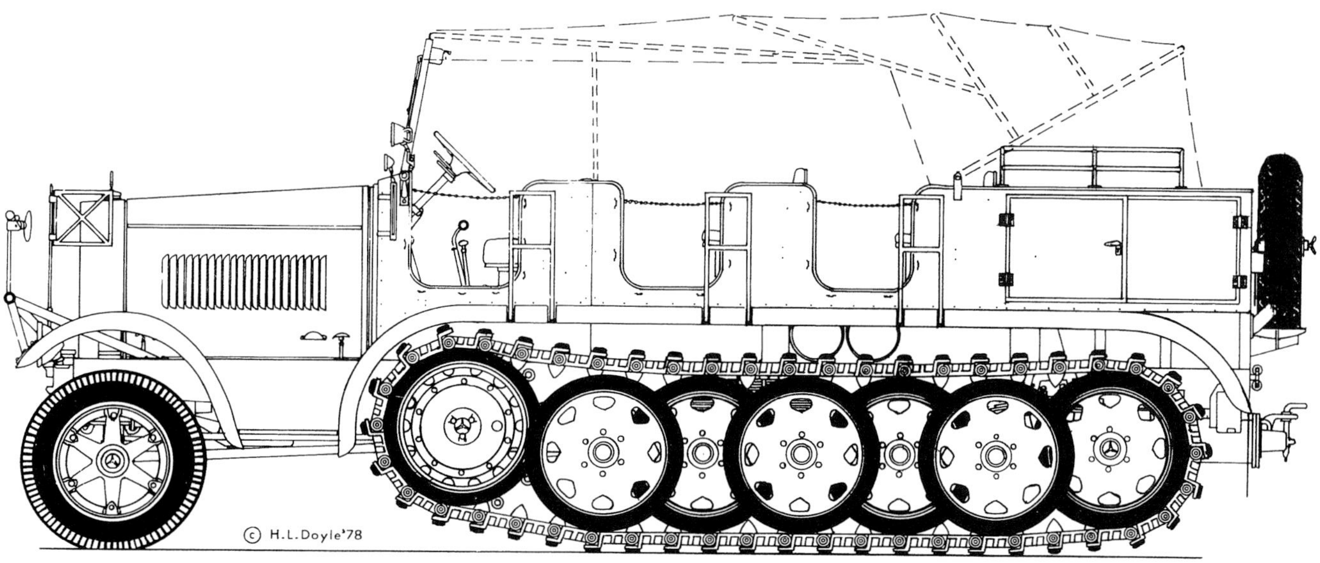

Daimler-Benz-Zugkraftwagen 12 t DB s7

Die Serienfertigung der Baureihe KM m 8 lief 1934 bei Krauss-Maffei an, die Fahrzeuge wurden von Büssing-NAG und Daimler-Benz nachgebaut

Rechte Seite, linke Spalte:
Das Fahrzeug KM m 9 mit geöffnetem und geschlossenem Verdeck. Krauss-Maffei stellte 127 dieser Fahrzeuge her

Auffallendes Merkmal der deutschen Halbketten- Zugkraftwagen waren die geschmierten Gleisketten. Hier gezeigt mit einer Schneekette über dem Gummipolster

KM m 8. Ansicht von hinten

Ablieferung von fertigen KM m 9-Zugkraftwagen bei Krauss-Maffei an die Reichswehr bzw. Wehrmacht

Rechte Seite, rechte Spalte:
Der erste 1934 gefertigte Prototyp der 1-t-Halbketten-Baureihe, Typ D II 1. Hersteller war die Firma Demag in Wetter/ Ruhr. Die Aufnahmen zeigen das Fahrzeug von vorne und hinten

Der Nachfolgetyp KM m 9 wurde von 1935 bis 1936 ausschließlich von Krauss-Maffei gefertigt Das Bild zeigt das Fahrgestell mit der hinten im Rahmen eingebauten Seilwinde

Demag-Zugkraftwagen Typ D II 1 als Zugmittel für die 3,7-cm-Pak bzw. einen Munitionsanhänger. Während der Entwicklung führte das Fahrzeug die Bezeichnung »kleinster geländegängiger Kettenschlepper«

IY-02247

IY-02247

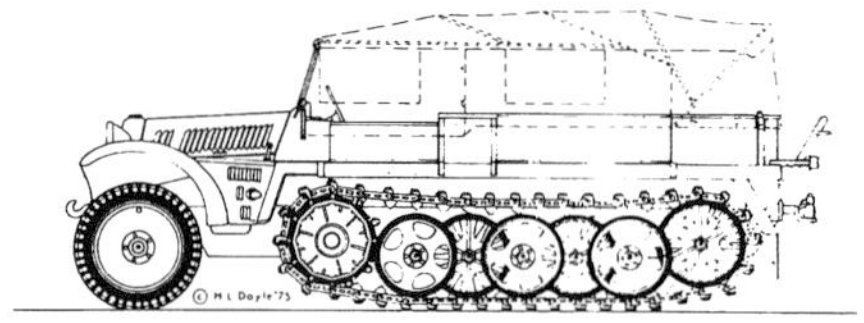

Zugkraftwagen 1 t (Patenfirma Demag)

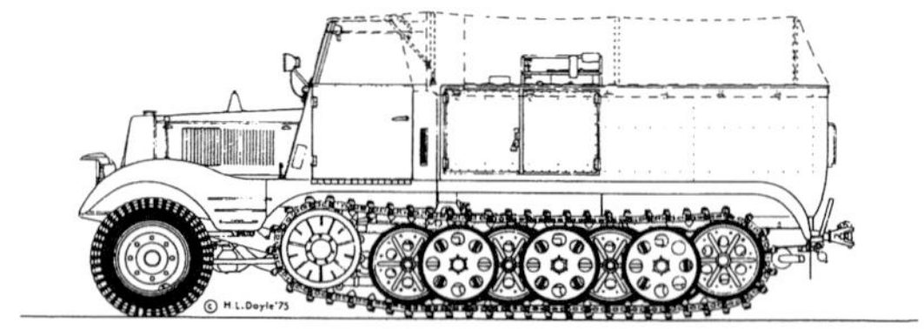

Zugkraftwagen 3 t (Patenfirma Hansa-Lloyd-Goliath)

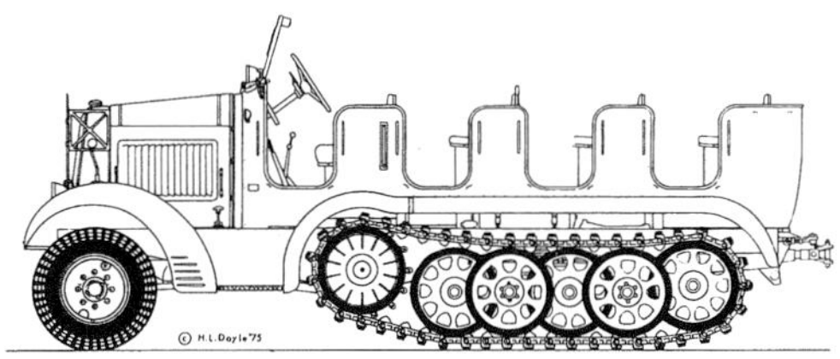

Zugkraftwagen 5 t (Patenfirma Büssing-NAG)

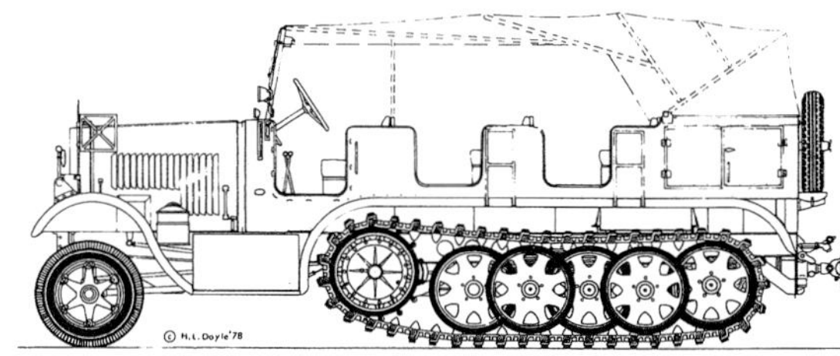

Zugkraftwagen 8 t (Patenfirma Krauss-Maffei)

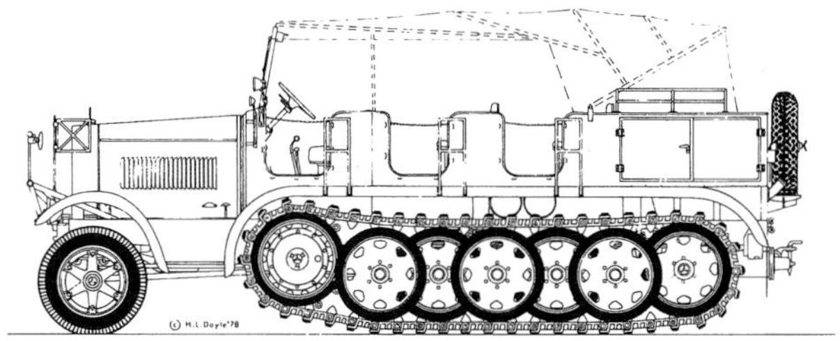

Zugkraftwagen 12 t (Patenfirma Daimler-Benz)

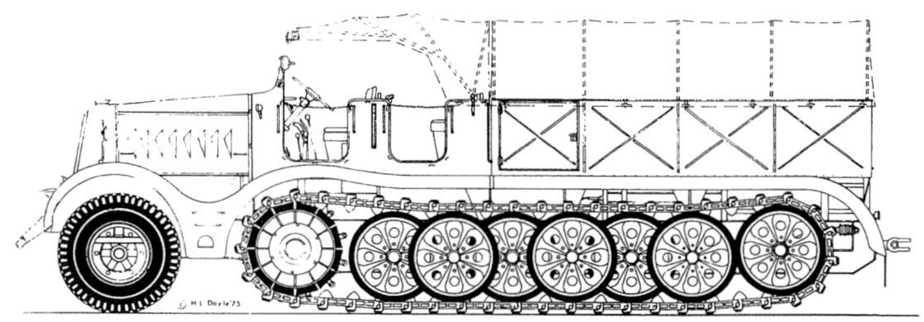

Zugkraftwagen 18 t (Patenfirma Famo)

Anhängelast betrug 600 kg, das Betriebsgewicht 2,5 t, das Gewicht des Gesamtlastzuges 3,1 t. Die Höchstgeschwindigkeit betrug 50 km/h, die Steigfähigkeit im Gelände mit Last 12°, ohne Last 24°. Der Fahrbereich betrug auf der Straße 250 km. Der Preis des Fahrzeuges ohne Seilwinde belief sich auf RM 12 000,–.

Die Entwicklung des »kleinen geländegängigen Kettenschleppers« wurde ab 1934 von der Firma Hansa-Lloyd-Goliath in Bremen betrieben. Das Bild zeigt den Typ HL kl 2

Die Firma Hansa-Lloyd-Goliath in Bremen war die Patenfirma für die Entwicklung des *kleinen geländegängigen Kettenschleppers*, spätere Bezeichnung Zugkraftwagen (Zgkw). Die Entwicklung begann im Jahre 1934. Der Typ HL kl 2, der mit dem 6-Zylinder-Ottomotor des Hansa-Lloyd-Goliath-Personenwagentyps 3500 ausgerüstet war, wurde 1935 fertiggestellt. Als typische Anhängelasten wurden entweder die leichte Feldhaubitze 18 oder der mittlere Minenwerfer gezogen, deren Gewichte um 2,5 t lagen, vorgesehen. Bei einem Betriebsgewicht von 5 t betrug das Gewicht des Gesamtlastzuges 7,5 t, die Höchstgeschwindigkeit 50 km/h. Die Steigfähigkeit erreichte die Werte des Demag-Fahrzeuges. Der Preis des Fahrzeuges ohne Seilwinde wurde mit RM 23 000,– angegeben.

Die bei Krauss-Maffei eingeleitete und dann an Büssing-NAG abgegebene Fertigung des *leichten geländegängigen Kettenschleppers* zeigte bei 13 t Gesamtlastzuggewicht ähnliche Werte wie bei den leichteren Typen. Hierbei wurde der Serienpreis bei Büssing-NAG mit RM 45 000,–, bei Krauss-Maffei mit RM 39 000,– angegeben. Neben der leichten Feldhaubitze 18 wurden auch Pionier-Gerätewagen gezogen.

Der Preis des für ein Gesamtlastzuggewicht von 19t ausgelegten, bereits erwähnten *mittleren geländegängigen Kettenschleppers* der Firma Krauss-Maffei Typ KM m 8 (ohne Seilwinde) betrug RM 42 000,–. Aufbauend auf den Erfahrungen mit dem »Marienwagen« aus dem Ersten Weltkrieg (s. Band 6 der Buchreihe »Militärfahrzeuge«, Seite 13 ff.) entwickelte Daimler-Benz AG, Berlin-Marienfelde, in den Jahren 1931/32 den Halbketten-Zugwagen ZD 5. Bei dem 9,5t schweren Fahrzeug wurden die Gleisketten hinten durch einen Maybach-12-Zylinder-DSO 8-Ottomotor, Leistung 150 PS, angetrieben. Firma Daimler-Benz arbeitete dieses Projekt für russische Auftraggeber aus. Daimler-Benz versuchte den Einfluß der Maybach-Motorenentwicklung abzuschwächen und schlug den Einbau des Daimler-Benz-M 07-8-Zylin-

Oben: Der Typ HL kl 2 der Firma Hansa-Lloyd-Goliath als Zugmittel für die 10,5-cm-leichte Feldhaubitze 18

Die Zugkraftwagen BN l 5 wurden zum Ziehen von Pioniergerät eingesetzt und hatten gegenüber der Artillerie-Ausführung einen Aufbau mit vier Sitzreihen

Die bei Krauss-Maffei eingeleitete und von Büssing-NAG ausgeführte Fertigung des »leichten geländegängigen Kettenschleppers«, Typenbezeichnung BN l 5 versorgte vorwiegend Pionier-Einheiten

Daimler-Benz fertigte in den Jahren 1931/32 Prototypen des Halbketten-Zugwagens ZD 5. Die Bilder zeigen Vorder- und Seitenansicht sowie eine Draufsicht des Fahrzeuges

Die drei Aufnahmen zeigen weitere Einzelheiten des Typs BN I 5, der auch von Daimler-Benz im Nachbau gefertigt wurde

der-Ottomotors vor. Ein *schwerer geländegängiger Kettenschlepper*, der Typ DB s 7, wurde 1934 für das Heereswaffenamt entwickelt, der bei einem Gesamtlastzuggewicht von 26t eine Anhängelast von 12t ziehen konnte. Der Motor wurde vom Typ ZD 5 übernommen und damit eine Höchstgeschwindigkeit von 47 km/h erreicht. Als Anhängelasten waren der 21-cm-Mörser, die 15-cm-Kanone 16 oder die 10,5-cm-Flak vorgesehen. Ohne Seilwinde kostete ein Fahrzeug RM 65 000,–.

Für besonders schwere Lasten wurde 1934 ein *ganz schwerer geländegängiger Kettenschlepper* in die Planung aufgenommen. Bis zu 16t Anhängelast genügte der schwere geländegängige Kettenschlepper auch bei schlechtem Gelände. Versuche ergaben, daß dieser eine Last von 50 t auf einem Bohlenweg bei 6° Steigung ziehen konnte. Der Rollwiderstand im schlechtem Gelände betrug etwa 300 kg pro 1000 kg Anhängergewicht. Obwohl der DB s 7 für die damals bekannten Anhängelasten ausreichende Zugkraft aufwies, entschloß das Heereswaffenamt WaPrüf 6 sich zum Bau eines 18-t-Zugkraftwagens, dessen Entwicklung 1935 bei der Firma Fahrzeug- und Motorenbau GmbH (FAMO) in Breslau begann.

Als »schwerer geländegängiger Kettenschlepper« der 12-t-Klasse wurde ab 1934 von Daimler-Benz der Typ DB s 7 hergestellt, die Zeichnung ergänzt das Bild

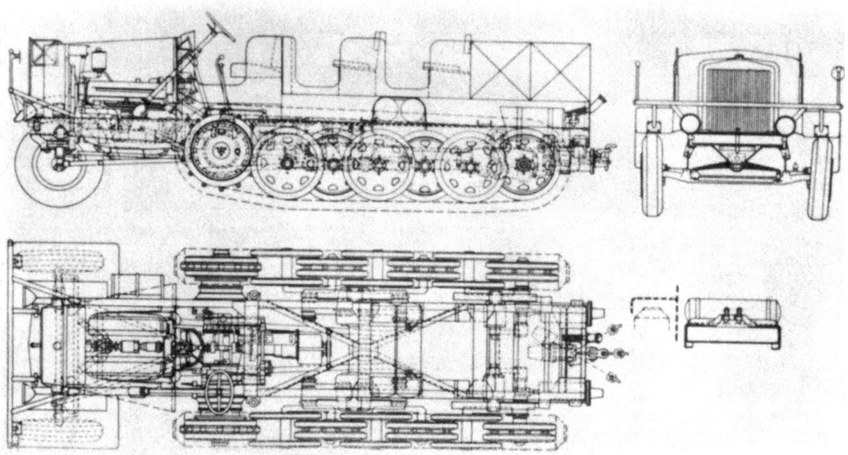

Die drei Aufnahmen zeigen den 12-t-Zugkraftwagen DB s 7 im Gelände mit und ohne Anhängelast

Ein 12-t-Zugkraftwagen im Sumpf und beim Bergen eines LaS (Landwirtschaftlichen Schleppers, Tarnbezeichnung für den Panzerkampfwagen I)

Die Halbketten-Zugmaschinen-Familie der Deutschen Reichswehr bzw. Wehrmacht. Von links 1-t-Demag, 3-t-Hansa-Lloyd-Goliath, 5-t-Büssing-NAG, 8-t-Krauss-Maffei, 12-t-Daimler-Benz und 18-t-Famo

4.3 Zugkraftwagen als Vollkettenfahrzeug

Erst 1923 wurde von der Interallierten Kontrollkommission offiziell der Bau von Traktoren für die deutsche Wirtschaft freigegeben, die bis zu diesem Zeitpunkt unter die Verbote des Versailler Vertrages fielen. Mehrere Firmen nahmen handelsübliche Vollkettenschlepper in ihr Bauprogramm auf. Dabei wurden vor allem die Fahrzeuge der Firmen Büssing, Hanomag und Linke-Hofmann Werke AG bekannt, die einzelne Fahrzeuge auch an das Heereswaffenamt lieferten. So erhielt u. a. 1926/27 die 3. Kompanie der Kraftfahrabteilung 7, die 2. Kompanie der Kraftfahrabteilung 6 sowie auch weitere Kraftfahrabteilungen Vollkettentraktoren zur Geländefahrausbildung.

Die Fabrikation der W. D.-Raupenschlepper (Deutsche Kraftpflug-Gesellschaft, Berlin-W) lag ebenso wie die der W. D.-Kraftpflüge in den Händen der Hannoverschen Maschinenbau AG (Hanomag), Hannover. Die Gleiskettenschlepper dieser Firma wurden in zwei Größen mit 25 PS (4 Zylinder, Bohrung/Hub 90 x 150 mm) und 50 PS (4 Zylinder, Bohrung/Hub 130 x 155 mm) gebaut. Für den Betrieb mit Petroleum wurden die Motoren mit Graetzin-Schwerölvergaser versehen.

Die Hauptmaße beider Typen betrugen:

		25 PS	50 PS
Länge	mm	3300	4400
Breite	mm	1460	1900
Höhe (mit Dach)	mm	2200	2300
Kettenbreite	mm	300	400
Eigengewicht, ca.	kg	3000	6000

Damit begann die Reichswehr 1927 Versuche mit Vollkettenschleppern für eine Verwendung als Selbstfahrlafette. Der sogenannte 3,7-cm-W. D.-Schlepper-25-PS wurde von der Firma Rheinmetall-Borsig entwickelt und diente als Zwischenlösung, um die 3,7-cm-Tankabwehrkanone (Tak) beweglich zu machen. Neben dem Geschütz war ein Maschinengewehr unter Panzerschutz angebracht. Die 3,7-cm-Tak hatte eine Mündungsgeschwindigkeit von 760 m/s. Das Geschoßgewicht betrug 695 g. Die Waffe hatte auf dem Fahrzeug einen Höhenrichtbereich von -5° bis +15° und ein Seitenrichtfeld von 30°. Das Fahrzeug wurde versuchsweise bei der Truppe eingeführt. Die Leistung des kleinen W.D.-Traktors wurde 1928 auf 28 PS erhöht.

Die schwere Ausführung des W. D.-Schleppers wurde 1927 von Rheinmetall-Borsig mit einem 7,7-cm-Geschütz als Selbstfahrlafette ausgerüstet und versuchsweise bei der Truppe eingeführt. Neben dem Geschütz war ein MG unter Panzerschutz angebracht. Die Kanone hatte eine Mündungsgeschwindigkeit von 465 m/s, das Geschoßgewicht betrug 6,85 kg. Auf dem Fahrzeug hatte die Waffe ein Höhenrichtfeld von -7° bis +15°, Rundumfeuer konnte abgegeben werden. Bei einer Besprechung im Wehramt am 14.3.1928 wurde u. a. festgelegt, daß für Truppenübungsplätze in den folgenden drei Jahren je acht Kraftschlepper aus laufenden Mitteln beschafft werden sollten. 1929 kamen W. D.-Schlepper, die nunmehr mit 35- bzw. 55-PS-Motoren ausgerüstet waren, zur Fahrausbildung nach Kama (Wolga) in Rußland. Trotz ihres hohen Gewichtes erwiesen sie sich als robust und zuverlässig.

In Kama befand sich auch ein Gleiskettenschlepper modernerer

Erst Im Jahre 1923 wurde von der »Interalliierten Kontrollkommission« für Deutschland offiziell der Bau von Traktoren für die Wirtschaft freigegeben.

Oben links: Büssing L.Z.M. Rechts: Dürkopp, Mitte: Hanomag WD-Schlepper 50 und 25 PS Unten: Linke-Hofmann (Bauart Stumpf)

Ein Linke-Hofmann-Schlepper als Zugmittel für leichte Artillerie

WD-Schlepper der Firma Hanomag wurden von Firma Rheinmetall als Zwischenlösung für Selbstfahrlafetten verwendet. Oben der 25-PS-Schlepper mit der 3,7-cm-Panzerabwehr-Kanone, unten die 50-PS-Ausführung mit einem 7,7-cm-Geschütz

Bauart mit Cletrac-Lenkung der Gutehoffnungshütte aus dem Jahre 1926. Das Laufwerk war gegenüber den W.D.-Schleppern leichter ausgelegt; die Gleisketten hatten eine engere Teilung. Bei einer Motorleistung von 50 PS war die Höchstgeschwindigkeit mit 8 km/h doppelt so hoch wie beim W. D.-Schlepper.

Ein Abschlußbericht von 1928 über die Versuche des Heereswaffenamtes, WaPrüf 6, gab Aufschluß über eine weitere Zwischenlösung, einen Vollkettenschlepper der Firma Linke-Hofmann-Werke AG (später Famo), Bauart Stumpf, mit 50 PS, der ebenfalls versuchsweise mit einer 3,7-cm-Tak ausgerüstet wurde. Der 4-Zylinder-Motor wurde von der Firma Kämper gebaut; er war für den Betrieb mit Monopolin-Extra (Benzin-Alkohol-Gemisch), Benzol, Benzin oder Benzin-Benzol-Gemisch eingerichtet. Eine überbemessene Konuskupplung übertrug das Drehmoment auf ein 3-Gang-Wechselgetriebe. Die Lenkung erfolgte mittels Lenkrad; der kleinste Wendekreisdurchmesser betrug 6 m. Die vorderen und hinteren Laufrollengruppen waren zu Laufwagen zusammengefaßt.

1929 wurden die Abmessungen für den neuen Typ F der Linke-Hofmann-Werke von 2800x1500x1600 mm auf 3100x1600x1800 mm vergrößert, die Spurweite wurde von 1225 auf 1245 mm erhöht. Die Gleiskette war nach wie vor 300 mm breit (Kettentyp Kg 54/300/100 mit 100 und 150 mm Teilung). Das Gewicht war von 2,8 auf 3,1 t angestiegen. Die Höchstgeschwindigkeit betrug 12 km/h. Auf ebener, fester Straße wurden im ersten Gang 20-t-Lasten gezogen. Auf Grund der Versuche stellte man fest, daß es fraglich war, ob sich dieser Schlepper als Selbstfahrlafette eignete, da sein Aufzug reichlich hoch war, seine Breite ein zu großes Ziel bot und die Geländegängigkeit nicht ausreichte. Die Frage blieb daher zunächst offen, ob diese Entwicklung überhaupt aufgenommen werden sollte. Sie wurde nicht abgeschlossen.

Obwohl das Suchen nach einer brauchbaren Zwischenlösung für die Panzerabwehr als dringend erachtet wurde, einigte man sich schließlich auf eine Kraftzuglösung, welche den normalen Kübelwagen oder den Krupp-Baersch-Wagen als Zugmittel vorsah. Weitere Versuche, eine *Selbstfahrlafette* für die 3,7-cm-Tak und die leichte 7,5-cm-Feldkanone zu schaffen, wurden 1928 von der Firma Krupp in Essen unternommen.

Die als Vollkettenfahrzeug ausgelegte Motorlafette (M.L.) hatte ein Gehäuse aus Flußstahl und nahm das Laufwerk mit Trieb- und Leiträdern sowie Lauf- und Stützrollen auf.

Das Geschütz war vorne im Fahrzeug untergebracht,

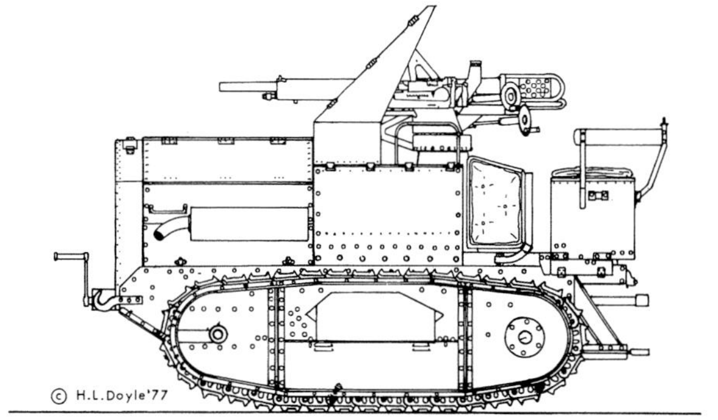

WD-Schlepper 25 PS als Selbstfahrlafette für 3,7-cm-Pak L/45

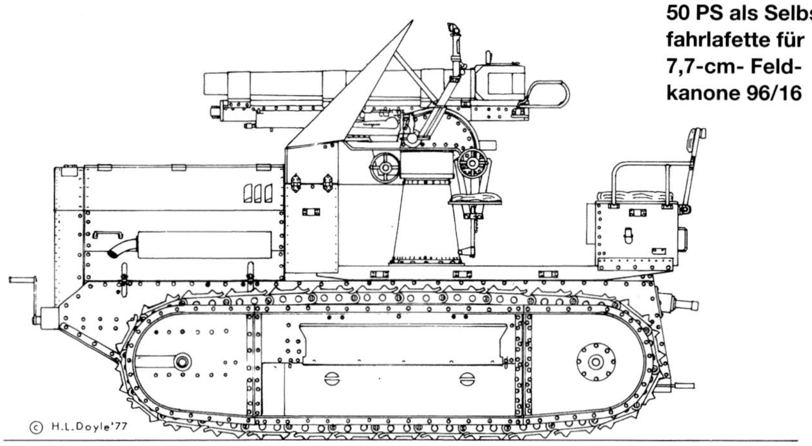

WD-Schlepper 50 PS als Selbstfahrlafette für 7,7-cm- Feldkanone 96/16

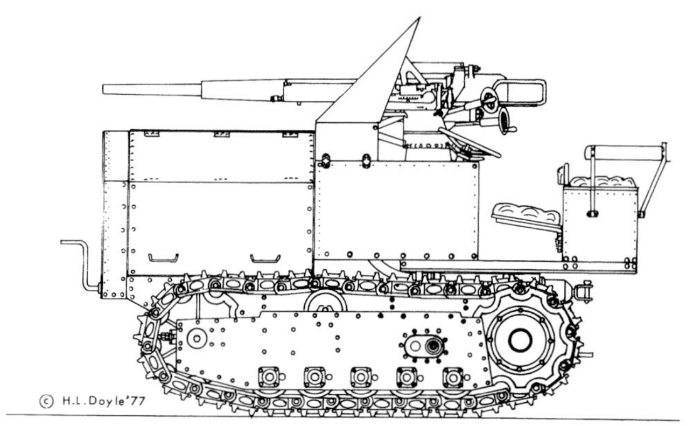

LHB-Schlepper als Selbstfahrlafette für 3,7-cm-Pak L/65

Eine Seitenansicht der von Krupp entwickelten Motor-Lafette (M. L), von der nur Prototypen gebaut wurden

Fahrerstand der Krupp-Motor-Lafette mit abgenommenem Lenkrad. Kupplungs-, Brems- und Gaspedal werden in üblicher Anordnung gezeigt

Rechts:
Motor und Wechselgetriebe waren quer zur Fahrrichtung eingebaut

Fahrerstand der Krupp-Motor-Lafette mit Lenkrad und Bedienungshebeln

Fahrerstand der Krupp-Motor Lafette mit Lenkrad und Bedienungshebeln

Linke Spalte
Vorderteil des Fahrgestells der Krupp-Motor-Lafette mit Leitrad und Aufhängung der vorderen Laufrollen. An der Stützrolle sind die Abführbleche für den von der Gleiskette kommenden Schmutz zu sehen

Hinterer Teil des Laufwerks mit Triebrad und Rollenwagen. Die äußere Kettenabdeckung ist abgenommen

Die geschweißte Wanne der Krupp-Motor-Lafette. Links der Triebwerkraum

Rechte Spalte:

Der Triebwerkblock faßte Seitenvorgelege, Kupplung, Wechselgetriebe, Zusatzgetriebe, Lenkgetriebe und Seilwindenantrieb mit dem Motor zusammen

Einzelheiten des Laufwerks zeigen die Bremse, das Triebrad und einen Rollenwagen

Rechts:
Aufnahme der Seilzüge und Gestänge im Heck des Fahrzeuges

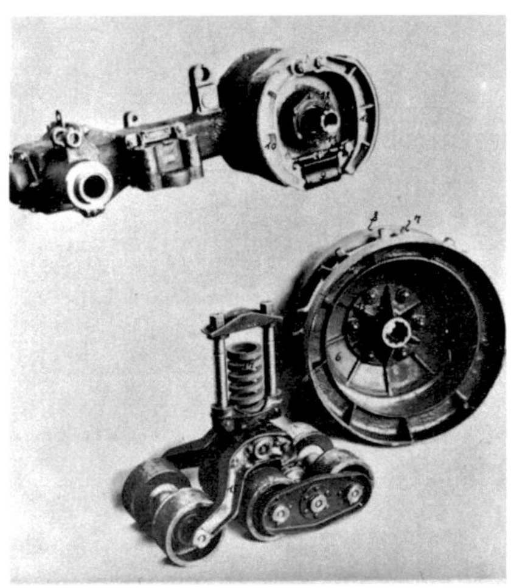

Stirnradkasten der Krupp-Motor-Lafette durch den Motor und Getriebe miteinander verbunden wurden

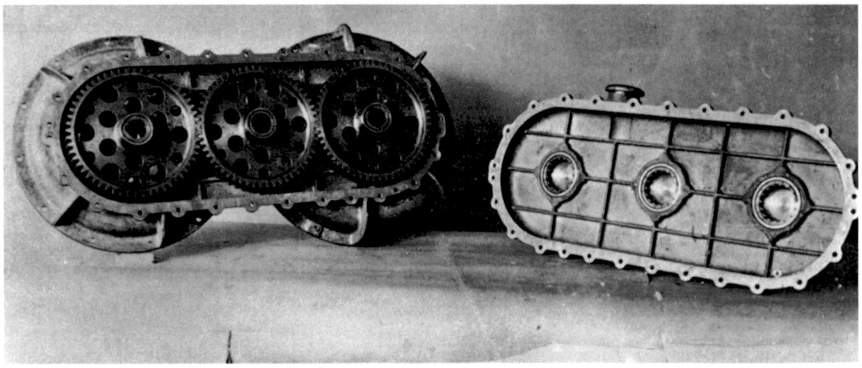

Das Cletrac-Lenkgetriebe in geöffnetem Zustand, wobei die Außenbandbremsen gut zu erkennen sind

Heckansicht der Krupp-Motor-Lafette zeigen den Einbau des Kühlers und Kraftstoffbehälters (rechts) sowie das Heck das Fahrzeuges mit kompletter Abdeckung

was einen niedrigen Aufzug und ein großes Seitenrichtfeld ermöglichte. Der Motor, ein flüssigkeitsgekühlter Maybach-OS 5-6-Zylinder-Ottomotor mit 100 PS Leistung bei 1900 U/min, war mit Wechselgetriebe und Kühler hinten im Fahrgestell eingebaut. Wegen des knappen Raumes waren Motor und Wechselgetriebe quer zur Fahrtrichtung angeordnet. Zwischen Geschütz und Motorraum war Platz für die Besatzung und Munition vorgesehen. Parallel zum Motor und mit ihm durch ein Vorgelege verbunden, lagen ein 8-Gang-Getriebe und daran anschließend ein Cletrac-Lenkgetriebe. Das ZF-Wechselgetriebe bestand aus einem 4-Gang-*Soden*-Getriebe mit angeflanschtem Zusatzgetriebe. Das Soden-Wechselgetriebe zerlegte das Schalten in zwei zeitlich und örtlich voneinander unabhängige Vorgänge. Zu beliebiger Zeit konnte rechts vom Fahrer durch Einstellen des Gangwahlhebels, der mit dem Wechselgetriebe durch Kettenantrieb und Gelenkwellen verbunden war, der gewünschte Gang vorgewählt werden. Der Gangwechsel selbst trat durch diesen Handgriff noch nicht ein, so daß diese Voreinstellung jederzeit wieder rückgängig gemacht oder auf einen anderen Gang geändert werden konnte. Sollte der Gangwechsel vorgenommen werden, war lediglich das Kupplungspedal durchzutreten, wodurch sich der vorgewählte Gang von selbst einschaltete. Zwischen Motor und Wechselgetriebe befand sich eine trockene Einscheibenkupplung. Vom Lenkgetriebe führten die

Antriebswellen durch die Seitenwände der Wanne zu den Querlenkern, an denen die Triebräder befestigt waren. Die größte Gesamtübersetzung vom Motor zu den Triebrädern betrug 105. Die Leiträder waren an einem schwenkbaren Arm in Gabeln aufgehängt, die zum Nachstellen der Gleiskette verstellbar waren.
Sie lagen so hoch, daß Hindernisse von 600 mm Höhe überklettert werden konnten. Die schwenkbare Aufhängung der Trieb- und Leiträder in Verbindung mit entsprechend aufgehängten Laufrollen gestattete ein sanftes Überklettern der Unebenheiten im Gelände, während auf guter Straße die Schwenkarme festgelegt werden konnten. Auf jeder Fahrzeugseite waren drei Stützrollen angebracht. Das Gewicht des Fahrzeugs

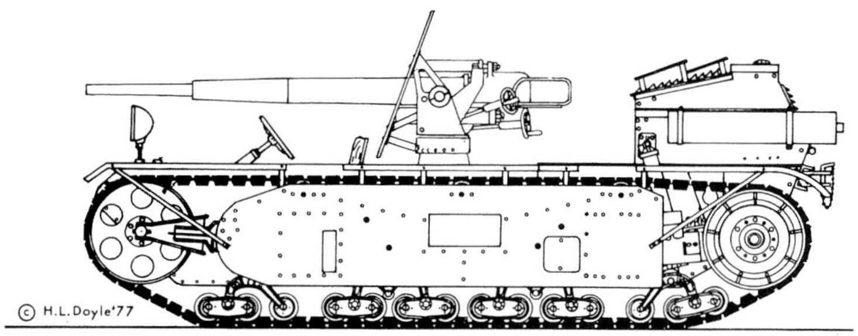

Krupp Motorlafette (M.L.) als Selbstfahrlafette für 3,7-cm-Pak L/65

wurde durch 14 Laufrollen über die Gleisketten auf den Boden übertragen. Bei einer Kettenauflagelänge von etwa 2,6 m konnten Gräben von 1,3 m Breite überschritten werden. Die 14 Laufrollen bildeten zwei Gruppen, und zwar stützten sich je 7 Rollen mit Hebeln gegen eine gemeinsame Feder ab. Am Hebelwerk waren zwei Zurrungen zur Ausschaltung der Federung beim Schuß angebracht. Eine Seilwinde mit 3000 kg Zugkraft war eingebaut. Das Lenkrad betätigte hydraulisch die Außenbandbremsen des Cletrac-Lenkgetriebes; der kleinste Wendekreisdurchmesser betrug 2,17 m. Außerdem wirkte eine hydraulische Fußbremse auf Innenbacken in den Triebrädern. Die größte Länge betrug 4200 mm, die Breite ohne Seilwinde 2280 mm, die Höhe ohne Geschütz 1580 mm. Das betriebsfertige Fahrgestell wog 5300 kg, das Geschütz mit Schutzschild 1530 kg. Mit Munition (750 kg) und Besatzung (300 kg) betrug das Gesamtgewicht 7880 kg. Die Höchstgeschwindigkeit betrug 40 km/h, die

Seitenansicht der leichten Selbstfahrlafette (LSK) der Firma Krupp

Bodenfreiheit 300 mm. Es konnten Steigungen bis zu 30° und Wasserläufe von 980 mm Tiefe bewältigt werden. Eine 12-Volt-Elektroanlage vervollständigte das Fahrzeug, von dem nur ein Prototyp gebaut wurde.
Ähnlich ausgelegt wie die Motorlafette entwickelte Krupp 1930 das Fahrzeug LSK, die leichte Selbstfahrlafette, Krupp, einen leichten Vollkettenschlepper. Er war wiederum zum Aufbau von leichten Infanteriegeschützen vorgesehen. Das Fahrzeug war vom November 1930 bis zum November 1931 zwecks Umbau bei Krupp, 1931 wurden damit 379 km, 1932 1007 km und 1933 589 km gefahren. Ein 100-PS-Daimler-Lastwagenmotor war eingebaut. Krupp übernahm 1932 den Einbau einer Long-Kupplung. Die Betätigung der Schaltung durch Bowdenzüge hatte zu Anständen geführt. In der Rückwand des Fahrzeuges war durch aufgeschraubte Deckel eine verschließbare Öffnung anzubringen, die das Wechselgetriebe besser zugäng-

Vorderansicht des Krupp-Fahrzeuges LSK. Der Scheinwerfer im Bug konnte um 180° gedreht werden

Zwei Aufnahmen des Vorderteils der LSK mit Blick auf den Fahrerstand, links mit abgenommenen Lenkrad. Der um 180° gedrehte Scheinwerfer ist gut zu erkennen

Das Laufwerk der LSK von außen und innen. Im Gegensatz zu früheren Gleiskettenfahrzeugen verwendete Krupp Laufrollen größeren Durchmessers

Die Anordnung der Lüfterflügel für die Kühlanlage im Heck des Fahrzeuges

Seitenvorgelege mit Antriebsritzel der leichten Selbstfahrlafette Krupp (LSK)

Oben links: Einzelheiten des Wechselgetriebes mit Verbindungswellen der leichten Selbstfahrlafette Krupp

Teile des hydraulischen Bremssystems der LSK. Firma Teves baute hydraulische Bremsanlagen seit 1928 (Mitte)

Links: Das Heck der leichten Selbstfahrlafette Krupp mit Abdeckung der Lüfter

lich machte. Die Öffnung verlangte das Verlegen der Schlepphaken. Das Laufwerk hatte je Seite sechs Laufrollen, die Kettenauflagelänge betrug 2560 mm. Pro Gleiskette wurden 86 Glieder bei 115 mm Teilung verwendet. Eine Versuchsgleiskette für dieses Fahrzeug führte die Bezeichnung Kgs 61/280/89. Das Gesamtgewicht des Fahrzeugs belief sich auf 8910 kg. Es wurde nur ein Prototyp gefertigt.

Basierend auf dem Fahrgestell des Leichttraktors, einem leichten Kampfpanzer der Firma Rheinmetall, wurde 1930 ein Vollketten-Versorgungsfahrzeug vorgestellt, dessen vorne liegender Motorraum leicht gepanzert war. Das Fahrzeug wurde durch einen Daimler-6-Zylinder-Lastwagenmotor mit 100 PS Leistung angetrieben. Das Gesamtgewicht lag bei 9 t. Das Laufwerk hatte 12 Laufrollen pro Seite, die in einer 3x4-Anordnung zusammengefaßt waren. Der Laufrollendurchmesser betrug 210 mm. Bei einer Spurweite von 1800 mm, einer Kettenbreite von 270 mm, betrug die Kettenauflagelänge 2720 mm. Jede Gleiskette benötigte 72 Kettenglieder. Die Bodenfreiheit betrug 290 mm. Ein Bodendruck von 0,71 kg/cm^2 wurde gemessen. Die drei Wände der normalen Ladepritsche waren abklappbar, der Fahrerstand war nicht geschützt. Es wurde nur ein Prototyp gebaut. Um das

Krupp Leichte Selbstfahrlafette (LSK) für 7,7-cm-Feldkanone 96/16

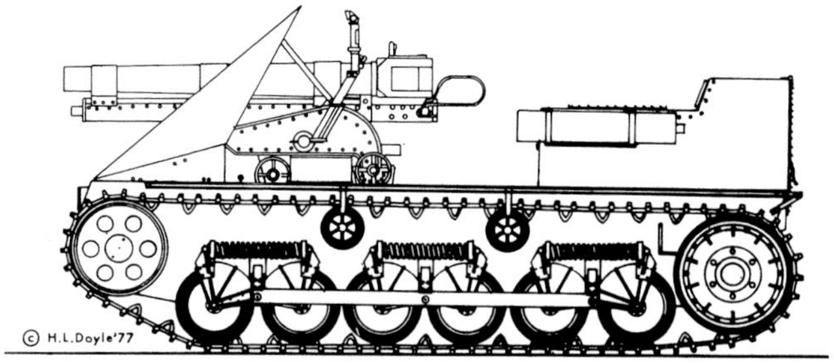

Rheinmetall: Versorgungsfahrzeug auf »Leichttraktor«-Fahrgestell

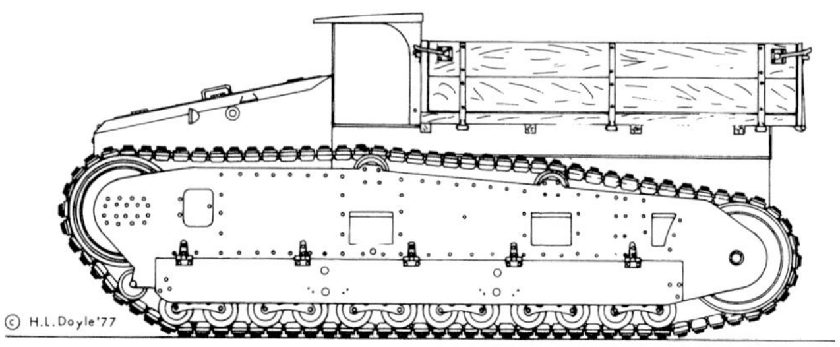

Fahrverhalten von ungefederten Vollketten-Fahrgestellen mit gefederten Fahrzeugen dieser Art zu vergleichen, entwickelten die Wotan-Werke in Leipzig 1926 den Raupenschlepper, Typ A. Im Heck war ein Daimler-Mercedes-4-Zylinder-Ottomotor Typ M 1574 eingebaut, der 100 PS bei 1200 U /min leistete. Die Auslegung des Fahrzeuges deutete auf die Raumordnung eines Panzerfahrzeuges hin*.

Eine Aufstellung des Heereswaffenamtes, WaPrüf 6, über den Stand der Versuche vom 1.1.1930 zeigt, daß man Vollkettenschlepper auch als Zugmittel für leichte und mittlere Artillerie sowie für Pioniere in Erwägung zog. In größeren Stückzahlen wurden handelsübliche Vollkettenschlepper (u. a. Typ Rübezahl der Fa. FAMO, Breslau) auch als Panzerattrappen eingesetzt. Als Zugmittel jedoch kamen ab 1934 fast ausschließlich die neuentwickelten Halbketten-Zugkraftwagen zum Einsatz.

Bei der Kraftfahrversuchsstelle in Kummersdorf bei Berlin befanden sich in den Jahren um 1930 ebenfalls Vollkettenschlepper der Firma Caterpillar sowie Pavesi-Radschlepper aus Italien für Vergleichs- und Versuchszwecke.

Die bei der Deutschen Reichswehr eingesetzten handelsüblichen Vollkettenschlepper wurden der Größe nach wie folgt eingeteilt:

– leichte Kettenschlepper,	Hubraum bis	4000 cm^3,	maximal 25 PS
– mittlere Kettenschlepper,	Hubraum bis	5000 cm^3,	maximal 40 PS
– schwere Kettenschlepper,	Hubraum über	5000 cm^3,	mehr als 40 PS

* Im Gegensatz dazu stand der Koen-Schlepper, der erstmals mit einem gefederten, gummibewehrten Gleiskettenlaufwerk versehen wurde. Auch hier von wurden nur Prototypen gebaut.

Der als leichter Kampfpanzer ausgelegte »Leichttraktor« der Firma Rheinmetall sollte auch als Versorgungsfahrzeug verwendet werden. Die Bilder zeigen den Prototyp, der mit einer normalen Lastwagen-Ladepritsche versehen wurde

Im Gegensatz zum Schlepper der Wotan-Werke hatte der Koen-Schlepper erstmals ein gefedertes, gummibewehrtes Gleiskettenlaufwerk

Als Versuchsfahrgestell diente der Gleiskettenschlepper Typ A der Wotan-Werke, Leipzig, von dem 1926 ein Prototyp gebaut wurde

Handelsübliche Gleiskettenschlepper wurden in größerer Stückzahl auch von der Reichswehr verwendet. Die Bilder zeigen rechts einen Schlepper der Firma Hanomag mit Gummipolstern auf den einzelnen Kettengliedern, um die Straßengeschwindigkeit zu erhöhen. Links der Typ Boxer und darunter eine Übersichtszeichnung des Typs Rübezahl, beides Produkte der Linke-Hofmann-Busch-Werke AG (später FAMO) in Breslau

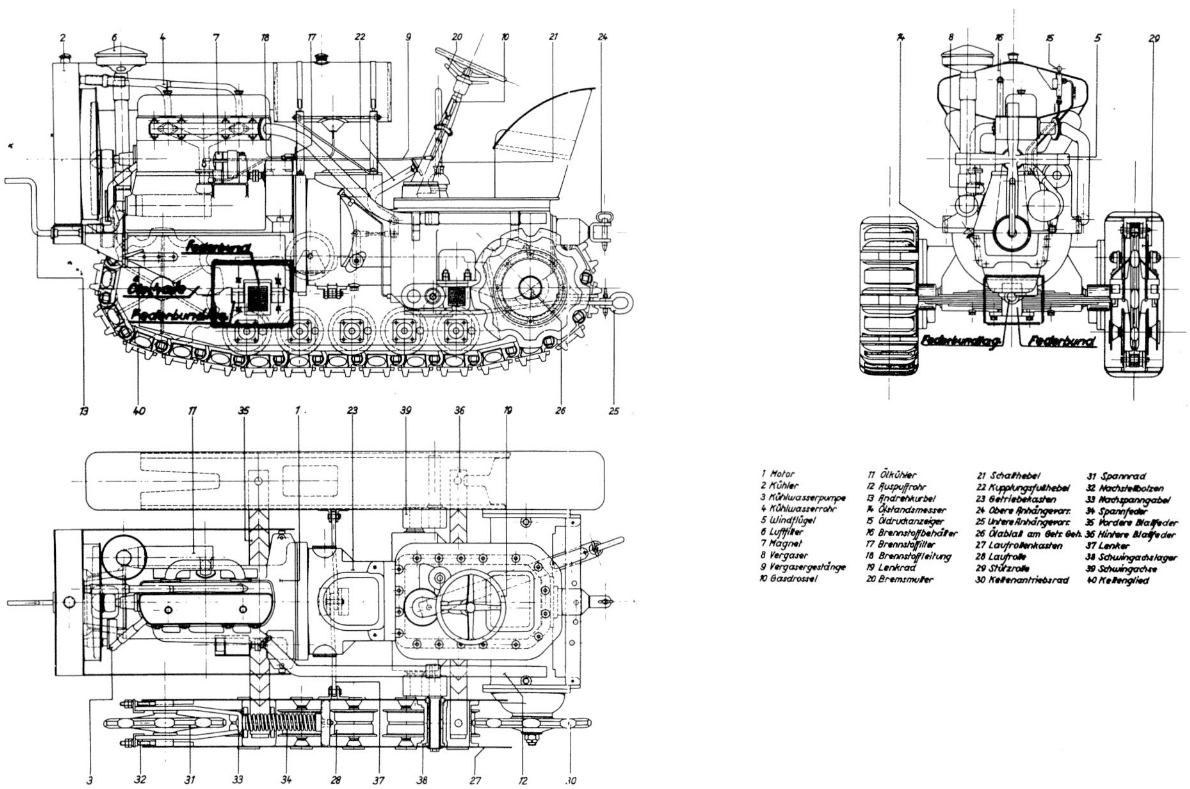

Bei der Kraftfahrversuchsstelle in Kummersdorf wurden in den Jahren um 1930 Vollkettenschlepper der amerikanischen Firma Caterpillar sowie Pavesi-Radschlepper (beide Bilder) aus Italien für Vergleichs- und Versuchszwecke erprobt

5. Gepanzerte Radfahrzeuge

5.1 Straßenpanzerwagen

Wegen der Unruhen innerhalb des Reichsgebietes und vor allem wegen der Bedrohung der Grenzen im Osten wurde nach 1919 eine größere Anzahl gepanzerter Radfahrzeuge gebaut. Neben Spezialfahrzeugen ergaben sich eine Reihe von Behelfslösungen. So entstanden 30 Stück sogenannter »Notwagen«, behelfsmäßig gepanzerte 3-t-Lastkraftwagen vorwiegend von der Firma Daimler, die nur ungenügend und auf größere Entfernungen die Besatzung schützten. Die ersten dieser Fahrzeuge standen bereits drei Wochen nach Auftragserteilung zur Verfügung. Dazu kamen noch vier überpanzerte »Marienwagen«, die als Halbkettenfahrzeuge ausgelegt waren.
1919 wurde weiterhin eine neue Serie von zwanzig Ehrhardt-Straßenpanzerwagen aufgelegt, die im wesentlichen der Ausführung 1917 dieser Fahrzeuge glichen. Zusätzlich wurde eine Radpanzerung eingeführt, die Maschinengewehre wurden in einer kardanischen Aufhängung untergebracht. Aus der Krupp-Daimler-Zugmaschine entstand 1919 der DZVR-Panzerwagen der Firma Daimler, von dem bis 1920 vierzig Stück gebaut wurden. Die eisenbereiften Hinterräder hatten einen Durchmesser von 1400 mm, die Vorderräder einen solchen von 1200 mm. Mit einfachen Mitteln wurde eine Rückwärtslenkung eingebaut, die übrigen Betätigungshebel waren nur beim Vorwärtsfahrer vorgesehen. Die bei der Zugmaschine vorhandenen Radgreifer wurden auch hier wieder verwendet. Der geschlossene Panzeraufbau entsprach den Richtlinien, die beim Ehrhardt-Wagen angewendet wurden.
Insgesamt wurden 94 Panzerwagen bis zum Frühjahr 1920 fertiggestellt. 1919 wurden in Bayern weitere sechs Krupp-Daimler-KDI-Zugwagen mit einer behelfsmäßigen Panzerung versehen, deren Dicke von 60 mm das Gesamtgewicht der Fahrzeuge um 50% auf 16 t anhob.
Inzwischen wurde der Friedensvertrag von Versailles abgeschlossen, der dem Heer den Besitz von gepanzerten Fahrzeugen jeder Art untersagte und die vorhandenen Fahrzeuge der Verschrottung nahebrachte.
Der Zusatzvertrag von Boulogne zum Friedensvertrag

Noch im Jahre 1919 wurden dreißig 3-t-Lastkraftwagen in Behelfspanzerwagen umgebaut. Fahrgestelle verschiedener Firmen wurden dafür verwendet

Im Jahre 1919 wurde eine neue Serie von 20 Ehrhardt-Straßenpanzerwagen aufgelegt, die im wesentlichen der Ausführung aus dem Jahre 1917 glich

Im Jahre 1919 entwickelte gepanzerte Ausführung des Daimler-DZVR-Zugwagens, von der bis 1920 vierzig Stück gebaut wurden. Das Bild zeigt die ursprüngliche Ausführung des gepanzerten Aufbaus

Die drei Aufnahmen vermitteln Einzelheiten des Daimler-DZVR- Fahrgestells für gepanzerte Aufbauten (S.145 Mitte und unten)

Unten: Einzelheiten der DZVR-Panzerfahrzeuge

Benz
Schupo-
Sonderwagen
VP 21

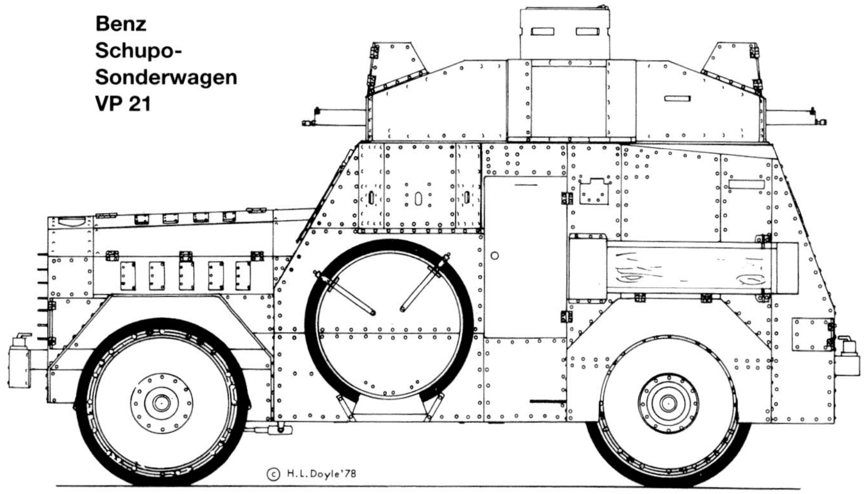

Daimler
Schupo-
Sonderwagen
DZVR

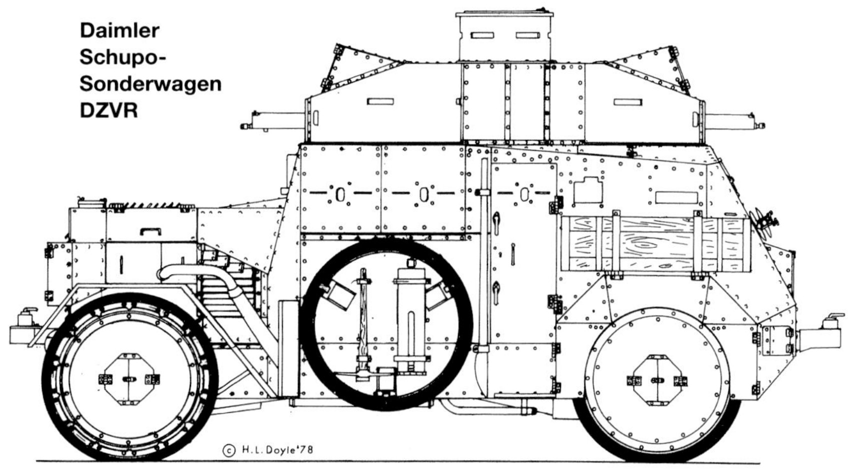

Ehrhardt
Schupo-
Sonderwagen
Typ 21

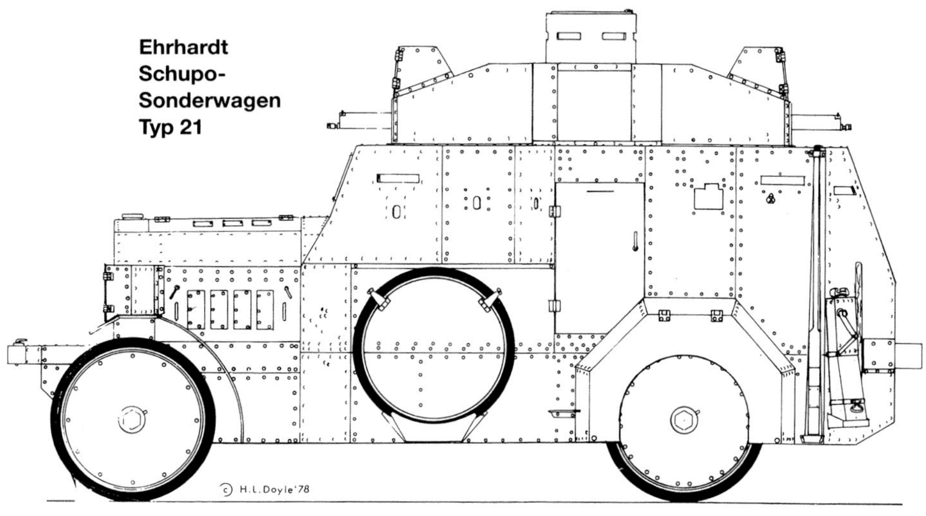

Für die Schutzpolizei wurden vier überpanzerte »Marienwagen« bei der Daimler-Motoren-Gesellschaft in Berlin-Marienfelde entwickelt. Sie durften aber auf Befehl der Interalliierten-Kontroll-Kommission nicht eingesetzt werden

Daimler-DZVR-Panzerwagen im Einsatz bei Freikorps-Verbänden und bei der Reichswehr

von Versailles erlaubte für ausschließliche Polizeiverwendung im Inneren Deutschlands 150 Straßenpanzerwagen, die mit je zwei MG ausgerüstet werden konnten. Es gelang, von der Interalliierten Militär-Kontroll-Kommission die Zustimmung zur Streichung der Wagen aus den Beständen der Heeresverwaltung und Überweisung an die Schutzpolizei des Reiches zu erhalten. So gelangte im Jahre 1920 die Schutzpolizei der Länder des Deutschen Reiches in den Besitz von etwa 50 mehr oder weniger gebrauchsfähigen Straßenpanzerwagen. Um die erlaubte Stückzahl von 150 Straßenpanzern für die Schutzpolizei zu erreichen, ging man daran, Unterlagen für die Neubeschaffung von 100 dieser Fahrzeuge zu erarbeiten. Da sich deren

Daimler-DZVR-Panzerwagen

Einsatz grundsätzlich geändert hatte, war diese Neuplanung von großer Wichtigkeit. Die Fahrzeuge sollten zwar für Überlandfahrten, in erster Linie jedoch für den Straßenkampf geeignet sein. Dadurch wurde eine stärkere Panzerung notwendig, als die bisher für Kriegszwecke erbauten Fahrzeuge besaßen. Diese konnten meistens die Gefechtsentfernung selbst bestimmen.

Da die einzelnen deutschen Länder aus technischen Gründen nicht in der Lage waren, jedes für sich besondere Panzerwagen zu bauen, übernahm es das Reichsministerium des Innern, für alle Länder gemeinsam den Entwurf und den Bau der Schutzpolizei-Sonderwagen durchzuführen. Eine Kommssion, bestehend aus Vertretern der einzelnen Länder, nahm bei der Aufstellung der Richtlinien für den Bau und beim Abschluß der Verträge beratend teil und war auch an der Erprobung der Prototypen weitgehend beteiligt.

Obwohl zahlreiche Automobilfirmen Entwürfe beim Reichsministerium des Innern einreichten, wurden nach den abgeschlossenen Vorversuchen nur folgende Produktionsaufträge vergeben:

– Benz	24 Stück
– Daimler	31 Stück
– Ehrhardt	30 Stück

Die Fahrgestelle aller drei Typen besaßen 4-Rad-Antrieb und Rückwärtslenkung, um das Wenden in engen Straßen zu vermeiden. Die Umlenkung von Vorwärts- auf Rückwärtsfahrt geschah durch ein Umlenkgetriebe, welches beim Ehrhardt-Sonderwagen vom vorderen Fahrersitz geschaltet wurde. Bei den Daimler- und Benz-Sonderwagen konnte das Getriebe sowohl vom vorderen wie auch vom hinteren Fahrersitz aus betätigt werden. Da die Interalliierte Kontroll-Kommission an der rückwärtigen Lenkung Anstoß nahm, war diese ausbaubar angeordnet, wobei der Lenkmechanismus jedoch erhalten blieb und lediglich mit einer Stahlplatte abgedeckt wurde. Der kräftige Rahmen war vorne und hinten durch Rammböcke versteift, welche der Beseitigung von Hindernissen dienten. Der Kühler lag bei allen Modellen vor dem Motor, er war überbemessen. Ein Nachfüllen des Kühlers aus dem Inneren des Fahrzeuges war vorgesehen.

Das Spezialfahrgestell der Firma Benz & Co in Gaggenau lief unter der Typenbezeichnung VP 21. Der 4-Zylinder-S 140 N-Ottomotor mit 12,3 l Hubraum leistete bei 1200 U /min 100 PS. Eine Lamellenkupplung übertrug die Motorleistung auf ein Gruppengetriebe mit sechs Vorwärts- und Rückwärtsgängen. Die Höchstgeschwindigkeit betrug 60 km/h. 270 l Kraftstoff wurden in drei Behältern mitgeführt und ermöglichten einen Fahrbereich von etwa 350 km. Bosch-Anlasser und Lichtmaschine waren vorhanden. Ebenfalls konnte bei allen Fahrzeugen der Motor im Notfall von der Fahrzeugmitte aus von Hand angeworfen werden.

Der Daimler-Typ DZVR war ein Familienfahrzeug der Krupp-Daimler-Zugmaschine, von der es drei Ausführungen gab:

- Zugwagen DZ 1 konnte mit acht Geschwindigkeiten vorwärts und zwei Geschwindigkeiten rückwärts gefahren werden. Eine Seilwinde war in der Mitte des Fahrgestells angeordnet;
- Zugwagen KW 19 konnte gleichfalls mit acht Geschwindigkeiten vorwärts und zwei Geschwindigkeiten rückwärts gefahren werden. Die Seilwinde war vorne vor dem Motor angeordnet;
- Zugwagen DZVR besaß ein zweites Lenkrad am Ende des Fahrgestells und konnte mit fünf Geschwindigkeiten vor- und rückwärts gefahren werden. Eine Seilwinde war nicht vorhanden.

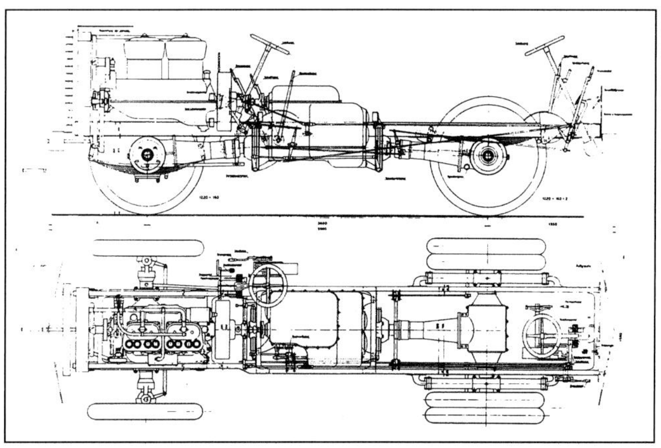

Das Fahrgestell des Benz-VP 21 - Schutzpolizei-(Schupo-) Sonderwagens

Benz-Schupo-Sonderwagen vor einer Besichtigung. Ganz links ein Daimler-Fahrzeug

Benz-VP 21-Schutzpolizei-(Schupo-) Sonderwagen

Die Daimler-Schupo-Sonderwagen-Ausführung DZVR erhielt vorne und hinten Räder gleichen Durchmessers. Die vier Aufnahmen zeigen alle Einzelheiten des Fahrgestells

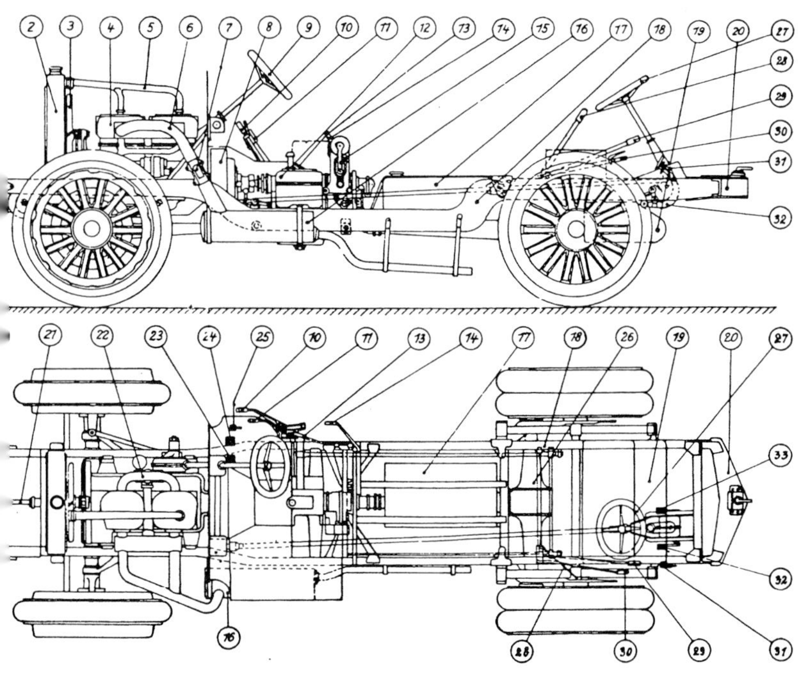

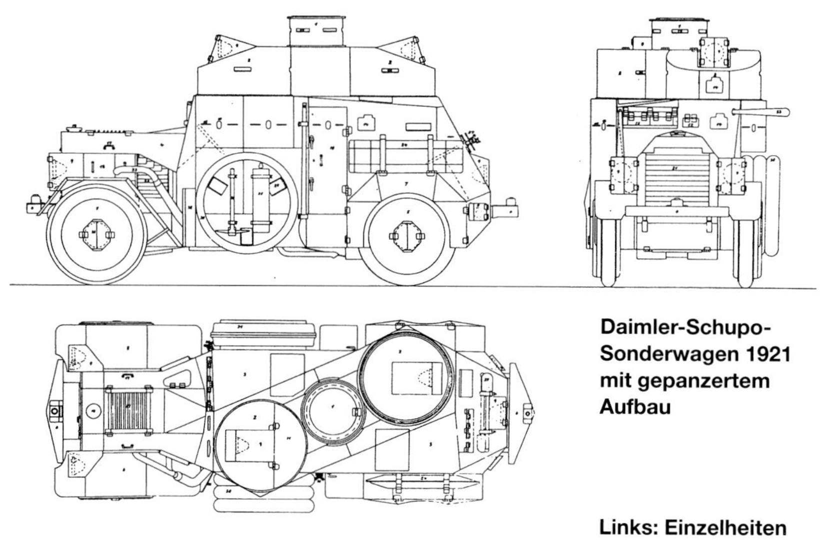

Daimler-Schupo-Sonderwagen 1921 mit gepanzertem Aufbau

Links: Einzelheiten des Fahrgestells DZVR der Daimler-Motoren-Gesellschaft

Oben links:
Daimler-DZVR 21-Schupo-Sonderwagen

Oben rechts:
Daimler-Schupo-Sonderwagen im Einsatz (Berlin 1932, Billowplatz)

Die Bilder zeigen den Daimler-DZVR-Sonderwagen als gepanzerten Kraftwagen (Sd. Kfz. 3) bei der Deutschen Reichswehr

Der DZVR erhielt nunmehr, wie alle anderen Sonderwagen, Räder der Größe 1220 x 160, die hinten doppelt vollgummibereift waren. Der Daimler-4-Zylinder-M 1574-Ottomotor leistete 100 PS. Eine Doppelkonuskupplung übertrug den Kraftfluß.
Eine Höchstgeschwindigkeit von 50 km/h wurde erreicht. Wie beim Benz-Fahrzeug waren 270 l Kraftstoff in drei Behältern vorhanden, ebenso lag der Fahrbereich bei 350 km.
Der Ehrhardt-Sonderwagen basierte noch immer auf dem Fahrgestell, welches die Firma für ihre Ballon-Abwehr-Kanonen während des Ersten Weltkrieges verwendete. Der 4-Zylinder-Ottomotor hatte 136 mm Bohrung und 160 mm Hub. Bei 1300 U/min leistete er 80 PS. Eine nasse Lamellenkupplung übertrug die Leistung auf ein kombiniertes Vor- und Rückwärtsgetriebe mit Kulissenschaltung, welches sechs Gänge in jeder Richtung hatte. Die Höchstgeschwindigkeit lag bei 60 km/h. Benz verwendete Stahlscheibenräder, Daimler Holzspeichenräder und Ehrhardt Felgen aus Stahlguß. Drei Kraftstoffbehälter faßten zusammen 250 l, der Fahrbereich betrug 350 km.
Gemäß den gegebenen Richtlinien stimmten die Aufbauten für die Fahrzeuge aller drei Firmen im wesent-

Gegenüberstellung des gepanzerten Daimler-Kraftwagens ohne (oben) und mit Funkausrüstung. Das Fahrzeug unten weist eine Dachantenne auf. Die Fahrzeuge wurden als gepanzerte Mannschafttransportwagen eingesetzt

Seiten- und Rückansicht des Daimler-DZVR gepanzerten Kraftwagens der Deutschen Reichswehr

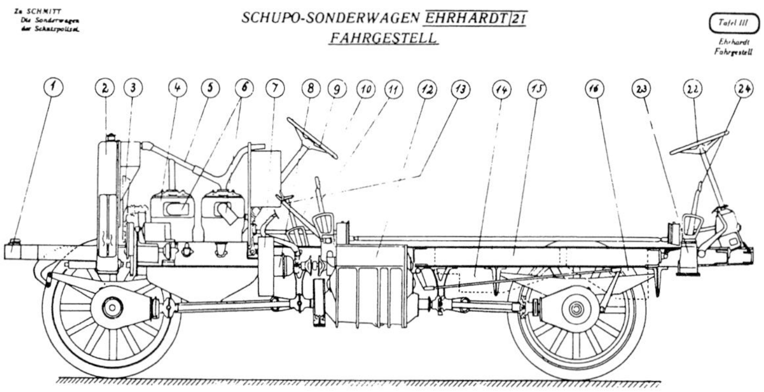

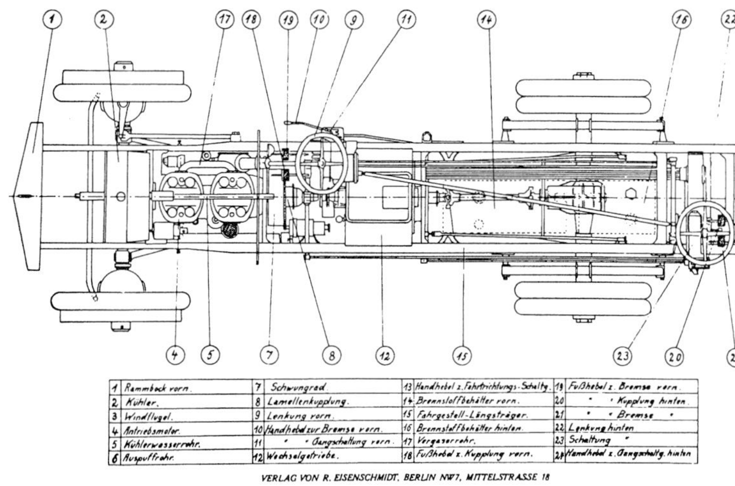

1	Rammbock vorn.	7	Schwungrad.	13	Handhebel z. Fahrtrichtungs-Schaltg.	19	Fußhebel z. Bremse vorn.
2	Kühler.	8	Lamellenkupplung.	14	Brennstoffbehälter vorn.	20	" " Kupplung hinten.
3	Windflügel.	9	Lenkung vorn.	15	Fahrgestell-Längsträger.	21	" " Bremse "
4	Antriebsmotor.	10	Handhebel zur Bremse vorn.	16	Brennstoffbehälter hinten.	22	Lenkung hinten
5	Kühlerwasserrohr.	11	" " Gangschaltung vorn.	17	Vergaserrohr.	23	Schaltung "
6	Auspuffrohr.	12	Wechselgetriebe.	18	Fußhebel z. Kupplung vorn.	24	Handhebel z. Gangschaltg. hinten

Auslegung des Fahrgestells für den Schupo-Sonderwagen 21 der Firma Ehrhardt

Ein Größenvergleich mit dem 1936 eingeführten leichten Panzerspähwagen zeigt die unförmigen Ausmaße der gepanzerten Daimler-Kraftwagen DZVR

lichen völlig überein. Abweichungen ergaben sich lediglich durch die verschiedenen Maße der Fahrgestelle.
Die Bewaffnung, zwei MG 08, war in zwei diagonal angeordneten, auf Kugellager laufenden Drehtürmen untergebracht. Die Drehtürme waren derart angeordnet, daß der seitlich sitzende Fahrer in der Beobachtung nach keiner Seite hin beeinträchtigt wurde. Der entstehende tote Winkel bei der Bestreichung des Horizonts sollte gleich null sein. Dies wurde durch einen nicht starren Einbau der MG in den Türmen erreicht, die außer der Drehung des Turmes noch ein eigenes

Bilder des Ehrhardt-Schupo-Sonderwagens 21 mit geöffneten und geschlossenen Ausblick- und Schußöffnungen

Seitenrichtfeld von etwa 30° besaßen. Die Feuerhöhe der Türme vom Boden war so gering bemessen, daß ein im Abstand von einem Meter vor dem Fahrzeug aufrecht stehender Mann durch den Kopf geschossen werden konnte. Neben den beiden Fahrern und in den beiden Seitenwänden war je eine MG-Schießscharte angeordnet, in die ohne weiteres ein MG einzubauen war. Um auch Feuern nach den Seiten zu gewährleisten, waren unter den MG-Türmen rechts und links je ein Erker mit Schießscharten für Maschinenpistolen angeordnet. An den parallelen Seitenwänden war außerdem noch je eine weitere Öffnung zum Feuern mit Karabiner oder Pistole vorgesehen. Zwischen den MG-Türmen war ein Kommandoturm angebracht, wodurch der Kommandant in unmittelbarer Nähe der beiden MG-Schützen und dem Fahrer stand und die Sprachrohrleitungen sehr kurz blieben. Außerdem bildete der Kommandoturm eine Sperre für die beiden MG-Türme, welche ein gegenseitiges Beschießen ausschloß. Der Kommandoturm überragte beide MG-Türme und war in der Höhe so bemessen, daß in ihm ein Mann aufrecht stehen konnte, wodurch dem Kommandanten ein unbeeinträchtigter Rundblick möglich war. Der Turm selbst hatte eine sechseckige Form, die nicht nur größere Abmessungen ergab, sondern auch gebogene Panzerbleche vermied. Die kegelförmig abgeschrägte Turmdecke ließ aufgelegte Handgranaten wirkungslos abrollen. An jeder Längsseite war eine Tür angeordnet, und zwar rechts in der Parallelwand, links in einer Schrägwand des Erkers. Für Fahrer und Beobachter waren ringsherum Sehschlitze vorgesehen. Motor und Kühler befanden sich unter einer besonderen Panzerhaube, deren Seitenwände unmittelbar am Fahrzeugrahmen lagen und somit ein vollkommenes Einschlagen der Vorderräder zuließen. Die Decke der Panzerhaube konnte für Reparaturzwecke abgenommen werden. Um genügend Kühlluft zu erhalten, waren seitliche Klappen vorgesehen und an der vorderen Stirnwand eine Panzer-Jalousie angebracht, die zum Schutze des Kühlers aus dem Wageninneren geschlossen werden konnte. Die Abführung der Warmluft erfolgte durch eine Entlüftungsanlage nach beiden Seiten und nach oben. Eine Ventilation des Kampfraumes erübrigte sich, da dieser vom Motorraum durch eine Zwischenwand völlig getrennt war. Um im Notfall eine geschützte Zugangsmöglichkeit vom Kampfraum zum Motor zu haben, konnte ein gepanzerter Schacht aus der vorderen Stirnwand des Kampfraums und der Decke der Motorhaube herausgeklappt werden. Zudem war ein Teil der Zwischenwand ebenfalls umlegbar.

Kupplung, Wechselgetriebe und Kraftstoffbehälter lagen innerhalb der Panzerung, welche auch nach unten völlig abgeschlossen war und so Schutz gegen Handgranaten und Splitter bot. Die Auspuffleitung lag abgedeckt außerhalb des Fahrzeuges. Zur Lüftung der Aufbauten waren die Deckel der MG-Türme mit großen, umlegbaren Platten versehen. Während Klappen die Zugangsmöglichkeit zu sämtlichen Schmierstellen boten, sicherten kreisförmige Panzerscheiben die Bereifung der Räder. Für Vorwärts- und Rückwärtsfahrt waren Scheinwerfer in Panzerkisten vorhanden, weitere vertikal bewegliche Scheinwerfer lagen zur Schußfeldbeleuchtung über den MG-Türmen.

Um ein möglichst geringes Gesamtgewicht zu erzielen, wurde als Panzermaterial hochwertiger Chromnickelstahl verwendet. Dazu wurden die rohen Bleche von verschiedenen deutschen Stahlfirmen bezogen und von den Deutschen Werken in Kiel in einer für diese Zwecke besonders erbauten Anstalt nach der mechanischen Formgebung vergütet und gehärtet. Die Legierung für Chromnickelstahl besaß bereits nach der Schmelzung eine große Härte; es war notwendig, die ausgewalzten Bleche auszuglühen, um ihnen die zur Bearbeitung notwendige Weichheit zu geben. Die ausgeglühten Bleche besaßen eine Festigkeit von 75 kg/mm² und boten die Möglichkeit, auf mechanischem Weg durch Bohren, Fräsen und Hobeln in die gewünschte Form gebracht zu werden. Das mechanisch fertig bearbeitete Blech erhielt dann ein Härte- und Anlaßverfahren, also durch eine besondere Wärmebehandlung die erforderliche Beschußsicherheit. Man erreichte dieses dadurch, daß man Bleche oben angegebener Legierung in einem besonderen Gasofen gleichmäßig auf etwa 850° C erwärmte und sie dann in einem Ölbad abkühlte. Die so behandelten Bleche wiesen eine außerordentliche Härte – ihre Festigkeit betrug etwa 200 kg/mm² – auf. Um die optimale Beschußsicherheit zu erzielen, mußte das Material angelassen werden, was dadurch geschah, daß man die Bleche noch einmal auf etwa 230° C erwärmte und sie dann an der Luft erkalten ließ. Derart behandelte Bleche zeigten eine gelbe Anlaßfarbe und besaßen eine Festigkeit von etwa 170 bis 180 kg/mm².

Die Schupo-Sonderwagen besaßen eine Panzerung, deren senkrechte Bleche mit 12 mm Dicke Schutz gegen SmK-Munition auf 25 m boten. Unterhalb des Rahmens betrug die Dicke der senkrecht stehenden Bleche nur 7 mm, bot aber genügend Schutz, da die Maschinenteile teils in Gehäusen gelagert waren, teils durch ihre Form und Festigkeit dem nach Durchschlagen eines 7-mm-Bleches in seiner Wirkung geschwächten Geschoß selbst genügend Widerstand boten. Durch Schrägstellung der Bleche wurde der Beschußwiderstand außerordentlich vergrößert, daher wurden alle am Aufbau befindlichen, schräggestellten Bleche geringer bemessen. Die horizontal liegenden Deckbleche waren 6 mm dick, der Boden bestand aus 4-mm-Blechen, die genügend Schutz gegen untergeworfene Handgranaten boten. Die Firma Martini & Hüneke, Maschinenbau AG in Berlin, fertigte die Panzergehäuse (lt. Zeichnung Nr. P. 1073/2 vom 20.4.1921), wobei neben der Chromnickellegierung auch nickelfreier Panzerstahl von 10 mm Dicke erwogen wurde. Der Provisionsanteil der Herstellerfirmen betrug pro Panzerung RM 3000,–. Das Gesamtpanzermaterial (ohne Türme) wog etwa 2650 kg, die Verbindungen und Befestigungen der Panzerung einschließlich der Beschläge etwa 700 kg. Die beiden MG-Türme und der Kommandanten-Turm wogen zusammen etwa 900 kg.

Durch die schwierige wirtschaftliche Lage zu dieser Zeit zog sich der Bau dieser Fahrzeuge so in die Länge, daß die Mehrzahl der Wagen erst im Jahre 1924, der Rest 1925 fertiggestellt und den Schutzpolizei-Verwaltungen der Länder übergeben werden konnte. 1928 standen 72 dieser Fahrzeuge im Dienst der preußischen Schutzpolizei, 38 weitere bei Polizei-Einheiten anderer deutscher Länder.

Der Reichswehr selbst standen nur 105 (15 per Division) gepanzerte Kraftwagen zur Mannschaftsbeförderung zu. Zunächst wurden hierfür ab Ende 1921 25 bei der Truppe befindliche Panzerfahrzeuge älterer Ausführung abgeändert. 25 weitere Fahrzeuge wurden neu beschafft, dafür wurden jedoch vorhandene Fahrgestelle der Zugmaschine DZ I verwendet, deren Fahrgestell durch Änderungen am Wechselgetriebe und an den Rädern, durch Einbau einer Doppellenkung und durch Ausbau der Seilwinde der neuen Verwendung angepaßt wurde. Die Alliierten verzögerten jedoch durch Einsprüche die Fertigstellung der Fahrgestelle. Es standen schließlich dem Heer 45 gepanzerte Kraftwagen als Mannschaftstransportwagen zur Verfügung. Eine Mitteilung des Reichswehrministeriums vom 16.5.1922 besagte, daß die aus früherer Zeit übernommene Bezeichnung Straßenpanzerkraftwagen für die dem Reichsheer zugestandenen 105 gepanzerten Kraftwagen irreführend sei, weil eigentliche Straßenpanzerkraftwagen in ihrer früheren Art als Kampffahrzeug durch den Versailler Vertrag verboten und im Heer nicht mehr vorhanden waren. Im Gegensatz zu der früheren Zweckbestimmung der Fahrzeuge dieser Art fiel den jetzigen nur die Aufgabe zu, Mannschaften unter Panzerschutz zu befördern. Für diese Fahrzeuge wurde daher die Bezeichnung »Gepanzerter Kraftwagen« (Gp. Kw.) bestimmt. Dazu kam spä-

Daimler gepanzerter Kraftwagen (Sd. Kfz. 3) als Mannschafttransportfahrzeug

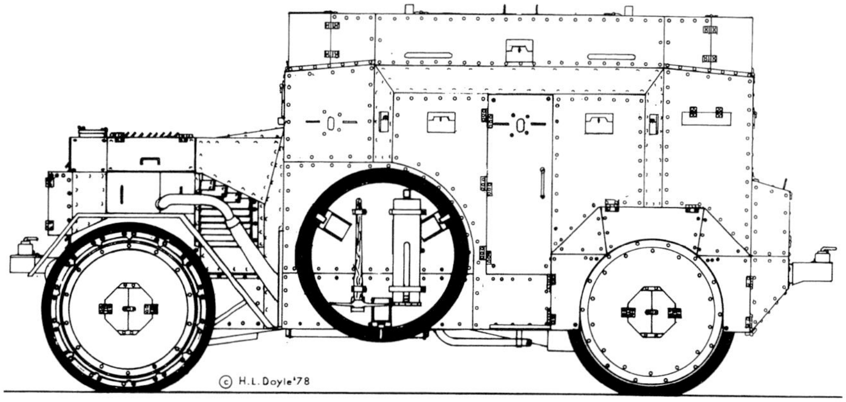

ter noch die Bezeichnung Sd. Kfz. 3. Die Fahrzeuge verwendeten ausschließlich das Daimler-DZRV-Fahrgestell. Im Inneren waren Sitze, Lüftungsklappen und Beobachtungseinrichtungen vorhanden. Die Höchstgeschwindigkeit betrug 50 km/h, die Tagesleistung zwischen 250 bis 300 km. Nach Abnahme der Vollgummibereifung konnten die gepanzerten Kraftwagen auch auf Eisenbahnschienen laufen. Als sogenanntes »Y-Gerät« waren für jedes Fahrzeug sowohl Rückwärtslenkung als auch vier schwere Maschinengewehre mit Panzerblenden eingelagert, da beide grundsätzlich verboten waren und vor den Augen der Interalliierten Kontroll-Kommission verborgen bleiben mußten. Erst ab 1926 setzte man diese Fahrzeuge auch vermehrt für die gepanzerte Aufklärung ein und versah sie kurz darauf mit Funkgeräten. 1927/1928 erfolgten Versuche mit Mittelwellengeräten im gepanzerten Kraftwagen, wobei bei der Abteilung D der Artillerie-Schule Jüterbog Einweisungslehrgänge für die Kraftfahrtruppe stattfanden. Die Fahrzeuge erhielten 20-Watt-Sender und entsprechende Empfänger, die im Mittelwellenbereich 179,6 bis 316 m (950 bis 1670 kHz) einen Funkbetrieb während der Fahrt mit Tastverkehr bis zu 15 km und Sprechverkehr bis zu 5 km ermöglichten. Die der Reichswehr zugebilligte Quote von 105 gepanzerten Mannschaftstransportwagen wurde wegen des geringen Einsatzwertes dieser Fahrzeuge nicht ausgenützt.

5.2 Kampfwagen-Nachbildungen

Die der Reichswehr zugestandenen gepanzerten Kraftwagen waren wegen ihrer Größe, ihres Gewichtes sowie der hohen Betriebskosten nur bedingt für die Ausbildung der Truppe verwendbar. Die Panzerkampfwagen-Taktik konnte aufgrund der einschneidenden Beschränkungen des Versailler Friedensvertrages anhand von Literatur vorwiegend nur theoretisch behandelt werden. Um überhaupt das Vorhandensein gepanzerter Fahrzeuge bei Übungen simulieren zu können, wurden Panzerfahrzeuge durch leichte Attrappen mit Stoffbespannung, die von vier Soldaten getragen wurden, dargestellt. Später stellte man solche Attrappen auf Fahrradgestellen.

Im Jahre 1926 erschien die erste, selbstfahrende Kampfwagen-Nachbildung, welche auf einem Büssing-Lastkraftwagen-Fahrgestell montiert war. Der Entwurf stammte von der 2. Kompanie der 6. (Preußischen) Kraftfahrabteilung in Hannover. Das Fahrge-

Während die Panzer-Attrappen ursprünglich von Soldaten getragen wurden, stellte man sie später auf Fahrräder und ließ sie von Soldaten schieben

Im Jahre 1926 erschien die erste selbstfahrende Kampfwagen-Nachbildung auf einem Büssing- Lastkraftwagenfahrgestell. Die Bilder zeigen Vorder- und Rückansicht dieses Fahrzeuges

Bilder Mitte:
Serienmäßig wurden die Kraftfahrabteilungen der Reichswehr mit Kampfwagen-Attrappen auf dem Hanomag-»Kommißbrot«-Fahrgestell ab 1927 ausgerüstet. Das Bild (rechts) zeigt das Hanomag-Original-Fahrzeug, links ist eine Einheit mit den umgebauten Fahrzeugen zu sehen

Dixi-Attrappen beim Zusammenbau

stell war jedoch zu straßengebunden und dadurch bedingt einsatzfähig, so daß man bei späteren Entwürfen auf leichtere Fahrgestelle zurückgriff.

Im April 1927 wurde die 2. Kompanie der 6. (Preußischen) Kraftfahrabteilung in Hannover als erste Einheit mit 32 Stück motorisierter Attrappen in Aluminiumblech auf dem Fahrgestell eines kleinen, 2-Sitzer-Hanomag-Personenkraftwagens ausgerüstet. Verwendet wurde der Typ 2/10 PS, im Volksmund »Kommißbrot« genannt, der mit einem Einzylinder-Viertakt-Ottomotor mit 502 m^3 Hubraum und 10 PS Leistung ausgerüstet war. Das Fahrzeug hatte kein Ausgleichsgetriebe, die Übersetzung vom Wechselgetriebe zur Hinterachse betrug 1:2. Im 3. Gang wurden Geschwindigkeiten bis zu 60 km/h erreicht. Vorne wurden die Holzspeichenräder durch Doppelquerfedern, hinten durch Schraubenfedern abgestützt. Der Radstand betrug 1920 mm. Das Fahrzeug konnte mit 200 kg belastet werden. Die leichte Bauart erlaubte der Besatzung, festgefahrene Fahrzeuge durch Muskelkraft wieder beweglich zu machen, das Fehlen des Ausgleichsgetriebes wirkte sich vorteilhaft für die Geländegängigkeit aus. Mit den gleichen Fahrzeugen wurde auch die 1. (Preußische) Kraftfahrabteilung in Königsberg ausgerüstet. Die übrigen fünf Kraftfahrabteilungen erhielten ähnliche Attrappen, allerdings auf dem in der Zwischenzeit in Eisenach serienmäßig gebauten Dixi-Personenkraftwagen, dessen 4-Zylinder-Ottomotor 15 PS leistete. Die Aufbauten dieser Fahrzeuge waren leicht zerlegbar ausgelegt. Zur Befehlsübermitt-

Kampfwagen-Nachbildung auf Dixi/BMW-Fahrgestell

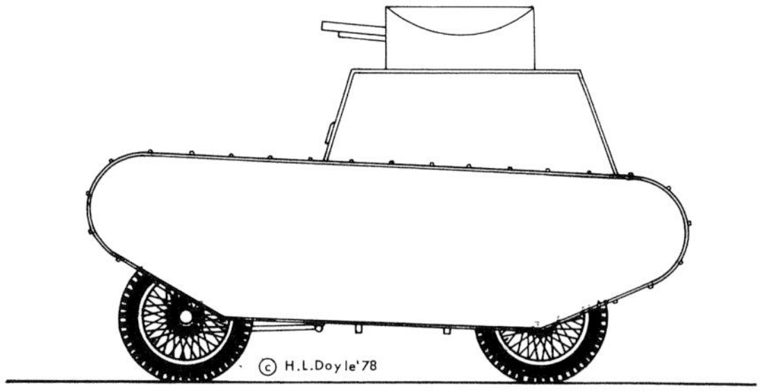

Kampfwagen-Nachbildung auf Maffei ZM 10-Fahrgestell

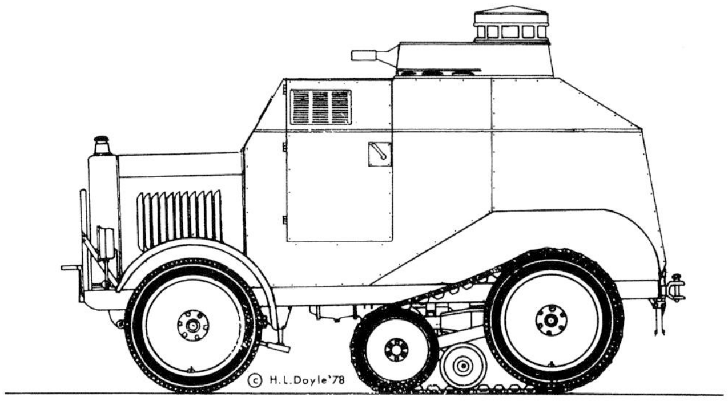

Kampfwagen-Nachbildung auf LHB-Kettenschlepper

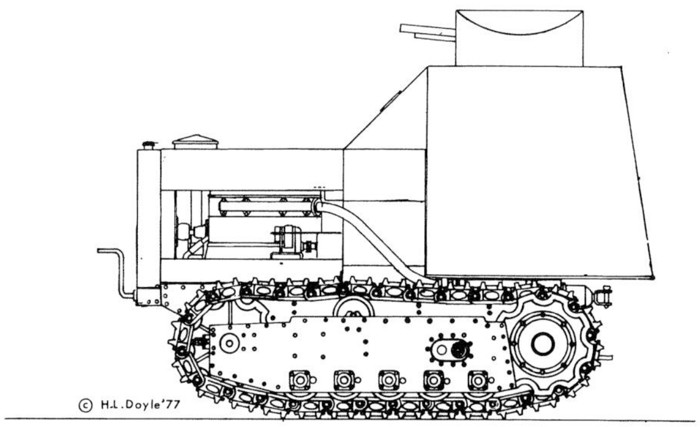

Dixi-Personenkraftwagen 3/15 PS

Der Dixi-Personenkraftwagen 3/15 PS wurde ebenfalls mit teilweiser oder geschlossener Attrappen-Panzerung versehen

Zahlreich vertreten war auch eine Kampfwagen-Nachbildung auf dem Fahrgestell des Adler-Personenkraftwagens Standard 6

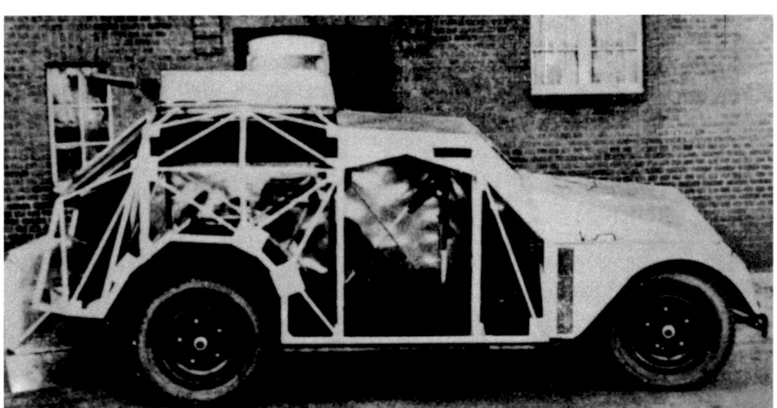

Die Adler-Panzerattrappen stellten eine wertvolle Ausbildungshilfe für die Reichswehr dar. Die Bilder zeigen einige dieser Fahrzeuge im Manöver, Anfang der dreißiger Jahre

lung zwischen den Fahrzeugen standen den 2-Mann-Besatzungen in vier Richtungen weisende Signallampen zur Verfügung, die im Turm untergebracht waren. Neben den leichten Personenkraftwagen-Fahrgestellen beschäftigte man sich damit, behelfsmäßig Halbketten- und sogar Vollkettenfahrgestelle mit Panzerattrappen zu versehen. Am 1.1.1930 ergab sich bei den Kampfwagen-Nachbildungen folgender Stand der Versuche:

- auf handelsüblichen Kleinwagen (Hanomag, BMW-Dixi): vor dem Abschluß;
- auf handelsüblichen, militärisch verbesserten, mit Hilfskettenantrieb versehenen Radschleppern (Maffei MSZ 201): vor dem Abschluß;
- auf handelsüblichen, militärisch verbesserten Raupenschleppern (Linke-Hofmann-Busch): vor dem Abschluß.

Eine etwas größere Kampfwagen-Nachbildung erschien 1930 auf dem Fahrgestell des Adler »Standard 6«. Im Gegensatz zu den kleineren Fahrzeugen hatte diese Ausführung vier Mann Besatzung. Später wurden versuchsweise Funkanlagen in diese Attrappen eingebaut, die äußerlich an der um das Fahrzeug gehenden Kastenantenne zu erkennen waren. Bekanntlich hat auch die Wehrmacht nicht auf diese billige, aber wirkungsvolle Darstellung von gepanzerten Fahrzeugen verzichtet.

Die ersten Versuche zum Einbau von Funkgeräten in Panzerfahrzeuge wurden mit diesen Attrappen unternommen. Die Bilder zeigen eine Adler-Attrappe ohne und mit Kastenantenne, eine Anordnung, welche später bei allen deutschen Aufklärungsfahrzeugen übernommen wurde

Kampfwagen-Nachbildung auf Adler Pkw-Fahrgestell

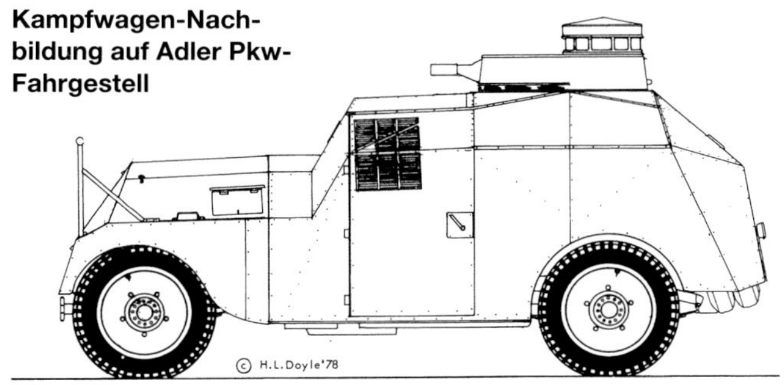

5.3 Gepanzerte Kleinkraftwagen (leichte Panzerspähwagen)

Der am 3.3.1932 aufgezeigte Stand der Arbeiten und Entwicklungsgang sowie der Absichten der In 6 zeigte bei den gepanzerten Kleinkraftwagen die Ausführung BMW und Adler. Es war beabsichtigt, neben den schweren Panzerspähwagen auch leichte und besser bewegliche Fahrzeuge zur Verfügung zu stellen. Die für den BMW Typ 3/15, der schon bei den Attrappen Verwendung fand, behelfsmäßige Panzerung war nach dem Stand der Versuche vom 1.1.1930 noch in Entwicklung. Bei der vorhandenen Nutzlast von etwa 210 kg ließ sich sowieso nur eine teilweise Panzerung realisieren. Zu einem Serienbau ist es nicht gekommen.

Regierungsbaurat Reimann vom Heereswaffenamt, WaPrüf 6, hatte bereits 1924 eingehende Vorschläge zur Schaffung von gepanzerten Kraftwagen vorgelegt, die in einer Studie III Nr. 1047.24 geh. In 6 (K) ihren Niederschlag fand. Vorgeschlagen wurde ein 4-Rad-Fahrzeug mit Allradantrieb und -lenkung, welches in symmetrischer Bauweise ausgelegt war. Schwimmfähigkeit war vorgesehen. Bei drei bis vier Mann Besatzung sollten im Drehturm entweder zwei Maschinengewehre oder eine 2-cm-Waffe nebst MG eingebaut werden. Als Antriebsaggregat hatte man einen Daimler-Ottomotor M 5 mit 75 PS Leistung bei 1200 U/min vorgesehen. Interessant war die Ähnlichkeit des Entwurfes in der Gesamtauslegung mit dem tschechoslowakischen Radpanzer PA II der Fa. Skoda, der zur selben Zeit entstand.

Die schlechte Finanzlage des Deutschen Reiches verlangte Rücksicht auch bei der Beschaffung technisch aufwendiger und daher teurer Fahrzeuge dieser Art. Daher entstand, unter Verwendung eines handelsüblichen Fahrgestells, von der Fa. Daimler-Benz in Berlin-Marienfelde entwickelt, ein gepanzerter Kleinkraftwagen. Verwendet wurde das bereits für Kübelwagen und Panzerattrappen vorhandene Fahrgestell »Standard 6 12N-RW«. In enger Zusammenarbeit mit den Deutschen Edelstahlwerken AG in Hannover-Linden schuf Daimler-Benz den ersten serienmäßigen geschweißten Panzeraufbau, der nach oben offen war. Die Motorhaube wurde verkürzt, und der Kühlerschutz mit Grätings vorgesehen. Ein vorderer Schutz-

Der Maschinengewehrkraftwagen (Kfz. 13) war das erste bei der Reichswehr eingeführte Panzerfahrzeug mit geschweißtem Gehäuse

Maschinengewehrkraftwagen (Kfz. 13) als leichter Panzerspähwagen

Am Funkkraftwagen (Kfz. 14) wurde keine Bewaffnung, aber eine Funkausrüstung mit Rahmenantenne mitgeführt. Die Bilder zeigen die Antenne in abgesenktem (oben) und btriebsbereitem Zustand

Maschinengewehrkraftwagen bei Übungen motorisierter Aufklärungsabteilungen

Maschinengewehrkraftwagen (Kfz. 13/14) Einzelheiten. a. Blechhaube für das hintere Kardangelenk

a. ZF-4-Gang-Aphon-Wechselgetriebe,
b. U-Eisen zur Verbindung der ausgeschnittenen Traverse,
c. Batterie, d. Winkelantrieb für Tachometer

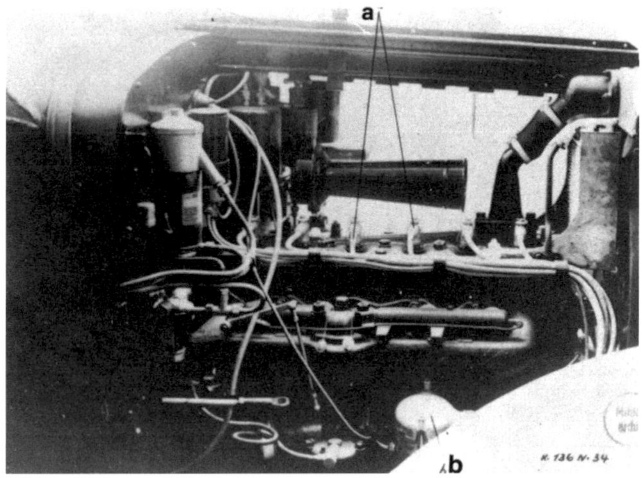

Links:
a. Saugring,
b. Ölkühler,
c. Belüftungshaube über Lichtmaschine,
d. verkürzter vorderer Kotflügel,
e. Lederschürze

Rechts:
a. Abschirmung und Entstörung der Zündkerzen und Zündkabel,
b. Abschirmung und Entstörung des Zündverteilers

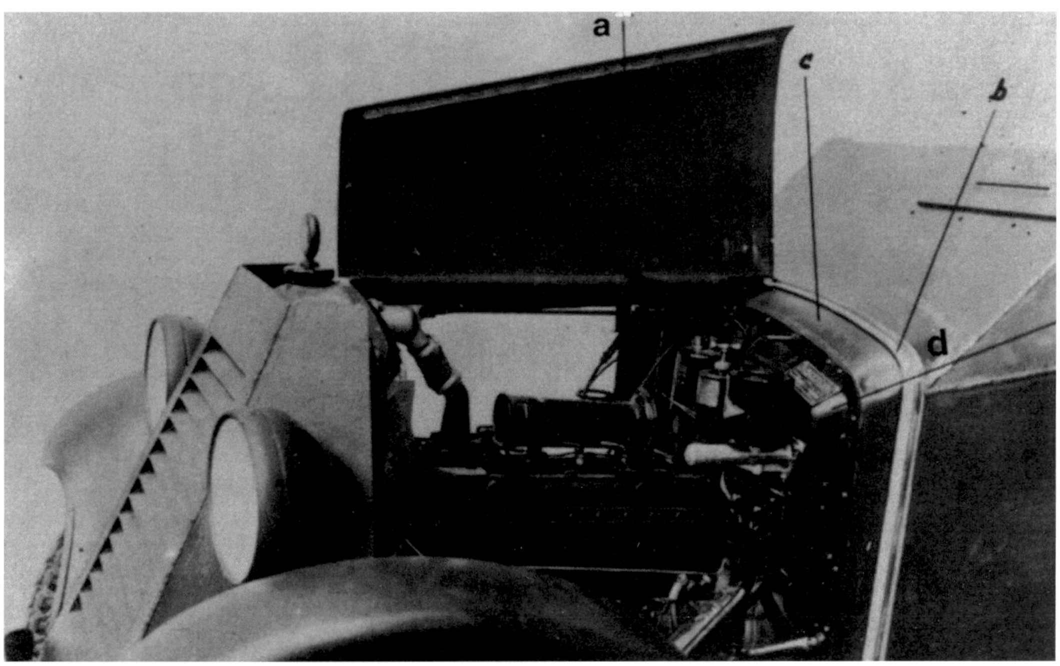

a. Verkürzte Motorhaube,
b. lederbelegter Rahmen,
c. Verkleidungsblech,
d. Spritzwandpanzer

a. Kühlerschutz mit Grätings,
b. vorderer Schutzschild,
c. Klappe auf Durchbruch für Andrehkurbel,
d. Motorseitenpanzer mit Klappen

a. Kühlerschutz,
b. vorderer Schutzschild,
c. Klappe auf Durchbruch für Andrehkurbel,
e. Vorderpanzer,
h. Begrenzungs stangen mit Knöpfen,
i. Rückblickspiegel,
k. Klappe mit Sehschlitz,
l. Fahrtrichtungsanzeiger,
o. Zughaken,
p. vorgetäuschte Sehschlitz-klappen

Abb. A
e. Vorderpanzer,
f. Türen,
g. hinterer Panzer

Abb. B
a. Längsträger zur Auflage des Fußbodens,
b. Querträger zur Auflage des Fußbodens,
c. Grundplatte für MG-Drehsockel

a. Schutzblech für Ölrohr an hintererer Federlasche,
d. Motorseitenpanzer mit Klappen,
e. Vorderpanzer,
f. Tür,
g. hinterer Panzer,
h. Begrenzungsstange mit Knopf,
i. Rückblickspiegel,
l. Verdeckspriegel,
m. Blechkasten für Packtasche,
n. MG-Schild,
o. Zughacken,
p. vorgetäuschte Sehschlitz-klappen,
q. Werkzeugkasten,
r. Fahnenstange

a. Schutzblech für Ölrohr an hinterer Federlasche,
d. Motorseitenpanzer mit Klappen,
e. Vorderpanzer,
f. Tür,
g. hinterer Panzer,
h. Begrenzungsstange mit Knopf,
i. Blechkasten,
k. Klappe mit Sehschlitz,
l. Federbügel zur Befestigung des langen Spatens,
m. Blechkästen für Packtaschen,
n. MG-Schild,
o. Zughaken,
p. vorgetäuschte Sehschlitz-klappen,
q. Reserverad in Schutzhülle,
r. Abweiswinkel

a. Ein- und Ausschalter für Kraftstoffpumpe,
b. Schutzglas mit Rahmen,
c. Ersatzschutzgläser,
d. Flußeisenblech,
e. Segeltuchtasche für Werkzeug,
f. Hilfsbehälter für Kraftstoff,
g. Zweiwegehahn,
h. Schrank,
i. aufrollbare Segeltuchklappe,
k. Blechbehälter mit Verbandskasten,
l. Haltevorrichtung mit Kochgeschirr,
m. Führungsbock für Zugstange,
o. Andrehkurbel,
p. Zugstange für Klappen des Motorseitenpanzers

a. Winkelrahmen mit MP-Magazinkasten,
b. Blechbehälter mit 4 Nebelkerzen,
c. MG-Laufschützer,
d. Maschinenpistole,
e. Blechschuh für MG-Laufschützer und MP,
f. Blechbehälter mit Gasmaske,
g. Mündungsschutz für MP,
h. Schrank

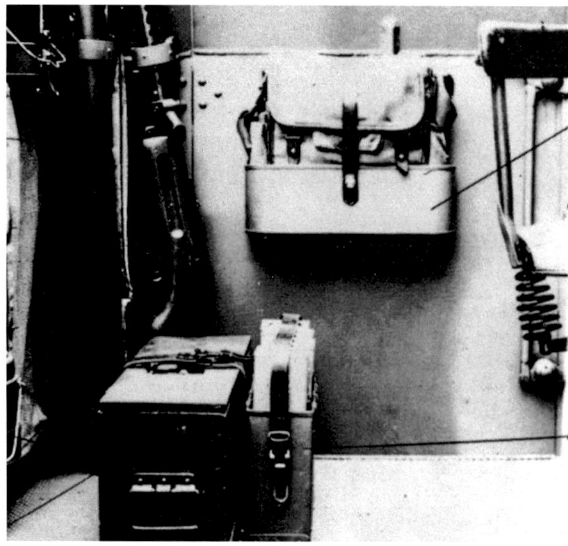

a. Blechbehälter für 4 Winkerflaggen und Zeichenstab,
b. Schutzglas mit Rahmen,
c. Blechkasten für Kartenbrett,
d. Abweisestange für MG,
g. Suchscheinwerfer,
h. Leuchtpistole,
i. MG-Magazinkasten,
k. Blechbehälter für 12 Leuchtpatronen,
n. MG-Schild,
o. Träger für MG-Schild,
p. Schutzhülle für Ausschubrohr,
q. Winkelschiene,
r. Ösen zur Verdeckbefestigung,
s. Blechtasche

a. Führersitz,
b. Hebel für Hubvorrichtung,
c. Blechkasten mit Gasmaske,
d. Abweisestange für MG,
g. Suchscheinwerfer,
h. Leuchtpistole,
i. MG-Magazinkasten,
k. Blechbehälter für 12 Leuchtpatronen,
n. MG-Schild,
q. Winkelschiene,
r. Ösen zur Verdeckbefestigung,
s. Abweisewinkel,
w. Motorradsattel des Hubsitzes,
x. MG-Schulterstütze,
y. verstellbare Backe

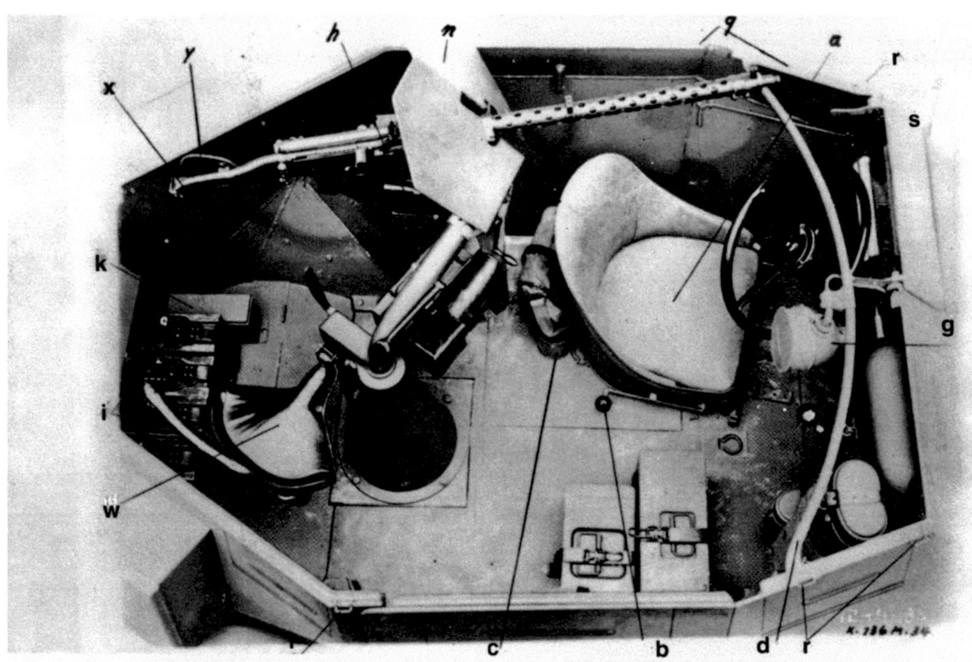

Abb. B
- a. Sockelfuß,
- b. Drehstutze,
- c. Schutzhülle,
- d. Hülsenfänger,
- k. Kurbel für Zahnrad,
- l. MG-Werkzeug-tasche,
- p. Zurrung,
- q. Druckplatte,
- r. Schmierloch

Abb. A
- a. Sockelfuß,
- b. Drehstütze,
- c. Kugelgriff der Klemmschraube zur Feststellung der Drehstütze,
- d. geschlitzter Führungskopf,
- e. Kugelgriff der Klemmschraube zur Feststellung des Ausschub-rohres,
- f. zweiteilige Bronzemuffe,
- g. MG-Lagerkopf,
- h. Ausschubrohr,
- i. Zahnstange,
- k. Kugelgriff mit Sperrklinge,
- l. MG-Werkzeugtasche,
- m. klappbare Eisenschiene,
- n. Halterung für MG-Magazin-kasten,
- o. Halterung für Hülsenfänger,
- p. Zurrung,
- q. Druckplatte,
- r. kastenförmiger Blechträger,
- s. U-förmige Führungsschiene für Hubsitz,
- t. Schraubenfeder,
- u. Führungskörper,
- v. Rasthebel,
- w. Motorradsattel,
- x. Sattelstütze,
- y. MG-Schulterstütze,
- z. Verstellbare Backe

- a. Maschinenpistole,
- b. Mündungsschutz für MP,
- c. MP-Magazinkasten,
- d. Leuchtpistole,
- e. Blechbehälter für 12 Leucht-patronen,
- e. Blechbehälter mit vier Nebelkerzen,
- g. Blechbehälter für Gasmaske,
- h. Blechkasten für Kartenbrett,
- i. Drehsitz für Funker,
- k. Halter für Antenne (Kfz. 14)

a. Blechbehälter für 4 Winkerflaggen und Zeichenstab,
c. MP-Magazinkasten,
d. Leuchtpistole,
f. Blechbehälter mit 4 Nebelkerzen,
g. Blechkasten mit Gasmaske,
i. Drehsitz für Funker,
k. Halter für Antenne (Kfz. 14)

a. MG-Lagerkopf,
b. Klemmplattengelenk,
c. Kugelgriff zum Feststellen des Klemmplattengelenkes,
d. Klemmschelle,
e. Kugelgriffknebel,
f. zweiteilige Bronzemuffe,
h. Ausschubrohr,
i. Zahnstange,
k. Handkurbel für Zahnrad,
m. Sperrklinge,
o. Träger für MG-Schild

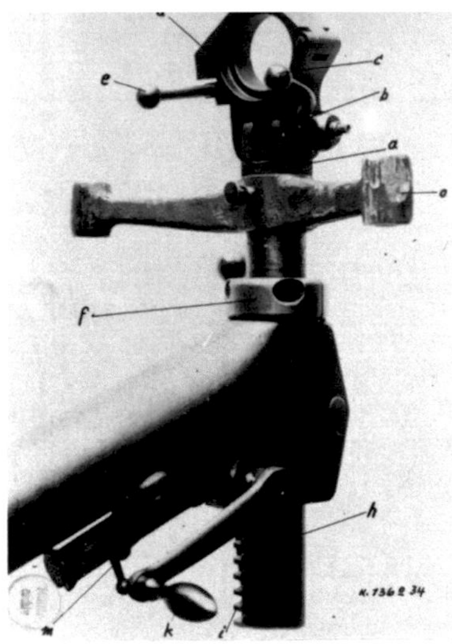

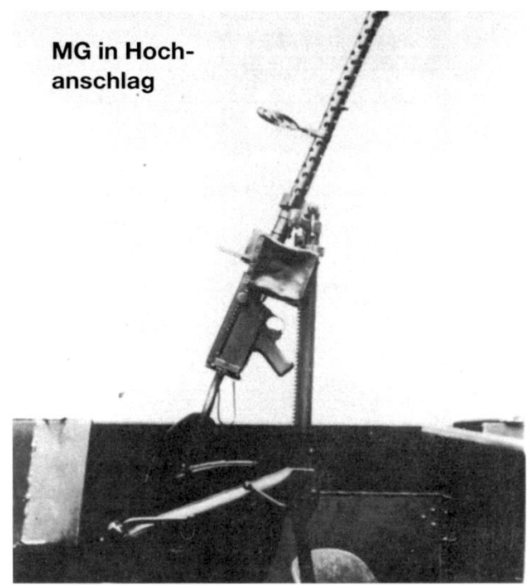

MG in Hochanschlag

Als Nachfolgemuster für die Kfz 13. und 14 dienten ab 1936 die Fahrgestelle des schweren Wehrmachts-Einheits-Personenkraftwagens (Typ 801 der Firma Horch) mit Heckmotor, Allradantrieb und Allradlenkung

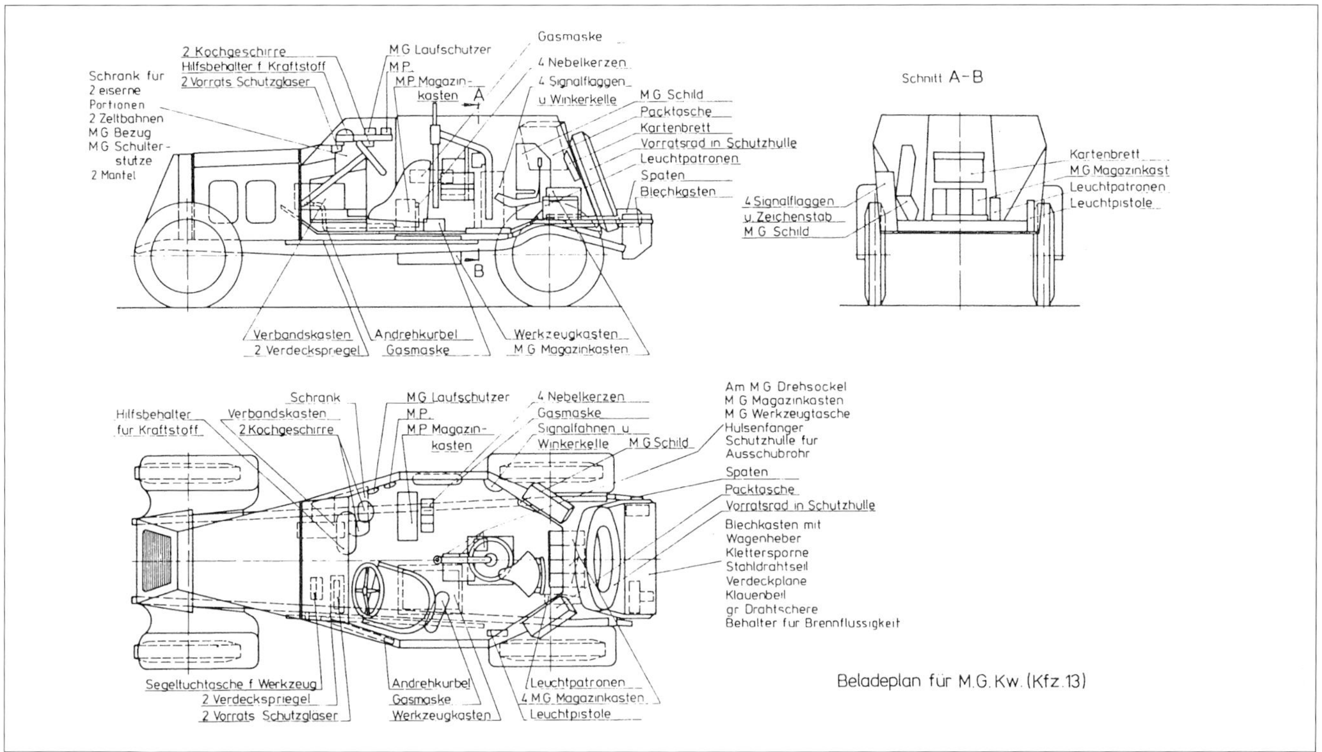

Beladeplan für den Maschinengewehrkraftwagen (Kfz 13)

schild und die Motorseitenpanzer mit Klappen schützten den Motor. Der Aufbaupanzer selbst bestand aus dem Vorderpanzer, den seitlichen Türen und dem hinteren Panzer. Längs- und Querträger dienten zur Aufnahme des Fußbodens, für den MG-Drehsockel war eine Grundplatte vorgesehen. Am Aufbau gab es vorgetäuschte Sehschlitzklappen. Während für den Fahrer ein normaler Sitz vorhanden war, hatte der MG-Schütze einen Motorradsattel zur Verfügung. Das MG konnte im Hochanschlag auch zur Fliegerabwehr eingesetzt werden.

Zwei Ausführungen wurden ab 1932 offiziell in die Inventur aufgenommen, und zwar ein Maschinengewehrkraftwagen (MG Kw) (Kfz 13) mit zwei Mann Besatzung, von dem bis 1934 bei Daimler-Benz in Berlin-Marienfelde 147 Stück hergestellt wurden und ein Funkkraftwagen (FuKw) (Kfz 14), von dem bei dergleichen Firma 40 Stück zusammengebaut wurden. Das Kfz 14 hatte keine Bewaffnung und unterschied sich von der bewaffneten Ausführung durch eine hochklappbare Kastenantenne und drei Mann Besatzung. Die Rundumpanzerung bei beiden Fahrzeugen betrug 8 mm.

Für die Ausbildung bei den motorisierten Aufklärungs-Abteilungen leisteten diese Fahrzeuge bis zur Einführung des leichten Panzerspähwagens auf Einheitsfahrgestell im Jahre 1935 wertvolle Dienste. Zum Teil wurden diese Fahrzeuge noch 1939 im Frontdienst verwendet.

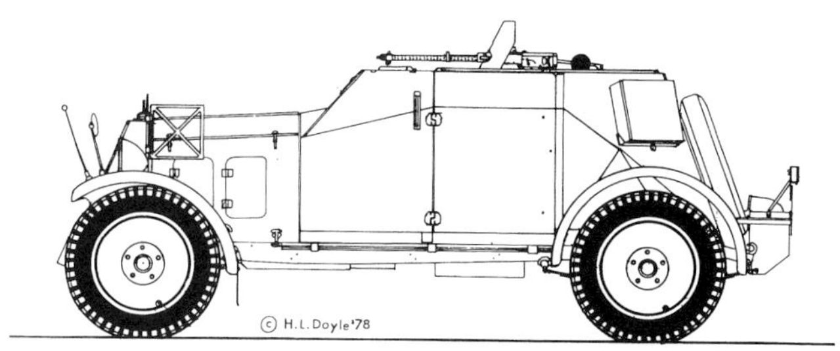

Maschinengewehrkraftwagen (Kfz. 13}

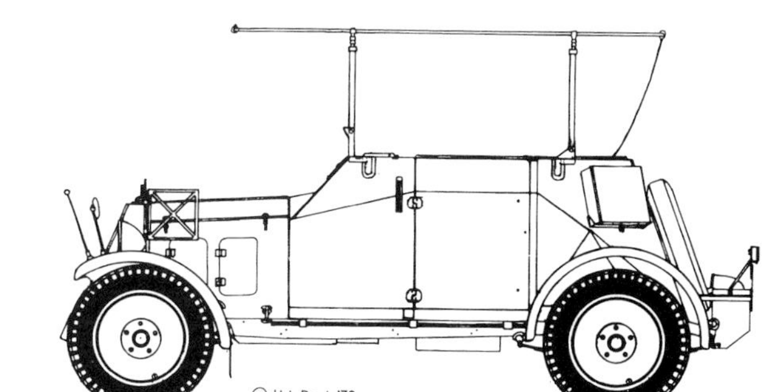

Funkkraftwagen (Kfz. 14)

5.4 Gepanzerte Vielradfahrzeuge (schwere Panzerspähwagen)

Die Notwendigkeit, gepanzerte Erkundungsfahrzeuge neu zu entwickeln, ergab sich, weil die vorhandenen gepanzerten Mannschafttransportfahrzeuge auf dem Daimler DZRV-Fahrgestell in keiner Weise den Vorstellungen des Reichswehrministeriums entsprachen. 1926/27 wurden daher neue Forderungen erstellt, die ihren Niederschlag in den 1927 erschienenen Baubedingungen für Vielradwagen fanden. Dabei wurde u. a. folgendes festgelegt:
Die Fahrzeuge sind als Radfahrzeuge auszulegen. Auf guter, ebener Straße wurde eine Höchstgeschwindigkeit von 65 km/h gefordert, während die kleinste Geschwindigkeit 5 km/h bei Nenndrehzahl betragen sollte. Eine Tagesleistung von 200 km bei 32 km/h Durchschnittsgeschwindigkeit mußte während drei aufeinander folgender Tage gewährleistet sein. Das Fahrzeug sollte eine möglichst große Geländegängigkeit besitzen. Der spezifische Bodendruck durfte bei einem Einsinkwinkel von höchstens 80° 0,7 kg/cm² nicht überschreiten. Das Fahrzeug mußte Steigungen von 33% auf gewachsenem Boden und Gräben von 1,5 m Breite ohne Anwendung besonderer Hilfsmittel und ohne jeden Aufenthalt überwinden können. Wasserläufe von 1 m Tiefe mußten durchwatet werden. Das Fahrzeug sollte mit gleicher Geschwindigkeit vor- und rückwärts fahren können. Für jede Fahrrichtung war eine besondere Lenkung vorzusehen. Die Umstellung von einer Fahrrichtung zur anderen mußte innerhalb von 10 Sekunden vom Fahrer durchzuführen sein.
Das Fahrzeug sollte nur geringes Fahrgeräusch verursachen. Das Gewicht des Fahrgestelles sollte 4 t, das Gesamtgewicht des betriebsfertigen Fahrzeuges mit Aufbau 7,5 t nicht überschreiten. Eine Bodenfreiheit von 300 mm war vorgeschrieben. Auf freier Strecke sollte Eisenbahnnormalspur verwendet werden, besondere Vorkehrungen waren für diese Forderung jedoch nicht zu treffen. Die Spurweite war so zu bemessen, daß das Fahrzeug mit seinen inneren Sandfelgen auf den Schienen laufen konnte. Die ursprünglich verlangte Schwimmfähigkeit wurde später fallengelassen, obwohl alle Typen zunächst schwimmfähig waren. Die Besatzung bestand aus dem Kommandanten, dem Fahrer, zwei Schützen und dem Funker. Weitere Punkte der Baubedingungen betrafen technische Einzelheiten wie Motor, Wechselgetriebe, Lenkung, Bremsen, Federung und Bereifung.
Eine Besprechung im Wehramt* am 14.3. 1928 über das Kraftfahr-Rüstungsprogramm ergab bei den Panzerkraftwagen folgendes Beschaffungsprogramm: Bis Frühjahr 1928 erfolgte die Beschaffung von sechs Versuchsfahrzeugen, deren Erprobung bis Ende 1929 durchgeführt werden sollte. Ab 1929 bis 1930 folgte die Beschaffung von zwei bis vier Versuchsfahrzeugen. Ab 1931 Beginn der Beschaffung für die Aufstellung der Panzerkraftwagen-Kompanien (je 9 bis 11 Wagen). Geldbedarf für 7 Jahre je 1 Million Mark für je eine Kompanie. 1929 wurden 36 Panzerkraftwagen, davon vier Probestücke für 3 600 000,– Mark als Kostenansatz im Haushaltplan aufgenommen.
Die Aufträge für die Fertigung von sechs Versuchsfahrzeugen wurden 1927 durch das Reichswehrministerium/Heereswaffenamt, Prüfwesen 6, an die Fir-

Büssing-NAG Zehnrad-Fahrzeug (ZRW)

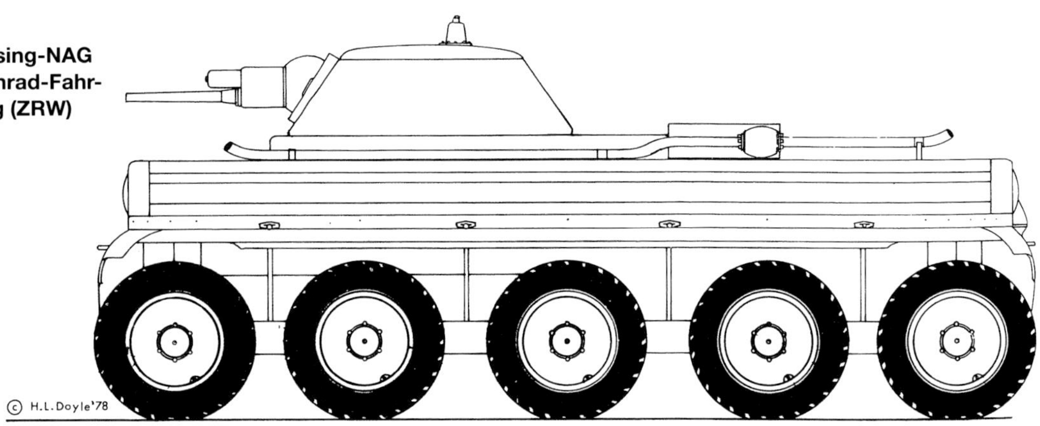

* Das Wehramt wurde 1935 in Allgemeines Heeresamt (AHA) umbenannt.

Prototyp des Büssing-NAG-Zehnradwagens, der durch Abbremsen der Räder einer Fahrzeugseite – wie ein Vollkettenfahrzeug – gelenkt wurde

men Büssing-NAG in Braunschweig, Daimler-Benz, Stuttgart-Untertürkheim und C. D. Magirus, Ulm, vergeben. Jede dieser Firmen sollte zwei Prototypen herstellen.

Der von Büssing-NAG vorgestellte Prototyp war als 10-Rad-Fahrzeug ausgelegt, der von einem 150-PS-V-8-Motor angetrieben wurde. Büssing hatte keine Radlenkung vorgesehen, sondern lenkte das Fahrzeug nach Art der Gleiskettenfahrzeuge durch Abbremsen aller Räder einer Fahrzeugseite. Die Lenkung funktionierte beim Modell in kleinem Maßstab auf Linoleumboden ohne Schwierigkeiten, während sie beim Prototyp, vor allem im Gelände, versagte. Sonst war die Geländegängigkeit zufriedenstellend. Das Fahrzeug hatte bei einem Gesamtradstand von 4900 mm eine Länge von 5800 mm.

Die Daimler-Benz AG, zu dieser Zeit unter der technischen Leitung von Professor F. Porsche, stellte den von ihr gebauten Typ MTW 1 (auch als ARW-Achtradwagen bezeichnet) in Einzelteilen in Stuttgart-Untertürkheim her, der Zusammenbau erfolgte jedoch in Berlin-Marienfelde. Angetrieben wurde das Fahrzeug durch einen M-36-100-PS-6-Zylinder-Ottomotor. Ursprünglich wurde ein DB-Wendegetriebe verwendet, welches später durch ein ZF-Aphon-Wendegetriebe mit je vier Gängen (4 vorwärts, 4 rückwärts) ersetzt

Büssing-NAG-Zehnradfahrzeug beim Einfahren ins Wasser. Die Fahrzeuge waren schwimmfähig, eine Forderung, die im Laufe der Entwicklung wieder aufgegeben wurde

Schwimmversuche, mit Ansichten des Büssing-NAG-Zehnradfahrzeugs von vorne

Schwimmversuche, mit Ansichten des Büssing-NAG-Zehnradfahrzeugs von hinten (links)

Rechts: Bei abgenommenem Aufbauoberteil wird die Unterbringung des Motors im hinterer Drittel des Fahrzeuges gezeigt

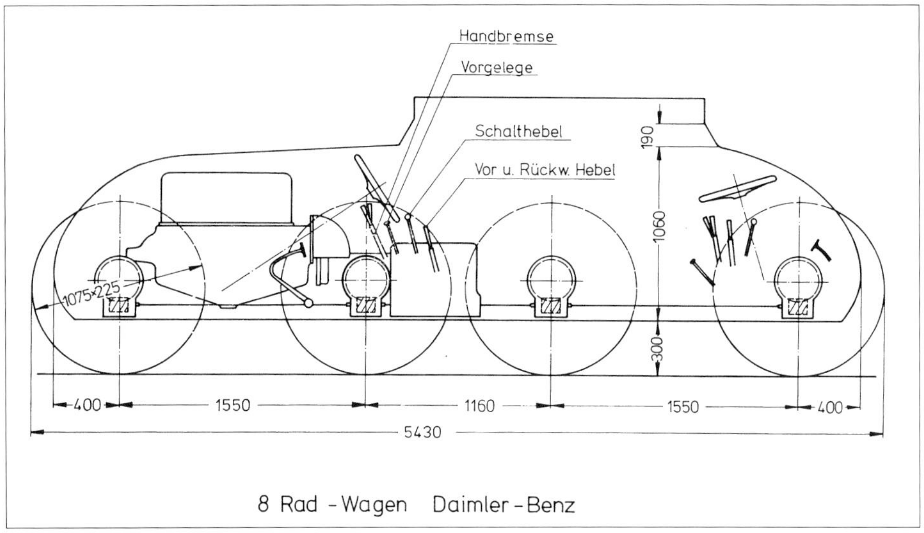

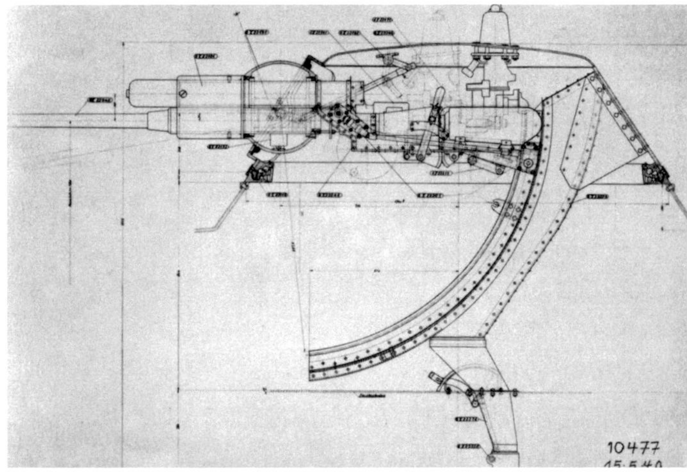

Der von Rheinmetall entwickelte Drehturm mit 3,7-cm-Bewaffnung für die Vielradfahrzeuge

Daimier-Benz-Achtradwagen – MTW-1 – in Seitenansicht und Draufsicht mit Hinweis auf die wichtigsten Aggregate

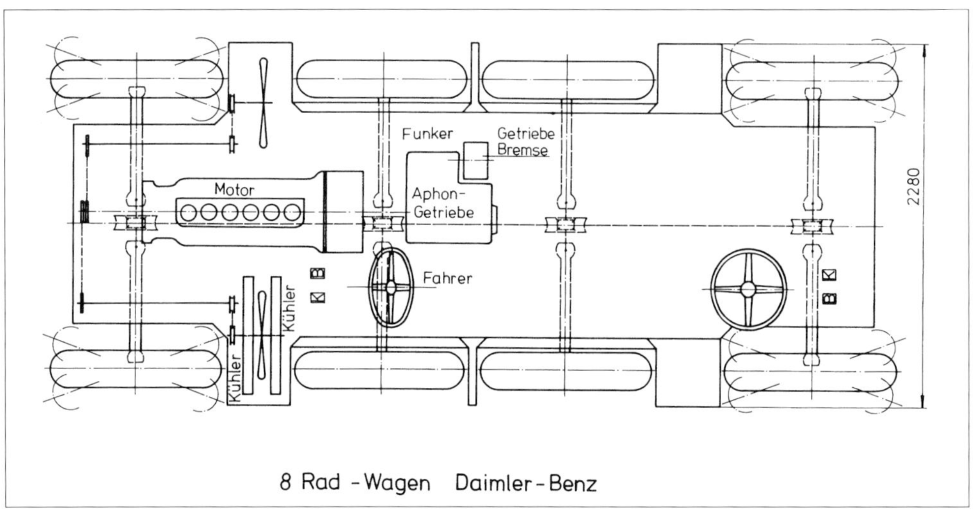

Vier Aufnahmen zeigen das Holzmodell des Daimler-Benz-Achtradwagens mit verschiedenen Turmauslegungen

Daimler-Benz Achtrad-Fahrzeug

Von der Firma Martini & Hüneke in Salzkotten hergestellter Panzeraufbau für den Daimler-Benz-Achtradwagen. Der Panzeraufbau wurde in selbsttragender Bauweise erstellt. (Gewicht des Kastenaufbaus 2680 kg)

wurde. Das Wechselgetriebe hatte fernerhin eine Geländeuntersetzung. Das Fahrzeug hatte acht an Pendelachsen aufgehängte angetriebene Räder. Alle acht Räder wurden nach einer genauen Lenkgeometrie gelenkt. Für die Herstellung der selbsttragenden Panzeraufbauten war die Firma Martini & Hünecke in Salzkotten* verantwortlich. Die Panzerung war leicht (13,5 mm rundum) und durch geschickte Winkelstellung sicher gegen Beschuß durch schwere Maschinengewehre. Größtenteils wurden die Teile der Panzerung noch durch Verschraubung oder Vernietung verbunden, denn die erwünschten Verbindungen durch Schweißung herzustellen, galt bei den erforderlichen Festigkeiten zu diesem Zeitpunkt als fast unmöglich. Um die Schwimmfähigkeit zu erreichen, wurden die Fahrzeuge teilweise mit zusätzlichen Korkaufbauten versehen, welche nicht nur einen erhöhten Auftrieb im Wasser vermittelten, sondern gleichzeitig zur Tarnung dienten. Der Antrieb im Wasser erfolgte durch einen zweiflügeligen Propeller, die Lenkung im Wasser durch Radeinschlag. Die hintere Lenkung war so ausgeführt, daß die hintere Lenksäule und alle Hand- und Fußhebel abnehmbar waren. Dies geschah hauptsächlich, um die Aufmerksamkeit der Interalliierten Kontrollbeamten abzulenken.

Die Firma C. D. Magirus entwickelte unter der technischen Leitung von Prof. Dr.-Ing. Heinrich Buschmann ein 8-Rad-Fahrzeug, welches auf die Lenkbarkeit der beiden Mittelachsen verzichtete. Alle acht pendelnd in Parallelogramm-Anordnung aufgehängten und gefederten Räder waren angetrieben. Da ein geringes Ge-

Daimler-Benz-Achtradwagen bei Geländefahrt und beim Einfahren ins Wasser. Eines dieser Fahrzeuge wurde in Kama (Rußland) erprobt

Unten rechts: Daimler-Benz-Achtradwagen mit einem aus Kork gefertigten Tarnaufbau. Die Schraube für Wasserantrieb ist gut zu erkennen

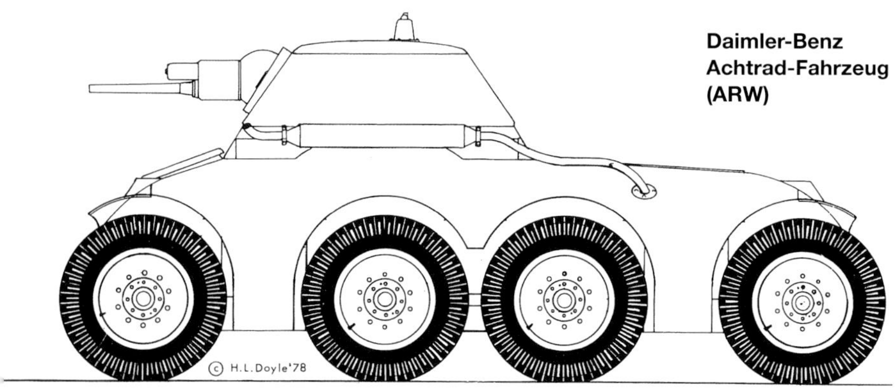

Daimler-Benz Achtrad-Fahrzeug (ARW)

* Früher Berlin

wicht vorgeschrieben war, wurden Leichtmetallräder einer Magirus-Konstruktion gewählt, welche als »Silumin-Simplex-Räder« von der Firma Fischer in Schaffhausen gegossen wurden. Die Bereifung war schußsicher. Beim Durchschlag von Geschossen bis zu einer gewissen Größe schloß sich das Loch im Schlauch infolge der Gummielastizität, so daß – wie Versuche zeigten – noch längere Strecken gefahren werden konnten. Vor- und Rückwärtsfahrer waren vorgesehen; das Fahrzeug konnte in allen Gängen in beiden Richtungen gefahren werden. Durch einen Nebenabtrieb vom Motor wurde eine hinten am Fahrzeug angebrachte Schiffsschraube angetrieben. Am Modell des Fahrzeugkörpers wurde in der Schiffbauversuchsanstalt die günstigste Form der Schwimmfähigkeit ermittelt. Die ersten Schwimmversuche auf einem See in der Nähe von Berlin verliefen günstig. Bei Wasserfahrt wurde die Verbrennungsluft durch aufklappbare viereckige Schächte angesaugt, ebenso wurden die Abgase nach oben abgeführt. Die Sicht des Fahrers wurde durch ein Periskop sichergestellt. An dem am Fahrzeugende eingebauten Maybach 6-Zylinder-Ottomotor mit 100 PS Leistung war unmittelbar das Wechselgetriebe angeflanscht, welches über ein einziges Differential den Antrieb quer auf je eine rechts und links an der Aufbauwand liegende Längsantriebswelle übertrug. Von der letzteren wurden die acht Pendelachsen

Daimler-Benz-Achtradwagen beim Verladen auf einen Tiefladeanhänger der Reichswehr

Daimler-Benz-Achtradwagen im Gelände, vorne an der Bugplatte sichtbar der Wasserantrieb

Daimler-Benz-Achtradwagen bei Schwimmversuchen

Modell des Magirus-Achtradwagens

durch Kegelräder angetrieben. Durch die Verlegung des Achsantriebs ganz nach außen blieb die Wagenmitte frei. Dadurch wurden ein tiefliegender Fußboden für die Besatzung und ein günstiger Schwerpunkt möglich.
Aus Tarnungsgründen wurde der Aufbau mit einer kantigen Sperrholzverkleidung umgeben. Versuchsfahrten mit bis zu 90 km/h Höchstgeschwindigkeit wurden durchgeführt. Die Grabenüberschreitfähigkeit betrug 3 m. Der Entwurf des Fahrzeuges, dem die Bestellung eines Versuchswagens folgte, wurde in Esslingen erstellt, die Gesamtkonstruktion und Fertigung der Werkszeichnungen im Ulmer Konstruktionsbüro der C. D. Magirus AG. Der Wagenkörper aus Nickelstahl wurde von der Maschinenfabrik Esslingen zusammengeschweißt. 1928/29 beschäftigte sich die Firma Rheinmetall in Düsseldorf mit der Entwicklung eines Drehturmes für diese Erkundungswagen. Ein Versuchsstück wurde gefertigt und mit einer 3,7-cm-Kanone L/45 und einem MG bestückt. Neben einem Seitenrichtfeld von 360° war eine Höhenverstellung von -10° bis +70° möglich.
Am 1.1.1930 standen die Versuche mit dem 8-Rad-Wagen Daimler sowie dem 10-Rad-Wagen Büssing vor dem Abschluß. Der endgültige Abschluß des Truppenversuches war für den Spätherbst 1930 vorgesehen. In den Jahren 1930/31 waren 250 000 Mark und 1931/32 275 000 Mark für ihre Weiterentwicklung vorgesehen.
Die Zuweisung der Mittel hing jedoch davon ab, inwieweit bei positiven Ergebnissen bei der Beschaffung der ersten Fahrzeuge in den Truppenversuch eingetreten werden konnte. Zur Weiterentwicklung der ersten Versuchsfahrzeuge und Beseitigung von auftretenden Mängeln waren Mittel aus den kommenden Rechnungsjahren notwendig.
Die ersten Fahrzeuge wurden nach eingehenden Versuchsfahrten Ende 1930, Anfang 1931 von der Reichswehr übernommen. Eines der Daimler-Benz-Fahrzeuge wurde 1932 zur weiteren Erprobung zur Panzerversuchsanstalt Kama in Rußland gebracht. Infolge der ungünstigen Wirtschaftslage der Jahre 1929/30 war aber weder die Aufnahme der Fabrikation dieser allradangetriebenen Spezialfahrzeuge, noch eine Übertragung des bei ihrer Entwicklung erarbeiteten technischen Fortschrittes auf Fahrzeuge der Wirtschaft möglich.
Eine Unterredung mit Regierungs-

Aus einer Aluminium-Legierung geschmiedete Radfelgen des Magirus-Achtradwagens

baurat Reimann vom Heereswaffenamt, WaPrüf 6, am 18.3.1930 ergab, »daß eine Beschaffung dieser Fahrzeuge bis auf weiteres nicht in Frage käme, da bei der jetzigen Kassenlage des Reiches Fahrzeuge dieser Art und Größe zu teuer erschienen«.

Vorder- und Seitenansicht des Magirus-Achtradwagens, von dem, wie bei den anderen Fahrzeugen dieser Versuchsreihe, nur Prototypen gefertigt wurden

In einer Besprechung über das Entwicklungsprogramm der In 6 beim Leiter des Waffenamts Prüfwesen am 20.6.1932 wurde bestätigt, daß das Truppenamt (Generalstab) die Aufstellung motorisierter Aufklärungsabteilungen durch die Kraftfahrtruppe festgesetzt hatte. Dadurch sei die Beschaffung moderner, voll brauchbarer Erkundungswagen notwendig. Die bisherigen gepanzerten Mannschaftstransportwagen kämen für die Aufgaben einer modernen Aufklärungs-Abteilung überhaupt nicht in Frage. Es wurde daher durch die gepanzerten 6-Rad-Fahrzeuge ein vorläufiger Behelf geschaffen. Diese Fahrzeuge seien zwar in geringem Umfang in der Lage, die feste Straße zu verlassen, jedoch reichte die Geländegängigkeit für etwas schwierigere Verhältnisse nicht aus. Deswegen bestände die Forderung, möglichst bald in den Besitz geländegängiger, gepanzerter Erkundungsfahrzeuge zu kommen. Die bisherigen Ergebnisse mit den Vielradwagen gäben hier günstige Ausblicke. Sie wären die einzigen Fahrzeuge, die neben guter Geländegängigkeit auch hohe Geschwindigkeiten auf Straßen erlaubten, zwei Bedingungen, welche von einem strategischen Aufklärungsfahrzeug unbedingt erfüllt werden mußten. Der im Januar 1931 festgelegte Standpunkt, daß die Entwicklung der Vielradwagen nur auf lange Sicht erfolgen könne, wäre daher nicht mehr zutreffend. Für die nächsten Jahre sei die Beschaffung von mindestens 18 Panzerkraftwagen pro Jahr vorgesehen. Dies sei die Entscheidung des Wehramtes sowie des Truppenamtes.

Zunächst sollte hierfür die Beschaffung der 6-Rad-Wagen erfolgen, die möglichst bald durch Vielradwagen abgelöst werden sollten. Nach einer Aussprache zwischen der In 6 und WaPrüf 6 wurde eine Beschaffungsreife dieser Fahrzeuge bis 1935/36 angestrebt, vorausgesetzt, daß die erforderlichen Mittel und Kräfte bei dem entsprechenden Referat hierfür bereitgestellt werden konnten. Der Inspekteur der Kraftfahrtruppen (In 6) General Lutz, schnitt die Frage an, ob nicht das Vielrad-Fahrgestell auch zur Verwendung als mittlere Zugmaschine in Frage kommen konnte. WaPrüf 6 teilte dazu mit, daß bisherige Ergebnisse auf gutem Boden zwar eine gewisse Zugleistung ergeben

Ein Achtradwagen Typ GS wurde bei Büssing-NAG in Leipzig-Wahren konstruiert und gefertigt. Eine Weiterentwicklung war der bei der Deutschen Wehrmacht bekannte und bewährte Acht-Rad-Panzerspähwagen

Schwerer Panzerspähwagen (8-Rad) (Sd.Kfz. 231) Vorder- und Rückansicht

hatten, daß aber ausreichende Erfahrungen auf schwierigem Boden noch nicht vorlagen. Die Auflage von Einzelgleitschutzketten oder Gleisketten über mehrere Räder gemeinsam führe dann gleich zu einem behelfsmäßigen Gleiskettenfahrzeug. WaPrüf 6 hielt daher ein Räder/Kettenfahrzeug für die geeignete Konstruktion für eine mittlere Zugmaschine. Selbstverständlich würden auch Versuche über die Eignung der Vielradwagen als Zugmaschine von WaPrüf 6 eingehend durchgeführt werden.
Der Auftrag für die Weiterentwicklung der Vielradwagen wurde der Büssing-NAG übertragen, die ihr Werk in Leipzig-Wahren für diesen Zweck zur Verfügung stellte. Unter der Bezeichnung Achtradwagen (ARW) entwickelte Büssing-NAG den Fahrzeugtyp GS, der als Versuchsfahrzeug unter der Bezeichnung Vs.Kfz. 623 lief. Aus ihm entstand der später in der Deutschen Wehrmacht bekannte und bewährte 8-Rad-Panzerspähwagen.

5.5 Gepanzerte 6-Rad-Fahrzeuge (schwere Panzerspähwagen)

Nach Einführung der ersten leichten geländegängigen 6-Rad-Lastkraftwagen der Firmen Büssing-NAG, Daimler-Benz und C. D. Magirus wurden mit einem dem Heereswaffenamt, WaPrüf 6, zur Verfügung stehenden Daimler-Benz-Fahrgestell des Typs G 3 mit langem Rahmen, Vorversuche durchgeführt, um diese Fahrgestelle eventuell für Panzeraufbauten nutzbar zu machen. Bei einem Fahrgestellgewicht von 2200 kg und einer Aufbaubelastung von 2300 kg ergab sich ein Gesamtgewicht von 4,5 t. Die Vorderachslast betrug etwa 1200 kg.

Am 1.1.1930 war die behelfsmäßige Panzerung handelsüblicher 4- und 6-Rad-Fahrgestelle noch in der Entwicklung. Eine Besprechung des Entwicklungsausschusses vom 14.2.1930 besagte, daß die Entscheidung über die Weiterentwicklung der Panzerkraftwagen nach Besichtigung durch den Amtschef des Heereswaffenamtes herbeigeführt werde. Man sollte baldigst durch Versuche mit einfachsten Mitteln klären, inwieweit durch behelfsmäßige Panzerung handelsüblicher Fahrgestelle ein Notbehelf für einen Panzerkraftwagen geschaffen werden konnte. In England, Frankreich und den USA waren derartige Fahrzeuge bereits im Versuch.

Für das zweite Beschaffungsprogramm (1933 bis 1938) wurden am 10.2.1931 u.a. 28 Fahrgestelle für Behelfs-Panzerwagen und 102 Aufbauten dafür vorgeplant. Am 3.2.1932 ergab sich bei diesen Fahrzeugen folgender Stand der Arbeiten: Die Panzerwagen auf 6-Rad-Fahrgestellen der Firmen Daimler-Benz und Büssing-NAG waren in Arbeit. Weiter wurde noch das Fahrgestell des leichten, geländegängigen Lastkraftwagens der Firma Magirus für diese Verwendung vorgesehen. Es ergaben sich drei Fahrgestelle für gepanzerte Radfahrzeuge mit folgenden Bezeichnungen: Daimler-Benz-G 3a, Büssing-NAG-G 31 P und Magirus-M 206 a. Die Vorderachsen waren in allen Teilen verstärkt; auch wiesen die Federn und ihre Aufhängungen größere Abmessungen gegenüber den Lastkraftwagen auf. Die Lenksäule war stärker geneigt, das Lenkrad um etwa 90° gegenüber der handelsüblichen Ausführung heruntergeklappt, die am Lenkrad befindlichen Hebel an die Lenksäule verlegt.

Beim gepanzerten Kraftwagen waren die Fahrgestelle mit einer Rückwärtslenkung versehen. An der vorderen Lenksäule befand sich ein Kegelradantrieb, von dem eine Gelenkwelle über eine Kupplung zum hinteren Lenkstock führte. Die hintere Lenksäule mit Lenkrad und Signalring war abhebbar auf einen Säulenstummel aufgesetzt. Sie war gegen selbsttätiges Loslösen gesichert.

Das Schaltbrett lag tiefer und war weiter zurückgesetzt gegenüber der handelsüblichen Ausführung. Auf dem Schaltbrett befanden sich zusätzlich Fernthermometer für Kühlwasser und Motorenöl. Die Fahrgestelle Büssing-NAG und Magirus hatten ein zweites Schaltbrett für den Rückwärtsfahrer. Auf dem Schaltbrett befanden sich je ein Schalter für die rückwärtigen und die schußsicheren Scheinwerfer, ein Schaltknopf für die Begrenzungslampen und eine Steckdose; beim Magirus-Fahrgestell außerdem ein Schalter für

Drei für die Verwendung als gepanzerte Kraftwagen benutzte Dreiachs-Fahrgestelle: Oben Büssing-NAG G 31p, Mitte Daimler-Benz- G 3 a P, unten Magirus M 206 a. Eines der ersten Daimler-Benz-G 3-Fahrgestelle nach Umbau zur Verwendung als gepanzerter Kraftwagen. Die Verbindungsgestänge zur hinten liegenden Fahrbedienung sind gut zu erkennen

Die Entwicklung der Aufbauten für den gepanzerten Kraftwagen zeigt verschiedene Stufen des Entwurfs. Die Funkfahrzeuge wurden mit provisorischen Antennen ausgerüstet

Die Unterbringung des Ersatzrades im Innern des Panzeraufbaus war neu

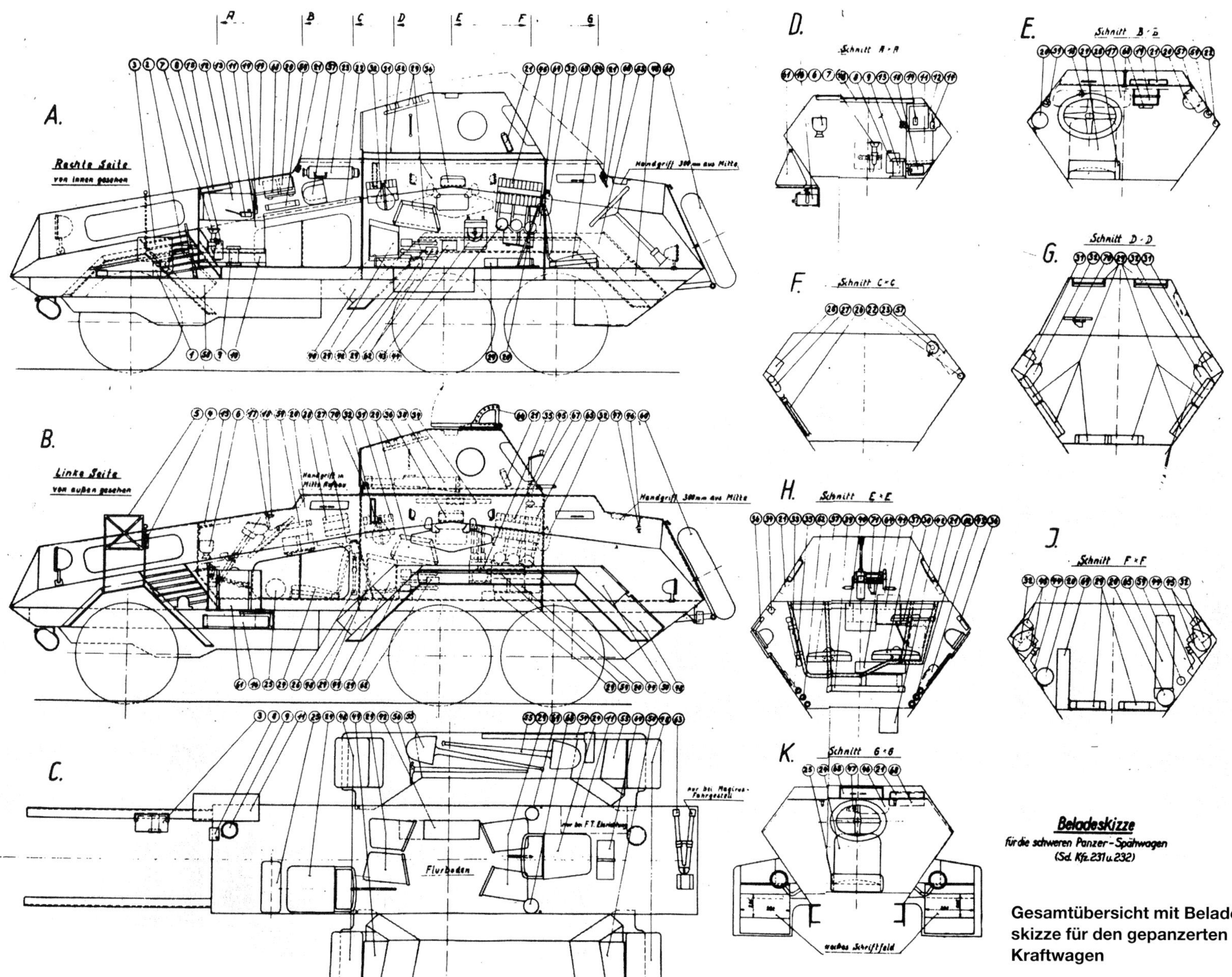

Gesamtübersicht mit Beladeskizze für den gepanzerten Kraftwagen

Zur Verbesserung der Geländegängigkeit wurde eine Doppelbereifung an den Vorderrädern des Daimler-Benz-Dreiachsfahrzeugs erprobt. Bei diesem Fahrzeug war ein zusätzliches MG neben dem Fahrer eingebaut

Rechte Bildreihe: Einheitliche Halterung für das Ersatzrad bei der Serienausführung des gepanzerten Kraftwagens der Firmen Büssing-NAG, Daimler-Benz und Magirus

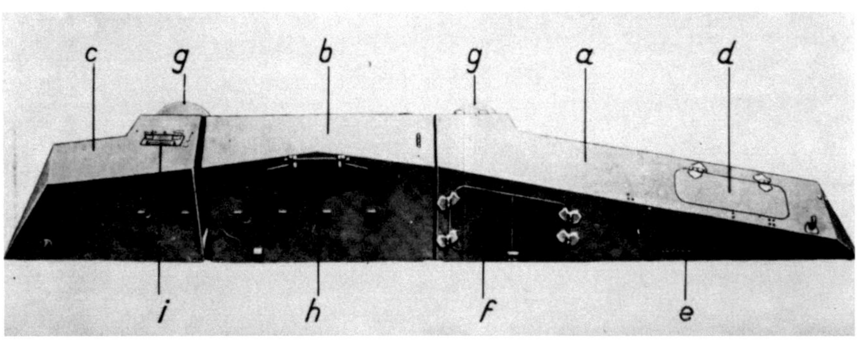

Dreiteiliges Panzergehäuse:

a. vorderer Panzer,
b. mittlerer Panzer,
c. hinterer Panzer,
d. Motorseitenklappe,
e. Abluftöffnung mit Gräting,
f. Einstiegsluke,
g. Fahrerkupeln,
h. Klappe für schußsicheren Scheinwerfer,
i. Fahrersichtklappe

Anordnung der Bedienungshebel für den Vorwärtsfahrer beim Magirus-Fahrgestell

Links:
Panzerabdeckung des Kühlers beim Daimler-Benz- und Büssing-NAG-Fahrgestell:
a. Kühlerklappen,
b. Motorseitenklappen

Rechts:
Panzerabdeckung des Kühlers beim Magirus-Fahrgestell:
a. Kühlerklappen,
b. Motorseitenklappen

Links:
Schußsicher eingebauter Scheinwerfer. Im Metallspiegel war das Spiegelbild der Scheinwerferscheibe sichtbar

Rechts:
Seiten- und Rückansicht des Drehturmes für die von den Firmen Büssing-NAG, Daimler-Benz und Magirus entwickelten gepanzerten Kraftwagen
a. hintere Turmluke,
b. Turmseitenklappe,
c. Bügel für Flugzielbeschuß (nur bei Kfz. 67),
d. Sitzbügel,
e. seitliche Sichtklappe,
f. Regenleiste,
g. Öse zum Abheben des Turmes

Frontansicht des Drehturmes:
a. Blende,
b. Turmschildklappen,
c. Klappe zur Lagerung des MG 13,
d. Öffnung für Richtschiene des Richtschützen,
e. Öffnung für Zielfernrohr,
f. vordere Sichtklappe,
g. Fahrerkuppel,
h. Ringschraube zum Abheben des Turmes

Übersicht über die bei der Deutschen Reichswehr eingeführten gepanzerten Kraftwagen (schwere Panzerspähwagen – 6-Rad)

Daimler-Benz, Typ G 3a, gepanzerter Kraftwagen (Kfz. 67)

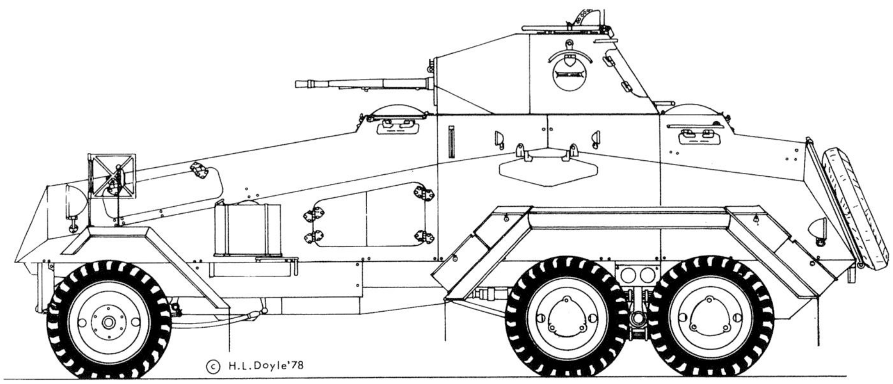

Büssing-NAG, Typ G 31 p, gepanzerter Kraftwagen (Fu) (Kfz. 67a)

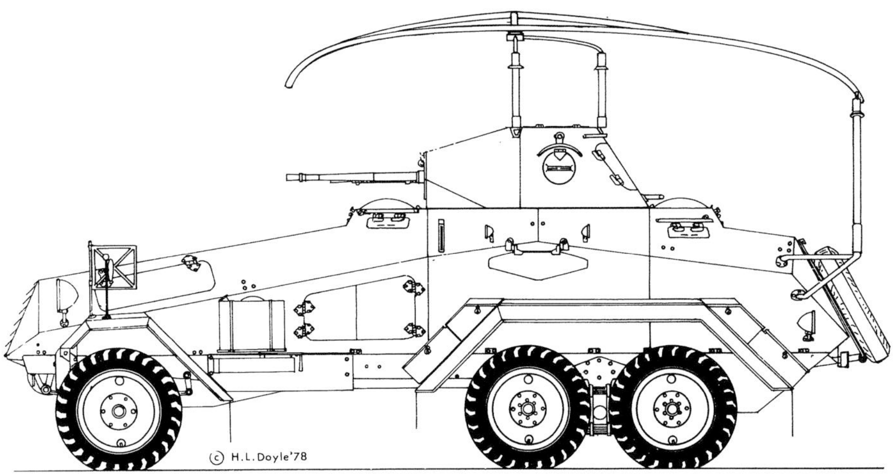

C. D. Magirus, Typ M 206a, Panzerfunkwagen (Sd.Kfz. 263)

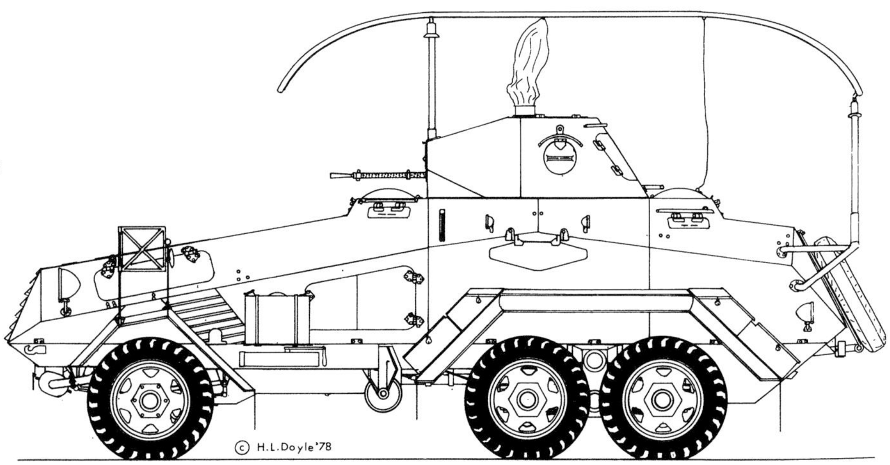

den Zündschlüssel. Die Schaltbretter der Ausführung Magirus hatten je zwei weitere Kontrollampen; eine grüne Lampe zeigte dem Vorwärtsfahrer durch Aufleuchten an, daß alle Bedienungsorgane des Rückwärtsfahrers und umgekehrt dem Rückwärtsfahrer, daß alle Bedienungsorgane des Vorwärtsfahrers ausgeschaltet waren.

Das Wechselgetriebe hatte eine Umkehrvorrichtung, die es ermöglichte, das Fahrzeug auch rückwärts in den verschiedenen Gängen zu fahren. Durch die Umkehrung wurden die Geschwindigkeiten in den einzelnen Gängen bei Daimler-Benz auf 75%, bei Büssing-NAG auf etwa 50% verringert; bei Magirus blieb das Verhältnis 1:1. Am hinteren Ende des Fahrgestells befanden sich ebenfalls Fußhebel zum Kuppeln, Beschleunigen und Bremsen, die durch Gestänge mit den entsprechenden Hebeln für Vorwärtsfahrt verbunden waren; bei den Fahrgestellen Daimler-Benz und Magirus außerdem ein Schalthebel zum Wechseln der Untersetzungen.

Zum Schutz gegen Drahthindernisse waren beim Fahrgestell Büssing-NAG die Gummigelenkscheiben, beim Fahrgestell Daimler-Benz und Magirus die Faudi-Gelenke der Kardanwelle mit leicht abnehmbaren Hauben aus etwa 1 mm dickem Eisenblech versehen.

Der Kühler war niedriger als bei den handelsüblichen Lastkraftwagen, dafür von größerer Tiefe, sein Fassungsvermögen durch einen oben an der Rückseite angebrachten Zusatzbehälter vermehrt. Die Kühlwirkung wurde ferner durch den Einbau eines Hochleistungsflügels und eines Saugringes verstärkt. Beim Fahrgestell Büssing-NAG war außerdem am vorderen Ende des Zylinderkopfes eine Wasserkammer mit Kühlrippen angebracht, welche die Rückbildung von Dampfblasen bewirkte. Beim Fahrgestell Magirus führte ein zweites Rohr von den hinteren Zylindern zum Kühler. Die Ölkühlung erfolgte beim Fahrgestell Daimler-Benz in einem Ölkühler, der hinter dem Wasserkühler rechts vom Motor saß. Bei den Fahrgestellen Büssing-NAG und Magirus wurde das Öl durch ein Röhrensystem geleitet, welches vor dem Wasserkühler lag. Beim gepanzerten Kraftwagen (Kfz. 67), auf Fahrgestell Daimler-Benz und Büssing-NAG, befand sich die Batterie rechts vom Vorwärtsfahrer auf dem Fußboden. Das Magirus-Fahrgestell und alle gepanzerten Kraftwagen (Fu) (Kfz. 67a) hatten eine zweite, zur ersten parallel geschaltete, Batterie, die hinten links ebenfalls auf dem Fußboden untergebracht war. Die Lichtmaschine der Funkfahrzeuge hatte eine Leistung von 600 Watt, die der übrigen eine von 300 Watt. Geländebereifung der Größe 6,00-20 war aufgezogen. Es war eine schußsichere Bereifung vorgesehen, die jedoch zu diesem Zeitpunkt noch in der Entwicklung lag. Ein Ersatzrad wurde am Fahrzeug, abklappbar auf der hinteren Luke des Panzergehäuses, mitgeführt. Die Auspuffleitung war

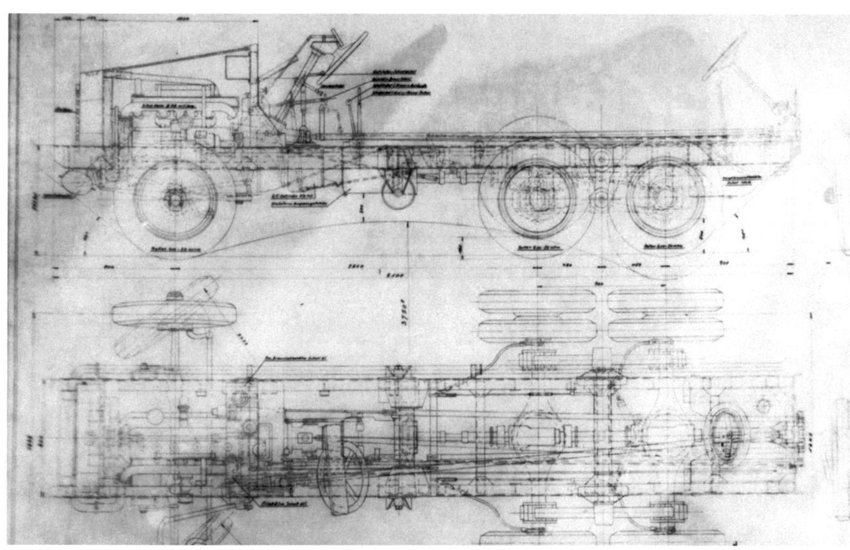

Im Gegensatz zum Daimler-Benz-Fahrgestell (oben) war am Magirus-Fahrgestell (Mitte) eine Stützrolle in Rahmenmitte vorhanden. Eine Zeichnung ergänzt die Aufnahmen

auf dem kürzesten Weg nach außen geführt und bis hinter die zweite Hinterachse verlängert. Der Auspufftopf lag bei Büssing-NAG und Magirus zwischen den vorderen Trägerenden, bei Daimler-Benz unter dem rechten Längsträger.
Die Panzerung war auf alle Entfernungen gegen horizontalen Einzelbeschuß SmK-sicher, die Schweißung der Panzerbleche beschußsicher ausgeführt. Für die Beschußsicherheit waren die Panzerwände im allgemeinen schräg gestellt. Hierdurch wurde gleichzeitig eine Gewichtsersparnis erzielt. Die Panzerung bestand aus: Panzergehäuse (vorderer, mittlerer, hinterer Panzer), Bodenpanzer (vorderer, hinterer Bodenpanzer), Radpanzer und Drehturm. Das dreiteilige Panzergehäuse war selbsttragend ausgeführt, wodurch eine Überbeanspruchung des Fahrgestellrahmens vermieden wurde. Die Panzerabdeckung des Kühlers war abnehmbar, die dachartig übereinander angeordneten Kühlerklappen konnten vom Fahrersitz aus verstellt werden. Die Kühlluft wurde durch Motorseitenklappen abgeführt, die ebenfalls vom Fahrersitz aus geöffnet werden konnten. Weiter befanden sich am vorderen Panzer aufstellbare Fahrersichtklappen und an den unteren Seitenblechen eine nach außen aufklappbare zweiteilige Einstiegluke. Über dem Fahrersitz war eine elliptische Öffnung vorgesehen, die durch eine aufstellbare Kuppel überdeckt wurde.
In den unteren Seitenwänden des mittleren Panzers befanden sich – oberhalb der hinteren Kotflügel – je ein rechteckiger Ausschnitt, in dem ein Flußeisenrahmen für beschußsichere Scheinwerfer eingebaut war. Der Ausschnitt war durch eine aufstellbare Klappe aus Panzerblech verschlossen. Zu beiden Seiten des Flußeisenrahmens waren als Führungen ausgebildete Schlitze vorgesehen, in die von innen unter einem Winkel von 45° Metallspiegel eingeführt werden konnten. Durch Einstecken der Spiegel in die Führungen konnte das Licht des eingebauten Scheinwerfers wahlweise nach vorne oder hinten geworfen werden.
Im schrägen Abschlußblech des hinteren Panzers befand sich eine zweiteilige, nach außen zu öffnende Luke zum leichteren Einbringen von Ausrüstungsteilen sowie zum Verlassen des Fahrzeuges in besonderen Fällen. Das Deckblech war ähnlich ausgebildet wie das am vorderen Panzer. Es besaß ebenfalls eine Kuppel und in der Stufe eine Sichtklappe; je eine weitere Sichtklappe befand sich in den beiden oberen Seitenblechen. Der vordere und hintere Bodenpanzer waren leicht abnehmbar und mit Schrauben befestigt. Die Radlager waren durch aufgeschraubte, leicht abnehmbare Scheiben gegen seitlichen Beschuß geschützt.
Der Drehturm war auf dem Abdeckblech des mittleren Panzers befestigt. Er hatte ein Seitenrichtfeld von 360°, das Höhenrichtfeld der Waffen lag zwischen -20° und +12°. Die Richtgeschwindigkeiten der Richtmaschinen beim gepanzerten Kraftwagen betrugen:
Seite: eine Umdrehung des Handrades = 2°45'
Höhe: eine Umdrehung des Handrades = 1°
Der Kugellagerring wurde von den Deutschen Werken, Kiel, geliefert. Daimler-Benz bezog diese Ringe auch von der Vereinigten Kugellager-Fabrik AG, Schweinfurt (Spezial-Kugellagerstahl, ungehärtet, 100 kg/mm^2 Festigkeit). Der Turmmantel war kugelförmig ausgebildet, die Front des Turmes bildete ein sechseckiges Panzerblech, welches links eine aufstellbare Turmschildklappe, rechts einen Ausschnitt für die Waffenlagerung aufwies. An beiden Seiten des Turmmantels waren je eine kreisrunde Öffnung zum Beobachten und für die MP ausgespart. Die Öffnungen wurden durch aufstellbare Turmseitenklappen mit Sehschlitzen verschlossen. An der Rückwand befand sich eine zweiteilige Luke mit Sehschlitzen. Der Turm war oben durch ein Deckblech abgeschlossen. Dieses verlief in seinem hinteren Teil waagerecht, in seinem vorderen Teil schwach geneigt. Im waagerechten Teil war eine zweiteilige und aufstellbare Luke. Links und vor ihr befand sich zum Durchführen des Beobachtungsrohres eine kreisrunde Öffnung, die durch eine schwenkbare Klappe abgedeckt wurde. Der Turm war auf einem großen Kugellager drehbar gelagert. Das Kugellager wurde von einem Stützring getragen, der außerdem als feststehender Zahnkranz für die Seitenrichtmaschine ausgebildet war. Die Turmblende war ein schildartiges Panzerblech, in dem die Waffen gela-

gert waren. Sie hatte zwei Öffnungen zum Hindurchführen der 2-cm-KwK 30 und des MG 13. In der Mitte waren drei weitere Durchbrechungen vorhanden, links eine größere zur Beobachtung, in der Mitte eine kleinere für die Zielschiene des Richtschützen und rechts eine Bohrung für das Zielfernrohr.
Auf der Turmdecke des gepanzerten Kraftwagens (Kfz. 67) war ein verstellbarer Bügel für Flugzielbeschuß angebracht, in den das MG schwenkbar eingelegt werden konnte. Unter der hinteren Turmluke war außen am Turm ein gebogenes Rohr angeschweißt, das dem die Waffe bedienenden Richtschützen ein Sitzen auf der Kante der Lukenöffnung ermöglichte. Eine besondere Seitenrichtmaschine mit umlegbarer Kurbel gestattete es dem Schützen, auch von diesem Platz aus den Turm zu drehen.
Am Fahrgestell Magirus waren vor der ersten Hinterachse Geländerollen am Rahmen angebracht, die das Nehmen kurzer Hindernisse erleichterten. Über den Vorder- und Hinterrädern waren der Form des Panzeraufbaus angepaßte Kotflügel befestigt. An den hinteren Enden der Kotflügel befanden sich Lederschürzen. Die Fahrzeuge mit Fahrgestell Magirus hatten außerdem zwischen den Hinterrädern beiderseits einen Lederschurz als Nagelfang.
Beim gepanzerten Kraftwagen (Kfz. 67) war im hinteren Panzeraufbau links und rechts vom Rückwärtsfahrer ein 100-Watt-Funkgerät eingebaut.
Abschließend wurde der Truppe mitgeteilt, daß der gepanzerte Kraftwagen kein Geländefahrzeug, sondern für den Gebrauch auf Straßen und Wegen bestimmt war. Seine beschränkte Geländegängigkeit sollte es ihm ermöglichen, im Bedarfsfalle die Straße zu verlassen. Rammen und Überklettern von Sperren war verboten, weiches und sumpfiges Gelände zu meiden.
Es war grundsätzlich verboten, ohne Mitwirkung von WaPrüf 6 am Panzeraufbau mit Schneidbrennern oder Schweißapparaten irgendwelche Veränderungen oder Arbeiten vorzunehmen. Leichte Ausbesserungen durften nur von solchen Schweißern vorgenommen werden, die im Reparaturschweißen von Panzermaterial bei den Deutschen Edelstahlwerken Hannover ausgebildet worden waren.
Die Verwendung größerer Reifenprofile wurde untersucht. Im Juni 1932 waren noch drei der Daimler-Benz-G 3a-Fahrgestelle mit der Mehrscheibenkupplung des Typs G 3 ausgerüstet. Da diese Kupplung jedoch laufend zu Beanstandungen Anlaß gab, wurde die Einführung einer Einscheibenkupplung vorgesehen und alle weiteren Produktionsfahrzeuge damit bestückt. Ab Mai 1932 sollten alle Verwechslungen dahingehend ausgeschaltet werden, daß nunmehr alle G 3a-Fahrgestelle mit Doppellenkung ein Maybach-Wechselgetriebe und alle G 3a-Fahrzeuge mit einfacher Lenkung ein ZF-Aphon-Wechselgetriebe erhalten sollten. Trotzdem wurde noch im Januar 1933 ein synchronisiertes ZF-Aphongetriebe mit starker Reversierung nebst Einscheibenkupplung zum Preis von RM 1425,– zum Einbau in das Panzerfahrzeug angeboten. Gegen Ende 1932 waren insgesamt 37 Stück G 3a-Fahrgestelle vom Heereswaffenamt, WaPrüf 6, bestellt, während Büssing-NAG 16 Stück, davon 12 Panzerfahrgestelle in Auftrag hatte. Der DB-Fahrgestellpreis (unbereift) betrug für die Normalausführung RM 19 000,–, das Panzerfahrgestell mit Rückwärtslenkung und Vakuumschaltung kostete RM 24 340,–.
Die Panzeraufbauten, deren sargförmiges Aussehen sich im Laufe der Entwicklung mehrmals änderte, wurden vom Heereswaffenamt, WaPrüf 6, in enger Zusammenarbeit mit der Deutsche Werke AG in Kiel entworfen. Die Untersuchungen der Formgebung nahmen geraume Zeit in Anspruch. Zur Panzerung wurden vorne 14,5 mm und seitlich 8 mm dicke Bleche verwendet. Das Gesamtgewicht der Fahrzeuge mit Panzeraufbau betrug etwa 5 t. Bei einem der Prototypen der Firma Daimler-Benz war ein zusätzliches MG 13 in der Kugelblende neben der Fahrersehklappe eingebaut. Auch wurde versucht, durch Anbringung einer Doppelbereifung an der Vorderachse das Einsinken der Vorderräder zu vermeiden. Mit Eisenbahnrädern versehen, konnten die Wagen auch auf der Regelspur der Deutschen Reichsbahn eingesetzt werden. Zum erstenmal erschienen diese Fahrzeuge während

Die Bilder zeigen
die gepanzerten
Kraftwagen
(Kfz. 67 und 67a)
während verschie-
dener Einsätze
bei Reichswehr und
Wehrmacht

der Manöver im Jahre 1932 in der Öffentlichkeit*. Daimler-Benz versuchte zu dieser Zeit, eines der in Berlin-Marienfelde montierten Panzerfahrzeuge zwecks weiterer Versuche nach Stuttgart zu überführen. Aus politischen Gründen war diese Überstellung jedoch unmöglich. Sämtliche in Stuttgart-Untertürkheim entworfenen und gefertigten Teile mußten in Berlin-Marienfelde zusammengebaut werden. Verzögerungen und teilweise mangelhafte Ersatzteilversorgung ließen sich dabei nicht immer vermeiden.

Am 29.7.1932 wurden seitens der Daimler-Benz AG diese Fahrzeuge auch zur Verwendung bei der Schutzpolizei vorgeschlagen. Dabei stellte sich jedoch heraus, daß die vom Heereswaffenamt, WaPrüf 6, entworfenen G 3a-Panzerwagen aus verschiedenen Gründen nicht für die Polizei in Frage kommen konnten. Ebensowenig käme die alte Ausführung in Betracht. Man habe sich bereits damit geholfen, die Ehrhardt-Wagen, welche am weitesten veraltet waren, etwas zu modernisieren. In Anbetracht dieser Tatsache entschloß man sich bei Daimler-Benz, die Sache nicht mehr zu forcieren, da sonst sehr leicht das Interesse der Behörden auf andere, für Polizeizwecke besser geeignete Fahrgestelle (Krupp), gelenkt werden könnte.

Die Fahrgestelle der drei Firmen wurden mit drei verschiedenen Aufbauten geliefert, welche vorwiegend von der Deutschen Edelstahlwerken in Hannover-Linden beige-

Die Bilder zeigen die gepanzerten Kraftwagen (Krz. 67 und 67a) während verschiedener Einsätze bei Reichswehr und Wehrmacht

* Manöverleitung Inspekteur der Kraftfahrtruppe General Lutz, Chef des Stabes Oberstleutnant Guderian. Unter den Manövergästen Reichspräsident Generalfeldmarschall von Hindenburg.

stellt wurden. Grundfahrzeug war der gepanzerte Kraftwagen (Kfz. 67) mit vier Mann Besatzung und einem Gesamtgewicht von 5,7 t. Als Funkfahrzeug diente der gepanzerte Kraftwagen (Fu) (Kfz. 67a). Mit vier Mann Besatzung betrug das Gesamtgewicht 5350 kg. Diese Fahrzeuge hatten die typische Rahmenantenne, welche sich über das gesamte Fahrzeug erstreckte. Der Panzerfunkwagen (später Sd. Kfz. 263) beschloß die Ausrüstung der motorisierten Aufklärungsabteilungen. Hierbei war der Turm fest aufgesetzt und mit einem MG 13 in Kugelblende versehen. Neben der Rahmenantenne war weiterhin ein ausfahrbarer Kurbelmast eingebaut. Mit fünf Mann Besatzung betrug das Gesamtgewicht 5,8 t.

Diese Fahrzeuge wurden bis zur Einführung des 8-Rad-Wagens in größeren Stückzahlen beschafft. Während Daimler-Benz etwa 40 dieser Fahrzeuge lieferte, stellten Büssing-NAG 54 Stück, und C. D. Magirus 80 dieser Fahrgestelle her. Wegen unzureichender Versorgung mit 8-Rad-Fahrzeugen standen diese bei der Wehrmacht als schwere Panzerspähwagen ausgewiesenen Fahrzeuge noch Anfang des Zweiten Weltkrieges in Polen und Frankreich im Einsatz. Sie lieferten einen wertvollen Beitrag zur Ausrüstung der Aufklärungseinheiten.

Der Panzerfunkwagen (Sd. Kfz. 263) hatte einen fest aufgesetzten Turm mit einem MG 13 in der Kugelblende

Gepanzerter Kraftwagen bei Verwendung auf Eisenbahnschienen

Polizeiliche Kennzeichen der Reichswehr

Ausführungsbestimmungen des Reichswehrministeriums zur Verordnung über Kraftfahrzeugverkehr vom 15. März 1923.

Auf Grund der Verordnung über Kraftfahrzeugverkehr vom 15. März 1923 (Anlage 2b) wird bestimmt:

1. Mit der Ausübung der Befugnisse einer höheren Verwaltungsbehörde in dem im § 38 der Verordnung festgelegten Umfange werden die Wehrkreiskommandos und die Marinestationskommandos betraut.

2. Die Ausstellung der vorgeschriebenen Listen und Zulassungsbescheinigungen erfolgt nach den vom Reichsverkehrsminister in der Bekanntmachung über Kraftfahrzeugverkehr vom 15. März 1923 (Anlage 2c) festgesetzten Anweisungen und Mustern.

3. Als Kennzeichen führen alle Kraftfahrzeuge der Wehrmacht die Buchstaben – RW – mit nebenstehenden Nummernreihen:

W.K.	I	Königsberg	RW 1000-1999
W.K.	II	Stettin	RW 2000-2999
W.K.	III	Berlin	RW 3000-3999
W.K.	IV	Dresden	RW 4000-4999
W.K.	V	Stuttgart	RW 5000-5999
W.K.	VI	Münster (W.)	RW 6000-6999
W.K.	VII	München	RW 7000-7999
Mar.St.Kdo. der Ostsee,		Kiel	RW 8000-8999
Mar.St.Kdo. der Nordsee,		Wilhelmshaven	RW 9000-9999

Als Probefahrtnummern (§ 31 Abs. 2 der Verordnung) werden zugewiesen dem:

W.K.	I	RW 0100-0199
W.K.	II	RW 0200-0299
W.K.	III	RW 0300-0399
W.K.	IV	RW 0400-0499
W.K.	V	RW 0500-0599
W.K.	VI	RW 0600-0699
W.K.	VII	RW 0700-0799
Mar.St.Kdo. der Ostsee		RW 0800-0899
Mar.St.Kdo. der Nordsee		RW 0900-0999

Die Stempelung der Kennzeichen (§ 9 der Verordnung) erfolgt durch die Wehrkreis- und Marinestationskommandos. Die Kosten für die Beschaffung der Stempel und die Umänderung der Kennzeichen der Kraftfahrzeuge sämtlicher mit Kraftfahrzeugen ausgestatteten Dienststellen sind für das Heer aus den bei Kap. VIII B 7 Tit. 6 und für die Marine aus den bei Kap. VIII D12 Tit. 3 der fortdauernden Ausgaben des Haushalts 1923 zugewiesenen Mitteln zu bestreiten. Die Stempel sind in genügend großem Format mit roter Ölfarbe (bei Probefahrtkennzeichen in Blau) anzubringen, und zwar bei den vorderen Kennzeichen zwischen Buchstaben und Zahl, bei den hinteren Kennzeichen in der rechten oberen Ecke.

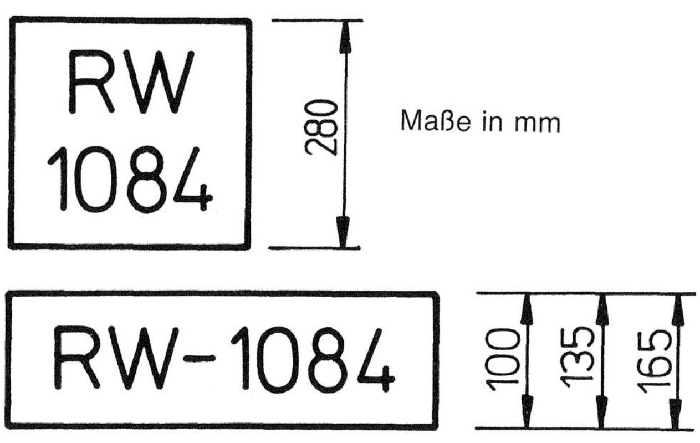

Literatur-Verzeichnis

T. Benoist.-Méchin, Auf dem Weg zur Macht 1925-1937. Oldenburg 1965
Erfurth, Waldemar, Die Geschichte des deutschen Generalstabes 1918-1945, Göttingen, 1960
Görlitz, Walter, Der deutsche Generalstab, Frankfurt/M., 1953
Görlitz, Walter, Der deutsche Generalstab, Geschichte und Gestalt, 1657-1945, Frankfurt/M., 1951
Guderian, Heinz, Erinnerungen eines Soldaten, Göttingen, 1950
Heigl, Friedrich, Taschenbuch der Tanks, Ausgabe 1926 u. a., München, 1926
Hermann, Carl-Hans, Deutsche Militärgeschichte, Frankfurt/M., 1968
Keilig, Wolf, Das Deutsche Heer 1939-1945, Bad Nauheim
Kniepkamp, H. E., Der Kraftzug im Heerwesen, ZVDI 1936
Meier-Welcker, Hans, Seeckt, Frankfurt/M., 1967
Militärgeschichtliches Forschungsamt (Herausg.), Beiträge zur Militär- und Kriegsgeschichte;
Die Generalstäbe in Deutschland 1871-1945, Stuttgart, 1962
Mueller-Hillebrand, Burghart, Das Heer, 1933-1945, Darmstadt, 1954 Nehring,
Walther, K., Die Geschichte der deutschen Panzerwaffe 1916-1945, Stuttgart, 1974
Oswald, Werner, Kraftfahrzeuge und Panzer der Reichswehr, Wehrmacht und Bundeswehr, Stuttgart, 1970
Philipps, W., Deutscher Maschinengewehr-Panzerkampfwagen, ZVDI 1937
Rabenau, Friedrich von (Herausg.), Hans von Seeckt – Aus seinem Leben 1918-1936, Leipzig, 1940
Rosinski, Herbert, Die Deutsche Armee, Düsseldorf, Wien, 1970
Schüddekopf, Otto-Ernst, Das Heer und die Republik, Hannover, 1955
Seeckt, Hans von, Gedanken eines Soldaten, Berlin, 1929
Spielberger, Walter J.,
- Die Panzerkampfwagen I und II und ihre Abarten, Stuttgart, 1974
- Der Panzerkampfwagen III und seine Abarten, Stuttgart, 1974
- Die gepanzerten Radfahrzeuge des deutschen Heeres 1905 bis 1945, Stuttgart, 1974
- Der Panzerkampfwagen IV und seine Abarten, Stuttgart, 1975
- Die Halbkettenfahrzeuge des deutschen Heeres 1909 bis 1945, Stuttgart, 1976
- Spezial-Panzer-Entwicklungen des deutschen Heeres, Stuttgart, 1977
- Die Rad- und Vollketten-Zugmaschinen des deutschen Heeres 1870-1945, Stuttgart, 1978
- Kraftfahrzeuge und Panzer des österreichischen Heeres 1896 bis heute, Stuttgart, 1976
- Von der Zugmaschine zum Leopard 2, München, 1978

Stahl, Friedrich, Heereseinteilung 1939, Bad Nauheim
Walde, Karl J., Guderian, Frankfurt/M., Berlin, 1976
Westphal, Siegfried, Der Deutsche Generalstab auf der Anklagebank, Mainz, 1978
Wohlfeil, Rainer / Dollinger, Hans, Die Deutsche Reichswehr, Frankfurt/M., 1972

Abkürzungsverzeichnis

a/A	alte Art, alte Ausführung
A(2)	Infanterieabteilung des Kriegsministeriums
A(4)	Feldartillerieabteilung des Kriegsministeriums
A(5)	Fußartillerieabteilung des Kriegsministeriums
A7 V	Verkehrsabteilung des Kriegsministeriums
AD (2)	Allgemeines Kriegsdepartment, Abteilung 2 (Infanterie)
AD (4)	Allgemeines Kriegsdepartment Abteilung 4 (Feldartillerie)
AD (5)	Allgemeines Kriegsdepartement, Abteilung 5 (Fußartillerie)
AHA/Ag K	Allgemeines Heeresamt, Amtsgruppe Kraftfahrwesen
AK	Artillerie-Konstruktionsbüro
AKK	Armeekraftwagenkolonne
ALkW	Armee-Lastkraftwagen
ALZ	Armee-Lastzug
AOK	Armee-Oberkommando
APK	Artillerieprüfungskommission
ARW	Achtradwagen
A-Typen	mit Allradantrieb (Schell-Typ)
BAK	Ballon-Abwehr-Kanone
Bekraft	Betriebsstoffabteilung des Feldkraftfahrwesens
BMW	Bayerische Motoren Werke
Chefkraft	Chef des Feldkraftfahrwesens
(DB)	Daimler-Benz
DMG	Daimler-Motoren-Gesellschaft
Dtschr. Krprz.	Deutscher Kronprinz
E-Fahrgestell	Einheitsfahrgestell
E-Pkw	Einheits-Personenkraftwagen
E-Lkw	Einheits-Lastkraftwagen
Fa	Feldartillerie
FAMO	Fahrzeug- u. Motorenbau GmbH
Fgst	Fahrgestell
FF-Kabel	Feldfernkabel
FH	Feldhaubitze
FK	Feldkanone
Flak	Flugabwehrkanone
F. T.	Funk/Telegraph
Fu	Funk
Fu Ger	Funkgerät
Fu Spr Ger	Funksprechgerät
g	geheim
Gen. St. d. H.	Generalstab des Heeres
Gengas	Generatorgas
G. I. d. MV	Generalinspektion des Militärverkehrswesens
g. Kdos	geheime Kommandosache
gp	gepanzert
g RS	geheime Reichssache
gl	geländegängig
GPD	Gewehrprüfungskommission
Gw	Geschützwagen
(H)	Heckmotoranordnung
Hanomag	Hannoversche Maschinenbau AG
HK	Halbkette, Halbkettenfahrzeug
H Techn. V Bl	Heerestechnisches Verordnungsblatt
HWA	Heereswaffenamt
I. D.	Infanteriedivision
I. G.	Infanteriegeschütz
In.	Inspektion
In. 6	Inspektion des Kraftfahrwesens
Ikraft	Inspektion des Feldkraftfahrwesens
ILuk	Inspektion des Luft- und Kraftfahrwesens
K	Kanone
KD	Krupp-Daimler
K. D.	Kavalleriedivision
KdF	Kraft durch Freude (NS-Organisation)
K. d. K.	Kommandeur der Kraftfahrtruppen
K. Flak	Kraftwagen-Flugabwehrkanone
Kfz.	Kraftfahrzeug
K	klein, -ner, kleines
KM	Kriegsministerium
KP	Kraftprotze
(Kp)	Krupp
Kogenluft	Kommandierender General der Luftstreitkräfte
Krad	Kraftrad
Kr. Zgm.	Kraftzugmaschine
KS	Kraftspritze
Kw	Kraftwagen, auch Kampfwagen
KrKW	Krankenkraftwagen
KOM	Kraftomnibus
KwK	Kampfwagenkanone
l	leicht
L/	Kaliberlänge
le	leicht
le FH	leichte Feldhaubitze
leFK	leichte Feldkanone
l. F. H.	leichte Feldhaubitze
l. I. G.	leichtes Infanteriegeschütz
le. W. S.	leichter Wehrmachtsschlepper
LHB	Linke-Hoffman-Busch
l. I. G.	leichtes Infanteriegeschütz
Lkw	Lastkraftwagen
LWS	Land-Wasser-Schlepper
m	mittel, mittlerer
MAN	Maschinenfabrik Augsburg-Nürnberg AG
MG	Maschinengewehr
MP	Maschinenpistole
MTW	Mannschaftstransportwagen
Mun.Pz	Munitionspanzer
n	Umdrehungen pro Minute
n/A	neue Art/neue Ausführung
NAG	Nationale Automobilgesellschaft
(o)	handelsüblich
Ob. d. H.	Oberbefehlshaber des Heeres
O. H. L.	Oberste Heeresleitung
O. K. H.	Oberkommando des Heeres
O. K. W.	Oberkommando der Wehrmacht
Pak	Panzerabwehrkanone
P. D.	Panzerdivision
Pf	Pionierfahrzeug
Pkw	Personenkraftwagen
Pz. F.	Panzerfähre
Pz. Kpfwg.	Panzerkampfwagen
Pz. Spwg.	Panzerspähwagen
Pz. Jg	Panzerjäger
Pz. Bef. Wg	Panzerbefehlswagen
(R)	Raupen
R/R	Räder/Raupenantrieb
(RhB)	Rheinmetall Borsig
RS	Raupenschlepper
RSG	Gebirgsraupenschlepper
RSO	Raupenschlepper Ost (Radschlepper Ost)
RV	Richtverbindung
Sankra	Sanitätskraftwagen
s	schwer
sFH	schwere Feldhaubitze
schg.	schienengängig
Schlp.	Schlepper
schf.	schwimmfähig
Sd. Kfz.	Sonderkraftfahrzeug
Sfl.	Selbstfahrlafette
Sf	Selbstfahrlafette
S-Typen	mit Hinterradantrieb (Schell-Typ)
SmK	Spitzgeschoß mit Kern
SPW	Schützenpanzerwagen
SSW-Zug	Siemens-Schuckert-Werke-Zug
SWS	schwerer Wehrmachts-schlepper
StuG	Sturmgeschütz
StuK	Sturmkanone
StuH	Sturmhaubitze
Tak	Tankabwehrkanone
Takraft	Technische Abteilung der Inspektion des Kraftfahrwesens
TF	Tragefrequenz (funktechnisch)
Tp	Tropenausführung
Vakraft	Versuchsabteilung des Feldkraftfahrwesens (Erster Weltkrieg)
ve	voll entstört
Verskraft	Versuchsabteilung der Inspektion des Kraft-fahrwesens (Reichswehr und Wehrmacht)
v/max	Höchstgeschwindigkeit
Vo	Mündungsgeschwindigkeit
VPK	Verkehrstechnische Prüfungskommission
Vs. Kfz.	Versuchsfahrzeug
VKz	Versuchsfahrzeug
ZF	Zahnradfabrik Friedrichshafen
ZRW	Zahnradwagen
Zgkw	Zugkraftwagen
WaPrüf/ WaPrw	Waffenprüfungsamt
Wumba	Waffen- und Munitions-beschaffungsamt
wg	wassergängig